中国新闻发布制度建设的理念嬗变与实践探索研究

邢祥 著

复旦大学出版社

序言

邢祥的专著《中国新闻发布制度建设的理念嬗变与实践探索研究》即将由复旦大学出版社出版。这本专著是邢祥在她博士后出站报告的基础上,又花费了许多气力修改、深化完成的。作为她的合作导师,见到邢祥的专著出版,由衷高兴,欣然作序。

邢祥于2017年6月进入复旦大学新闻传播学博士后流动站,一直跟随我参与中宣部(国新办)新闻发布评估组(复旦大学)的诸多工作。在大量的评估实践中,她形成了自己的学术思考和学术感悟。2019年9月,在完成复旦大学博士后流动站的研究后,她进入南昌大学新闻与传播学院工作。不过,她始终坚持进行我国新闻发布制度建设的相关研究和评估工作,并继续作为复旦大学评估组的重要成员,与我的团队共同完成了《全国新一轮新冠肺炎疫情防控新闻发布专题研究》《中国共产党第二十次代表大会系列新闻发布活动特别评估》等多个重要研究报告,这些研究成果对进一步推动和完善我国新闻发布制度建设起到了重要作用。

　　我国新闻发布制度的建立和推进,既是我国政治体制改革的重大方略,也是我国治理能力现代化的重要举措。从新闻传播学学科建设视角分析,这不仅是构建与我国社会发展相适应的传播体系的重要组成部分,也是发展我国政治传播学研究颇具特殊价值的重要方面。作为党的新闻宣传工作的重要组成部分,我国新闻发布制度建设是伴随改革开放发展起来的。20世纪80年代初,我国正式建立新闻发言人制度,经过多年的砥砺前行,新闻发布制度建设已日趋完善。2013年11月,党的十八届三中全会明确提出"推进新闻发布制度建设"的重大决策之后,我国新闻发布制度建设进入大力推进、全面发展的新阶段。从中央到地方,从国新办到国务院各部委,新闻发布制度已然更加成熟,新闻发布工作业已呈现出大平台、主渠道、强效果等特点。我国新闻发布工作因其独特的政治价值、新闻价值、治理价值、学术价值等,在推进国家治理体系和治理能力现代化方面发挥着越来越重要的作用。

　　党的二十大报告指出,要完善社会治理体系,健全共建共治共享的社会治理制度,提升社会治理效能。这为新时期新闻发布制度建设提供了现实依据与广阔平台,也提出了新的任务和更高的要求。这本专著在党的二十大召开后出版,可谓"生逢其时"。我想,这本专著对我国新闻发布制度如何进一步嵌入社会发展变迁,如何让新闻发布制度主动识变、应变、求变,主动防范、化解风险,都会有很多的启迪。

　　自2017年邢祥来复旦大学从事博士后研究,以及她出站后继续参与我们团队的工作,已经过去了整整五年。五年来,她凭借着很高的政治素养、厚实的理论基础和勤勉的务实精神,在我国新闻发布制度体系研究这个领域取得了很好的成绩。我非常欣赏她孜孜以求的进取精神和严谨认真的治学态度。我期待着邢祥能继续拓展和深化这方面的研究,不断攀升新高度,不断取得新成就。

复旦大学新闻学院教授、博士生导师　孟建

2022 年 10 月

目录

第一章 导论 ········· 001
  第一节 问题的提出 ········· 001
  第二节 对现有相关研究的回顾 ········· 003
  第三节 相关理论阐述 ········· 012

第二章 我国新闻发布制度建设的历史沿革 ········· 030
  第一节 新闻发布制度建设的前期准备(1982年以前) ········· 031
  第二节 新闻发布制度建设的正式开端(1982—2003年) ········· 036
  第三节 新闻发布制度建设的快速推进(2003—2013年) ········· 041
  第四节 新闻发布制度建设的全面提升阶段(2013年至今) ········· 050

第三章 我国新闻发布制度建设的现实图景 ········· 060
  第一节 常规议题的新闻发布工作 ········· 061

第二节　突发公共事件的新闻发布工作 ………… 089
　　第三节　新闻发布工作现存问题透视 ……………… 136

第四章　我国新闻发布制度建设的社会职能 ………… 139
　　第一节　新闻发布制度建设的社会空间 …………… 140
　　第二节　新闻发布制度建设的职能功用 …………… 163

第五章　我国新闻发布制度建设的完善路径 ………… 179
　　第一节　新闻发布制度的理念建设 ………………… 180
　　第二节　新闻发布制度的主体建设 ………………… 184
　　第三节　新闻发布制度的机制建设 ………………… 189
　　第四节　新闻发布制度的平台建设 ………………… 198
　　第五节　新闻发布制度的话语建设 ………………… 203

第六章　我国新闻发布制度建设的效果评估 ………… 207
　　第一节　新闻发布制度建设效果评估的目的
　　　　　　和原则 ……………………………………… 208
　　第二节　新闻发布制度建设效果评估的指标
　　　　　　确立 ………………………………………… 210
　　第三节　新闻发布制度建设效果评估的方法
　　　　　　路径 ………………………………………… 224
　　第四节　地方政府新闻发布绩效评估的实证
　　　　　　研究——以 J 省为例 ……………………… 227

附录 …………………………………………………………… 258
　　中国特色新闻发布理论体系的全面构建 …………… 258

新时代我国新闻发布工作中值得关注的

　　五大关系 ·················· 272

县域媒体融合语境下基层新闻发布工作

　　的思考 ··················· 279

完善突发自然灾害事件的政府新闻发布机制 ······ 289

参考文献 ···················· 297

后记 ······················ 302

/ 第一章 /

导　　论

第一节　问题的提出

本书的主要研究对象是中国大陆地区的新闻发布制度。作为党的新闻舆论工作的重要组成部分,我国新闻发布制度建设是伴随着改革开放发展起来的。20世纪80年代初,我国正式建立新闻发言人制度,新闻发布工作取得长足发展,经过多年的探索与实践,新闻发布工作的各项制度和机制已经日趋成熟。党的十八大以来,尤其是党的十八届三中全会提出"推进新闻发布制度建设"的重大决策以来,我国的新闻发布制度建设又上了一个台阶——发布风格全面改进,发布内容逐步增多,尤其是围绕党和政府的工作重点、媒体关注的焦点和公众关心的热点,进行了详细的解释、说明,营造了良好的国内、国际舆论环境。伴随着十九大的召开,中国进入新时代,新闻发布工作也进入了全面发展的新阶段。新闻发布工作秉承着"为人民发布"的新理念,在推进国家治理体系和治理能力现代化方面充当着越来越突出的角色;在强信心、聚民心、暖人心、筑同心方面显现出越来越重要的作用。

列宁说过,"每个宣传员和鼓动员的艺术在于,用最有效的方式影响自己的听众,尽可能使某个方式对他们有更大的说服力,更容易领会,留下更鲜明更深刻的印象"①。在过去的新闻发布工作中有时出现立场供给过度,导致理论不定的现象。在经济学领域中,供给与需求的矛盾具有客观必然性,无论是供给大于需求,还是供给不能满足需求,都会影响市场的正常运行。同样,在进行新闻发布工作时,既要增强针对性,也要讲究章法。尤其是当前中国处于百年未有之大变局,在全球化、转型期和媒介化三重语境下,各种力量纷纷介入,形成了一个多元、交叉、复杂的舆论表达格局。面对这一复杂的舆论生态,如何适应和领悟这一新态势,如何宣介党和政府的理论、方针、政策,营造有利于推动当前社会改革发展和有利于全社会和谐稳定的舆论环境,是我国新闻发布制度建设需要重视和解决的现实问题。

党的十九届四中全会提出要"把制度优势转化为国家治理效能"②;党的十九届五中全会明确提出,在"十四五"时期,"国家治理效能得到新提升","政府作用更好发挥,行政效率和公信力显著提升,社会治理特别是基层治理水平明显提高,防范化解重大风险体制机制不断健全,突发公共事件应急能力显著增强"③。作为推进国家治理体系和治理能力现代化的特殊方式、政治系统的重要组成部分,以及党和政府舆论治理体系的关键力量,我国新闻发布制度建设如何突破和创新

---

① 《列宁全集》(第17卷),人民出版社1988年版,第321页。
② 《把制度优势更好转化为国家治理效能——二论学习贯彻党的十九届四中全会精神》,2019年11月2日,新民晚报百家号,https://baijiahao.baidu.com/s? id = 1649094801136963190&wfr = spider&for = pc,最后浏览日期:2022年10月10日。
③ 靳诺:《把我国制度优势更好转化为国家治理效能》,2021年1月13日,人民网,http://politics.people.com.cn/n1/2021/0113/c1001-31997934.html,最后浏览日期:2022年10月10日。

现有规制，以变应变，继续发挥应有的力量，也成为值得关注的话题。

因此，本书将我国新闻发布制度嵌入社会发展变迁，以此展开研究，通过对该制度理念嬗变的梳理和实践探索的描绘，旨在为新时代我国新闻发布工作的完善提出具有可行性的建议。

一方面，笔者期待通过研究为构建中国特色的新闻发布理论体系添砖加瓦。"构建中国特色的新闻发布理论体系研究"是坚定贯彻执行以习近平同志为核心的党中央提出的"推进新闻发布制度化"的政治要求，也是彻底改变缺乏中国特色社会主义新闻发布理论体系建构的现实需要。我国社会主义事业的发展，我国执政理念与水平的现代化，比任何时候都更加迫切地需要构建中国特色的新闻发布理论体系。本书以此为立足点，对我国新闻发布制度建设的理念进行了梳理，并得出了一定的理论化研究成果。

另一方面，我国的新闻发布工作在某种程度上践行着推进国家治理体系和治理能力现代化这一全面深化改革的理念，并在实践过程中不断生成新体会、新方法、新经验。本书希望可以深入分析党和政府新闻发布制度建设的现状，为逐步完善我国的新闻发布制度，增强党和政府的舆论引导能力和应对突发事件的处理能力，树立党和政府的良好形象，以及真正实现党和政府、媒体与民众的有效沟通献计献策。

第二节　对现有相关研究的回顾

一、国外相关研究回顾

从 19 世纪起，为适应传媒发展的需要并服务于本国的政治、意识形态、维护公众知情权，西方各国逐步开展新闻发布工作。美国是世界上最早建立新闻发言人制度的国家之一。1828年11月4日,安德鲁·杰克逊当选为美国总统。在他任期内,开始聘任新闻发言人。随后,几任总统的新闻发言人都是以私人助理的身份出现,直到第二十五任总统威廉·麦金莱上台,他的新闻发言人开始从政府领取薪水,变身为官方发言人。威廉·霍华德·塔夫脱当选总统期间,每周定期安排两次记者招待会,使新闻发言人制度固定下来,并逐渐成为美国政府运作体系中不可或缺的重要组成部分[①]。同时,美国制定了相关法律法规,如《信息自由法》(Freedom of Information Act)、《阳光下的政府法》(Government in the Sunshine Act of 1976)、《电子信息自由法修正案》(The Electronic Freedom of Information Act Amendments)等。到20世纪末,西方各国逐步建立起政府信息公开和政府新闻发布制度。纵向分析西方新闻发布制度的建设,大致经历了"严格控制反对向民众发布信息—民间新闻传播业快速发展—转变态度主动向民众发布新闻"三个阶段。在这一过程中,出现了一批相关的研究论文和专著。

在西方政治传播学中,学者对新闻发布的研究主要是在公共关系学的研究框架内进行的。他们认为新闻发布是政府公关的重要手段,新闻发布策略与新闻发言人息息相关,所以围绕新闻发言人展开的研究是较早且较为常见的。这与新闻发言人的社会地位有关。以美国为例,美国总统的新闻发言人被称为"白宫新闻秘书",地位不低于一名部长或总统助理。埃德温·埃默里、迈克尔·埃默里的著作《美国新闻史——报业与政治、经济和社会潮流的关系》立足于美国新闻发布制度的源起,全面分析了新闻发布制度在美国从萌芽到初

---

① 孟建、林溪声:《西方主要政党新闻发布活动概述》,《对外传播》2011年第11期,第58—59页。

步成立的过程①。兰斯·班尼特在《新闻：政治的幻象》一书展示了美国政府是如何通过白宫新闻发言人、国会新闻发言人和五角大楼新闻发言人来合理引导舆论，争取广大美国民众支持和塑造政府良好形象的。该书提出了新闻发言人要充分利用政府态度、政府政策和政府行动引导舆论，让美国民众真正了解政府工作，以便于政府关注舆论动态并牢牢掌控舆论方向②。学者霍华德·库尔茨在《操纵圈——克林顿新闻宣传机器内幕》中指出，美国政府在选择和培养新闻发言人方面有自己的培训系统，并就如何与媒体建立良好的关系，以及新闻发言人应对突发情况应具备的能力进行了详细的论述③。海伦·托马斯作为白宫新闻秘书，在《白宫前沿——白宫记者团团长海伦·托马斯自传》一书中指出，白宫新闻秘书要做好两方面的工作：一方面，作为总统和政府的代言人，要履行好政府人的职责，把握好政府立场，维护好总统形象；另一方面，要对法律赋予媒体和民众的知情权负责，确保媒体和民众得到真实的消息。这对每一任白宫新闻秘书来说都是巨大的挑战④。学者玛格莱特·苏丽文在《政府的媒体公关与新闻发布：一个发言人的必备手册》一书中对新闻执政（governing with news）和新闻发布进行了阐述，尤其是对新闻发言人的发布技巧进行了探索⑤。

---

① 参见［美］埃德温·埃默里、迈克尔·埃默里：《美国新闻史——报业与政治、经济和社会潮流的关系》，苏金琥、张黎、阮宁等译，新华出版社 1982 年版。
② 参见［美］W. 兰斯·班尼特：《新闻：政治的幻象》，杨晓红、王家全译，当代中国出版社 2005 年版。
③ 参见［美］霍华德·库尔茨：《操纵圈——克林顿新闻宣传机器内幕》，张金秀、周荣国译，新华出版社 2000 年版。
④ 参见［美］海伦·托马斯：《白宫前沿——白宫记者团团长海伦·托马斯自传》，李彬、陈虹、陈阳等译，新华出版社 2000 年版。
⑤ 参见［美］玛格莱特·苏丽文：《政府的媒体公关与新闻发布：一个发言人的必备手册》，董关鹏译，清华大学出版社 2005 年版。

此外,相关研究主要集中在媒介控制视角,如舆论引导、议程设置、议题管理等基于媒介权力和媒介控制的研究,研究者将新闻发布与政治传播联系起来。例如,有美国学者通过分析美国州长办公室关于新冠肺炎疫情的新闻发布内容,评估了沟通模式并探究它们是否与新冠肺炎疫情中的病例和死亡趋势相关[①]。还有话语分析视角下的新闻发布研究,主要从话语研究等方面对新闻发布技巧和策略进行分析。例如,学者安德烈列举了"吹捧""最好的"等不能在新闻发布会上使用的八类词语;对新闻发言人发布技巧进行了探索;帕廷顿以48份白宫新闻发布会为语料,运用检索技术对新闻发布会语境中的语篇特征和交际策略,以及外交政治谈判用语的模糊性、威胁技巧、礼貌和合作原则等进行了详细的研究。

此外,在研究方法上,国外涉及新闻发布的研究大多是实证研究。其中,深度访谈法、定量分析法和文本分析法都是较为常用的研究方法。

二、国内相关研究回顾

中国共产党的新闻发布工作可追溯至建党初期,在社会体制和环境中有其独特意义与呈现方式,虽历经百年发展,但系统的相关学术研究却出现较晚,最早散见于文献汇编和新闻报道。随着新闻发布制度的完善和新闻发布实践的大力推进,这一领域的研究才逐渐成为学者关注重点。早期的相关研究并不以"新闻发布"为关键词,经历了由"记者招待会—新闻发言人—新闻发布"三个阶段的转变。

---

① Mauricio Tano, Juha Baek, Adriana Ordonez, Rita Bosetti, Terri Menser, George Naufal, Bita Kash, "COVID - 19 and Communication: A Sentiment Analysis of US State Governors' Official Press Releases," *PLoS One*, 2022,17(8), pp. 1 - 15.

第一章
导 论

我国大陆地区的新闻发布制度建设起步于20世纪80年代,起初主要是源于对外宣传的需要。2003年"非典"疫情暴发,在公众需求与国际舆论的双重压力下,新闻发布制度得以迅速地延伸至国内政府信息发布工作,并引发研究热潮。2007年《中华人民共和国政府信息公开条例》(以下简称《政府信息公开条例》)的颁布实施标志着我国政务信息公开迈入"有法可依"的时代。之后,大陆地区的新闻发布制度研究整体趋于平稳,时常有舆论热点激发研究浪潮。2008年汶川地震、2011年"7·23甬温线动车追尾事故"、2015年"8·12天津滨海新区爆炸事故"等突发事件促使学者们针对政府如何进行危机管理,以及如何提升新闻发布水平展开了进一步探讨,相关研究也由制度主义视角下的基础研究转向政府传播、应急管理、危机公关等多学科交叉研究。近年来,一些学者也关注并研究新媒体背景下政府新闻发布工作的规律与技巧。这一系列研究在促进政府新闻发布制度化的同时,对指导新闻发布实践和改善新闻发布效果也提供了有益的借鉴。2020年,与新冠肺炎疫情伴生的"信息疫情"等新闻传播现象引发了学界的广泛关注。承担着权威信息发布职能的政府部门在此期间发挥了重要职能,又一波相关研究的热潮已初现端倪。

目前,学界已经出版不少关于我国新闻发布工作理论与实践结合、学理分析与经验归纳并重的专著、教材和操作手册,如学者徐琴媛的《中外新闻发布制度比较》、史安斌的《危机传播与新闻发布》《全媒体时代的新闻发布和关系管理》、高钢等的《新闻发布与新闻发言人实务》、刘建明的《新闻发布概论》、殷莉的《新闻发布案例透视》、邹建华的《微博时代的新闻发布和舆论引导》、冯春梅的《中国政府新闻发布变迁》、李彪的《直击人心:社交媒体时代新闻发布与媒体关系管理》、侯迎忠的《突发事件中政府新闻发布效果评估体系建构》和郎劲松、胡洪江的《不翻车的发布会：新闻发言人修炼手册》等。还有由政府机构一线从业人员编写的相关实用性读本，如国务院新闻办公室新闻局编的《新闻发布工作手册》、武和平的《打开天窗说亮话——新闻发言人眼中的突发事件》、龚铁鹰的《英国政府如何与新闻媒体打交道：中国新闻发言人赴英交流实录》、傅莹的《我的对面是你：新闻发布会背后的故事》、赵启正的《直面媒体二十年：赵启正答中外记者问》、王勇平的《发布台》等。

在期刊论文方面，涉及我国新闻发布制度研究的主要学科有新闻传播学、政治学、公共关系学、法学、文化人类学等，具体包括以下四个方面。

（一）新闻发布制度的内涵和功能

这部分研究主要涉及新闻传播学、政治学、公共关系学、法学等学科。例如，新闻发布包含知情权理论、政府信息公开理论、政治系统论等，在国家形象建设、谣言回应、社会治理、助力改革开放、服务于国家治理、社会风险调节、社会认同等方面发挥着作用。学者孟建、李晓虎在《中国政府新闻发布制度的理论探析》一文中，从理念、规则和实践层面梳理了中国政府新闻发布制度的理论脉络，并认为不断完善的政府新闻发布制度包括知情权理论、政府信息公开理论、"软实力"理论、议程设置理论、危机传播理论、框架理论和公共关系理论等多种理论来源，通过对多种理论的现实应用分析，揭示了中国政府新闻发布制度建设领域的理论与现实的互动关系[1]。学者张志安在《新闻发布助力改革开放：回顾与展望》一文中系统地阐述了改

---

[1] 孟建、李晓虎：《中国政府新闻发布制度的理论探析》，《现代传播（中国传媒大学学报）》2007年第3期，第46—48页。

革开放、信息公开和媒体改革三个维度与新闻发布的关系,并就新闻发布工作助力改革开放、服务于国家治理等方面提出了方向性的建议①。

(二) 新闻发布制度的历史演进

这部分研究主要对党和政府的新闻发布工作进行了历时分析,除了零星几篇从建党初期我党发展史的角度切入,其余均主要研究新中国成立后政府和国家领导人的新闻发布活动,但阶段划分有所差异,主要从制度史角度、社会变迁断代时间点等展开。例如,学者唐瑜在《中国政府新闻发布制度的探源》一文中以新中国成立初期、"文革"时期、改革开放后三个阶段作为考察的重点,揭示了中国政府新闻发布制度变化、发展的一般规律、价值取向和施政理念②。学者周庆安、卢朵宝在《新中国成立初期新闻发布活动的历史考察》一文中,从制度史的角度对新中国成立初期的新闻发布活动进行了考察,从框架、内容、新闻发言人角色和执行效果四个方面对新中国成立初期颁布的相关新闻发布管理办法进行了分析,并与 2008 年 5 月颁布的《政府信息公开条例》作了对比③。在《政府新闻发布工作 60 年:进展、经验与前瞻》一文中,学者华清对新中国成立 60 年以来,政府新闻发布工作的进展情况、所得经验,以及未来工作的展望进行了较为全面而系统的阐述,并将我国的新闻发布工作分为四个发展阶段:1949—1982 年的自发阶段、1982—1992 年的初步规范阶段、1992—

---

① 张志安:《新闻发布助力改革开放:回顾与展望》,《人民论坛·学术前沿》2019 年第 9 期,第 84—89 页。
② 唐瑜:《中国政府新闻发布制度的探源》,《法制与社会》2008 年第 23 期,第 180—181 页。
③ 周庆安、卢朵宝:《新中国成立初期新闻发布活动的历史考察》,《新闻与传播研究》2009 年第 4 期,第 80—84、110 页。

2002年的平稳发展阶段和2002年至今的突破性快速发展阶段①。

（三）新闻发布制度的效果研究

这部分研究主要关注的是新闻发布的实际效能和效果评估等方面。学者们普遍认为建立有效的新闻发布评估机制，保障发布活动的传播效果是我们新闻发布制度建设面临的紧迫而现实的问题。这部分研究主要基于指标体系的确立、内容分析法和大数据统计分析等评估方法的运用。例如，学者侯迎忠的文章《政府新闻发布效果评估要素初探》在系统地梳理我国政府新闻发布制度建设现状和问题的基础上，对新闻发布效果评估的五大内在要素（传播者、传播过程、传播内容、传播对象、传播策略）和四大外在要素（传播元动力、传播执行力、传播扩散力、传播影响力）进行了解析，认为上述各个要素是建构科学的政府新闻发布效果评估机制的基础②。学者周庆安、邓仙来在《新闻发布会传播效果的评估研究初探》一文中，基于发布者主体从政策取向、传播取向、受众取向三个维度，科学地评估了新闻发布会的传播效果③。学者张力、杨卫娜在《部委新闻发布会传播效果评估研究——以2017年"两会"前夕11场中央部委新闻发布会为例》一文中采用内容分析、大数据统计分析等方法展开，评估了当前我国新闻发布会传播机制的效果、特点、优势和不足等方面④。

---

① 华清：《政府新闻发布工作60年：进展、经验与前瞻》，《对外传播》2009年第12期，第31—32、1页。
② 侯迎忠：《政府新闻发布效果评估要素初探》，《新闻与传播研究》2010年第4期，第98—104、112页。
③ 周庆安、邓仙来：《新闻发布会传播效果的评估研究初探》，《新闻与写作》2014年第11期，第64—66页。
④ 张力、杨卫娜：《部委新闻发布会传播效果评估研究——以2017年"两会"前夕11场中央部委新闻发布会为例》，《对外传播》2017年第9期，第46—49页。

（四）新闻发布制度的完善策略

这部分文献在剖析问题的基础上探索了新闻发布制度的建设和完善，主要包括观念、机制、法规与实践等方面。例如，从政府信息公开立法、职务行为向职业行为转变等方面进行改善；在具体的新闻发布中采用传播圈层策略、时间延迟策略等，并将媒体关系、受众情绪管理、情感传播、专家参与等融入其中；还要注意创新形式和从共识原则、"面子原则"、真诚原则等方面探究如何进行更好的话语表达。学者胡华涛在《新闻发布制度化构建中的立法问题——中西信息公开立法原则精神的对比研究》一文中指出，新闻发布制度的核心内容是保障公民的知情权，所以信息公开立法对新闻发布制度至关重要[1]。学者喻国明在《社会化媒体崛起背景下政府角色的转型及行动逻辑》一文中指出，政府角色转换和关系资源的获得是走出当前舆情危机的关键[2]。学者程曼丽在《中国政府新闻发布的专业化转型》一文中指出，中国政府的新闻发布制度面临着一个转型期或转轨期，即由职务行为向职业行为转变，要走专业化的道路[3]。值得注意的是，近几年来，随着传播技术的普及与应用，许多学者将研究视角集中在新媒体环境下新闻发布工作的创新等方面。

此外，部分文献介绍了一些西方国家的新闻发布制度的形成与管理经验或进行中西比较，以期为中国的新闻发布制度建设提供可借鉴的视角。也有部分文献从危机发布机制、危机发布策略、危机发

---

[1] 胡华涛：《新闻发布制度化构建中的立法问题——中西信息公开立法原则精神的对比研究》，《新闻大学》2005 年第 1 期，第 57—61 页。
[2] 喻国明：《社会化媒体崛起背景下政府角色的转型及行动逻辑》，《新闻记者》2012 年第 4 期，第 3—8 页。
[3] 程曼丽：《中国政府新闻发布的专业化转型》，《现代传播（中国传媒大学学报）》2012 年第 1 期，第 53—54 页。

布效果评估等方面探讨了危机情境中的新闻发布制度建设等。

整体而言,目前的相关文献资料比较翔实。根据上述文献综述,笔者尝试从以下方面对我国新闻发布制度研究的现状与问题进行总结。

在进行文献整理的时候,笔者发现大量文献是关于新闻发言人的研究,如新闻发言人的意义、功能和制度建设等方面;还有些文章标题出现了"新闻发布制度"的关键词,但通篇涉及的只有新闻发言人。在此,必须明确的是,新闻发言制度并不等同于新闻发言人制度,实际上新闻发言人是新闻发布制度的一个重要方面,两者是从属关系,新闻发言人的出现推动并完善了新闻发布制度。

目前,学界对新媒体环境下新闻发布制度建设的研究还比较琐碎,多是零星提及,介绍和概述明显多于理论探究,还没有形成整体、全面的系统性研究。如何结合新媒体的特性及由此带来的舆论环境转型,对具有中国特色的新闻发布制度进行理论上的创新和理性的批判,正确处理实务研究与理论分析的辩证关系,深入研究新媒体环境,以及进一步健全我国新闻发布制度的渠道,同样是本书力求研究的关键问题。

在研究方法方面,学者主要采用文献分析、个案研究和文本分析等定性研究方法,定量研究方法使用得较少。这就导致大量一手资料和数据的缺失使得学者们对新闻发布工作的研究显得有些"证据不足",缺乏一定的科学性和严谨性。

第三节 相关理论阐述

我国新闻发布制度建设蕴含多种理论来源。政治学认为制度是认识(理念)、规则(法律法规)和行为方式(实践)的集合体,由此可以将新闻发布制度分为新闻发布理念、制度本身和实践三个层面①。本节将对这三个层面的相关理论进行阐述,旨在提炼当前中国新闻发布制度建设的内在逻辑。

一、新闻发布制度建设理念层面的理论来源

(一) 中国特色社会主义新闻舆论体系阐述②

"习近平新时代中国特色社会主义思想是从改革开放和社会主义现代化建设实践中产生而又服务于实践的伟大理论"③,"八个明确"的基本内容、"十四个坚持"的基本方略,构成系统、完整的科学理论体系。作为马克思主义中国化的最新成果,这一理论体系既是对马克思列宁主义、毛泽东思想、邓小平理论、"三个代表"重要思想、科学发展观的继承和发展,也是十八大以来党的理论创新和伟大实践的产物,又是我党面向新时代作出的深刻回答。我国的新闻发布工作既是党务、政务信息公开工作,也是新闻舆论工作的重要组成部分,习近平新时代中国特色社会主义思想为中国特色新闻发布理论体系提供了理论依据。习近平新时代中国特色社

---

① 孟建:《国家形象建构与中国政府新闻发布制度》,《国际新闻界》2008 年第 11 期,第 33—38 页。
② 本节部分内容刊发在孟建、邢祥:《中国特色新闻发布理论体系的全面构建》,《新闻与写作》2019 年第 3 期,第 32—37 页,为 2017 年上海市哲学社会科学规划研究项目"中国特色社会主义新闻发布理论体系研究"(编号:2017BHB023)的阶段性研究成果。
③ 周正刚:《习近平新时代中国特色社会主义思想的本质特征》,2017 年 11 月 24 日,人民网,http://theory.people.com.cn/n1/2017/1124/c40531-29665409.html,最后浏览日期:2022 年 10 月 10 日。

会主义思想开辟了当代中国马克思主义发展新境界。高度重视理论创新,以马克思主义为指导,坚持把马克思主义基本原理同中国实际相结合,不断推进马克思主义中国化、时代化、大众化,是中国特色社会主义的重要特征,也是我党永葆先进性的重要原因。党的十八大以来,以习近平同志为核心的党中央着眼新形势、新问题、新常态,开辟马克思主义新境界,"明确了新时代坚持和发展中国特色社会主义的总目标、总任务、总体布局、战略布局和发展方向、发展方式、发展动力、战略步骤、外部条件、政治保证等基本问题"①,形成了习近平新时代中国特色社会主义思想。习近平中国特色社会主义思想在形成过程中,以问题为导向,"将坚定信仰信念、鲜明人民立场、强烈历史担当、求真务实作风、勇于创新精神和科学方法论贯穿于发现问题、解决问题、指导实践的全过程之中"②,具有很强的实践指导性,是全党全国人民为实现中华民族伟大复兴而奋斗的行动指南,为解决全人类共同面对的问题提供了中国方案、贡献了中国智慧。

具体而言,作为新闻舆论工作的重要组成部分,中国特色新闻发布理论体系的构建主要以中国特色社会主义新闻舆论体系为依据。舆论是影响社会发展和政治稳定的重要力量。马克思主义者高度重视新闻舆论工作,在马克思、恩格斯的著作中,"舆论"概念的出现频率高达 300 多次。我党历来重视舆论工作,从江泽民同志提出"福祸论"到胡锦涛同志提出"舆论引导正确,利党利国利民;舆论引导错

---

① 周正刚:《习近平新时代中国特色社会主义思想的本质特征》,2017 年 11 月 24 日,人民网,http://theory.people.com.cn/n1/2017/1124/c40531-29665409.html,最后浏览日期:2022 年 10 月 10 日。
② 李捷:《理论创新与实践创新的良性互动和新时代新思想的创立》,《红旗文稿》2017 年第 23 期,第 4—8 页。

误,误党误国误民"①,党的历任领导人一再强调了新闻舆论工作的重要性。十八大以来,以习近平同志为核心的党中央高度重视新闻舆论工作,发表了一系列讲话,多次作出重要指示,提出了一系列加强和改进新闻舆论工作的新论断、新观点和新要求,是习近平新时代中国特色社会主义思想在新闻舆论领域的生动体现,"形成了体系完整、科学系统的新闻思想,与我们党长期形成的新闻思想一脉相承又与时俱进,丰富和发展了马克思主义新闻理论,是做好新时代党的新闻舆论工作的科学指南,为新时代新闻舆论工作指明了前进方向、提供了根本遵循"②。

习近平总书记将党的新闻舆论工作提升到"全局"的新高度,将党的新闻舆论工作的性质定位为"治国理政、立国安邦的大事"③。他强调,"做好党的新闻舆论工作,事关旗帜和道路,事关贯彻落实党的理论和路线方针政策,事关顺利推进党和国家各项事业,事关全党全国各族人民凝聚力和向心力,事关党和国家前途命运。必须从党的工作全局出发把握党的新闻舆论工作,做到思想上高度重视、工作上精准有力"④。这体现出新时代党的新闻舆论工作的精准定位,可谓在新的历史条件和时代背景下对新闻舆论传播理念不断深化的创新之举,代表着我国新闻舆论思想体系的进一步成熟。

中国特色社会主义新闻舆论体系对党的新闻舆论工作的职责与使命作出如下表述:党的新闻舆论工作的职责要围绕"高举旗帜、引

---

① 杨春光:《牢固树立"五个必须"意识 不断提高舆论引导能力》,2008年8月5日,光明网,https://www.gmw.cn/01gmrb/2008-08/05/content_817319.htm,最后浏览日期:2022年10月10日。
② 《习近平新闻思想讲义(2018版)》,人民出版社、学习出版社2018年版,第1页。
③ 《习近平总书记党的新闻舆论工作座谈会重要讲话精神学习辅助材料》,学习出版社2016年版,第1—2页。
④ 同上。

领导向,围绕中心、服务大局,团结人民、鼓舞士气,成风化人、凝心聚力,澄清谬误、明辨是非,联接中外、沟通世界"①48字方针展开,必须自觉承担起"举旗帜、聚民心、育新人、兴文化、展形象"②的使命任务。为新闻舆论工作者在新时代做好新闻舆论工作指明了方向。

中国特色社会主义新闻舆论体系对党的新闻舆论工作的方针原则作出如下论断:党的新闻舆论工作必须坚持党性原则;坚持党性和人民性的统一;坚持党对意识形态工作的领导权,将马克思主义新闻观作为"定盘星";坚持正确的舆论导向,巩固壮大主流思想舆论;坚持正面宣传为主,把团结稳定鼓劲作为基本方针和原则;坚持改革创新。

中国特色社会主义新闻舆论体系对党的新闻舆论工作的能力建设方面作出如下规划:"做好宣传思想工作,比以往任何时候都更加需要创新"③;新闻舆论工作要牢固树立创新意识,"必须创新理念、内容、体裁、形式、方法、手段、业态、体制、机制"④,加强传播手段和话语方式创新,提高新闻舆论的传播力、引导力、影响力、公信力。

中国特色社会主义新闻舆论体系对党的新闻舆论工作的重点作出如下部署:中国特色社会主义进入新时代,必须把统一思想、凝聚力量作为宣传思想工作的中心环节,要将网上舆论工作作为重中之重来抓。随着移动互联网技术的兴起与广泛应用,我国舆论的主阵地已经发生偏移,互联网成为舆论工作和斗争的主战场。因此,要牢

---

① 《习近平谈治国理政》(第二卷),外文出版社2017年版,第332页。
② 《习近平出席全国宣传思想工作会议并发表重要讲话》,2018年8月22日,中国政府网,http://www.gov.cn/xinwen/2018-08/22/content_5315723.htm,最后浏览日期:2022年10月10日。
③ 《习近平关于全面深化改革论述摘编》,中央文献出版社2014年版,第84页。
④ 《习近平总书记党的新闻舆论工作座谈会重要讲话精神学习辅助材料》,学习出版社2016年版,第7页。

牢把握网上舆论工作的领导权和主动权,加强网络内容建设,把握网上舆论引导的时度效,做大做强网上主流舆论;要"提高网络综合治理能力,形成党委领导、政府管理、企业履责、社会监督、网民自律等多主体参与,经济、法律、技术等多种手段相结合的综合治网格局"①。

中国特色社会主义新闻舆论体系在党的新闻舆论工作的国际传播能力建设方面有如下阐述:中国日益走近世界舞台中央,"争取国际话语权是我们当前必须解决好的一个重大问题"②。党的新闻舆论工作要提升国际传播能力,主动设置议题,增强国际话语权;要让中国声音真正走出去,加强创新力度,拓展渠道平台;要优化战略布局,加强顶层设计;要加强话语体系建设,构建融通中外的话语体系。

中国特色社会主义新闻舆论体系对党的新闻舆论工作的队伍建设方面提出如下的新要求:党的新闻舆论工作队伍要"坚持正确政治方向,坚持正确舆论导向,坚持正确新闻志向,坚持正确工作取向"③;要"不断掌握新知识、熟悉新领域、开拓新视野,增强本领能力,加强调查研究,不断增强脚力、眼力、脑力、笔力,努力打造一支政治过硬、本领高强、求实创新、能打胜仗的宣传思想工作队伍"④;要深入开展马克思主义新闻观教育,造就全媒型、专家型人才。

---

① 《习近平新闻思想讲义(2018版)》,人民出版社、学习出版社2018年版,第29页。
② 《习近平:在全国党校工作会议上的讲话》,2016年5月1日,中国共产党新闻网,http://cpc.people.com.cn/n1/2016/0501/c64094-28317481.html,最后浏览日期:2022年10月10日。
③ 《习近平对新闻记者提出4点希望 做党和人民信赖的新闻工作者》,2016年11月7日,新华网,http://www.xinhuanet.com/zgjx/2016-11/07/c_135811858.htm,最后浏览日期:2022年10月10日。
④ 《习近平出席全国宣传思想工作会议并发表重要讲话》,2018年8月22日,中国政府网,http://www.gov.cn/xinwen/2018-08/22/content_5315723.htm,最后浏览日期:2022年10月10日。

（二）国家治理理论与"善治"理念

治理（governance），原意为控制、引导和操纵。1989年，世界银行在对非洲情况进行描述时，首次使用"治理危机"一词。从此，"治理"被应用于政治发展研究中，用以描述后殖民地和发展中国家的政治状况[①]。20世纪90年代以来，西方的政治家和政治社会家对"治理"作出了新界定，当然也出现了很多纷争。治理理论的主要创始人之一罗西瑙（J. N. Rosenau）在著作《没有政府的治理》和《21世纪的治理》等文章中将治理定义为一系列活动领域内的管理机制：它们虽未得到正式授权，却能有效发挥作用。与统治不同，治理指的是一种由共同的目标支持的活动，这些管理活动的主体未必是政府，也无须依靠国家的强制力量来实现[②]。治理理论的代表人物R.罗茨（R. Rhodes）归纳了治理的六种形态：作为最小国家的治理、作为公司治理的治理、作为新公共管理的治理、作为"善治"的治理、作为社会调控制度的治理和作为自组织网络的治理。后来，罗茨又重新丰富了治理的定义，将它分为七种形态：公司治理、新公共管理、善治、国际的相互依赖、社会控制论的治理、作为新政治经济学的治理和网络治理[③]。关于不同学者对治理理论的阐释，全球治理委员会作为一个国际性组织，对治理的内涵作出了明确的定义："治理是各种公共的或私人的个人和机构管理其共同事务的诸多方式的综合。它是使互相冲突的或不同的利益得以调和并且采取联合行动的持续的过程。它

---

① 俞可平：《治理与善治》，社会科学文献出版社2000年版，第1页。
② ［美］詹姆斯·N.罗西瑙：《没有政府的治理：世界政治中的秩序与变革》，张胜军、刘小林等译，江西人民出版社2001年版，第34页；俞可平：《詹姆斯·罗西瑙论21世纪的治理》，载于俞可平等：《全球化与国家主权》，社会科学文献出版社2004年版，第297页。
③ 王诗宗：《治理理论及其中国适用性》，浙江大学出版社2009年版，第37—39页。

既包括有权迫使人民服从的正式制度和规则,也包括各种人们同意或以为符合其利益的非正式制度安排。"①

"治理"理念进入中国后,迅速引起学界的关注和研究。但是,政治生态的不同决定了治理理论在中国的发展必定与西方不同,需要不断进行本土化探索。西方强调地方范畴、多个中心共同治理。在中国,国家是治理的主体并居于主导地位,"在各种不同的制度关系中运用权力去引导、控制和规范公民的各种活动,以最大限度地增进公共利益"②。对治理理论还有另一种解释,即它是一种协调国家与社会关系的活动。这一观点将治理纳入国家与社会的双向互动关系,通过综合治理在国家与社会不同层面的具体效用和分析治理的运行过程,使治理在正式制度和非正式制度中共同发挥作用③。

党的十八大报告中首次以正式文件的形式提出"国家治理"一词。十八届三中全会首次提出"推进国家治理体系和治理能力现代化"这个重大命题,并将"完善和发展中国特色社会主义制度、推进国家治理体系和治理能力现代化"确立为全面深化改革的总目标,对全面深化改革作出"五位一体"的战略布局,在创新社会治理方式的基础上形成科学有效的治理体系。其中,"国家治理体系和治理能力现代化"的提出是"一个国家的制度和制度执行能力的集中体现"④,是适应社会发展和满足人民群众需要的必然选择。十九届四中全会审议通过《中共中央关于坚持和完善中国特色社会主义制度、推进国家治理体系和治理能力现代化若干重大问题的决定》,厘清了中国特色

---

① 转引自俞可平:《论国家治理现代化》,社会科学文献出版社 2014 年版,第 20 页。
② 俞可平:《治理与善治》,社会科学文献出版社 2000 年版,第 5 页。
③ 参见邱实:《中国政治治理现代化研究》,南京师范大学 2017 年博士学位论文,第 14 页。
④ 《习近平:推进国家治理体系和治理能力现代化》,2014 年 2 月 17 日,人民网,http://politics.people.com.cn/n/2014/0217/c1024-24384975.html,最后浏览日期:2022 年 10 月 10 日。

社会主义制度与国家治理体系和治理能力的关系,并明确提出要把制度优势转化为国家治理效能。十九届五中全会明确提出,在"十四五"时期,国家治理效能得到新提升,政府作用更好发挥,行政效率和公信力显著提升,社会治理特别是基层治理水平明显提高,防范化解重大风险体制机制不断健全,突发公共事件应急能力显著增强[1]。

善治(good governance)是"良好的治理"。西方学者发现治理存在局限性,治理理论的发展并没有消除治理失效的可能性后,开始探寻如何克服治理的失效、如何使治理更加有效等问题,于是,"元治理""健全的治理""有效地治理"和"善治"等理念被提出。我国学者俞可平在《治理与善治》一书中,对善治作了详细阐释。他指出,"善治就是使公共利益最大化的社会管理过程,善治的本质特征就在于它是政府与公民对公共生活的合作管理,是政治国家与公民社会的一种新颖关系,是两者的最佳状态"[2]。综合多位学者在善治问题上的观点后,他还整理出善治的六个基本要素:合法性、透明性、责任性、法治、回应、有效。

作为推进国家治理体系和治理能力现代化的助推器、政治系统的重要组成部分、党和政府舆论治理体系的关键力量,我国新闻发布工作已步入制度化进程,形成了"横向到边,纵向到底"的发布格局。新闻发布在制度化建设进程中,始终坚守职责与使命,适应时代变化,不断完善整体性的体系建设和具体的实施战略,变得更加科学、更加完善,有利于实现党、国家、社会各项事务治理的制度化、规范化、程序化。

---

[1] 靳诺:《把我国制度优势更好转化为国家治理效能》,2021年1月13日,人民网,http://politics.people.com.cn/n1/2021/0113/c1001-31997934.html,最后浏览日期:2022年10月10日。

[2] 俞可平:《治理与善治》,社会科学文献出版社2000年版,第8页。

二、新闻发布制度建设规则层面的理论来源

（一）公民权利理论与政府信息公开

20世纪中期，T. H. 马歇尔（T. H. Marshall）提出"公民资格说"，指出公民身份由公民的要素、政治的要素和社会的要素构成，也可以说是由公民权利、政治权利、社会权利组成①。同时，他将公民权②界定为"给予那些是一个社区的完全成员之人的一种地位。所有拥有这种地位的人就这种地位所授予的权利和地位而言是平等的"③，认为公民权利能够使每个公民有机会、有条件参与政治事务。现代民主国家基本都会通过法律来明确公民的基本权利。

本书中论述的公民基本权利是指我国宪法赋予民众的知情权、表达权、参与权、监督权四种权力的统称，俗称公民"四权"。2006年10月，十六届六中全会在《关于构建社会主义和谐社会若干重大问题的决定》中首次正式提出："保障公民的知情权、参与权、表达权、监督权。"2007年3月，十届全国人大五次会议上所作的政府工作报告又一次提出："依法保障公民的知情权、参与权、表达权、监督权。"2007年10月，胡锦涛同志在党的十七大报告中明确提出："健全民主制度，丰富民主形式，拓宽民主渠道，依法实行民主选举、民主决策、民主管理、民主监督，保障人民的知情权、参与权、表达权、监督权。"

---

① ［英］T. H. 马歇尔、安东尼·吉登斯：《公民身份与社会阶级》，郭忠华、刘训练译，江苏人民出版社2008年版，第10页。
② 国内也有不少学者将公民权翻译成民事权。
③ ［英］罗伯特·平克、刘继同：《"公民权"与"福利国家"的理论基础：T. H. 马歇尔福利思想综述》，《社会福利》（理论版）2013年第1期，第8—16页。

在政府信息公开方面,2000年12月,中共中央办公厅、国务院办公厅发出《关于在全国乡镇政权机关全面推行政务公开制度的通知》,政务公开工作在全国基层普遍推行,并逐步扩展到县级、市(地)级及省(部)级行政机关。2003年,全国政务公开领导小组成立,领导小组成员单位包括中央纪委、国务院办公厅、中央组织部、全国总工会、监察部、财政部、人事部、国务院信息办等九个单位。全国政务公开领导小组主要负责推进政府信息公开条例的实施,解读公共政策和回应公众问询。2005年,中共中央办公厅、国务院办公厅颁布了《关于进一步推行政务公开的意见》,对政务公开的指导思想、基本原则、工作目标、重点内容和形式、制度建设、组织领导等方面,作出明确部署。2006年1月1日,中央政府门户网站正式开通,标志着由中央政府门户网站、国务院部门网站、地方各级人民政府及其部门网站组成的政府网站体系基本形成。同年12月29日,国务院办公厅颁布《国务院办公厅关于加强政府网站建设和管理工作的意见》,对政府网站的建设和管理工作提出明确意见。2007年1月17日,国务院第165次常务会议通过《中华人民共和国政府信息公开条例》,明确规定了适用于全国各级行政机关的制作和发布年度报告的职责,自2008年5月1日起施行。国务院办公厅后续在该条例的基础上出台的一系列涉及年度报告形式与内容的文件则构建起相对完善的年度报告制度体系[①]。2013年10月,国务院办公厅签发《关于进一步加强政府信息公开回应社会关切提升政府公信力的意见》,提出进一步加强平台建设和机制建设,完善各项保障措施。此后,各级政府官方网站上均开设政务公开和互动的信息栏,积极打造政府信息公

---

① 王祎茗:《政府信息公开制度的治理效应分析——以政府信息公开工作年度报告为例》,《中共宁波市委党校学报》2022年第3期,第97—107页。

开服务热线及省长、书记信箱等。2019年4月,国务院总理李克强签署国务院令,公布修订后的《中华人民共和国政府信息公开条例》,自2019年5月15日起施行。该条例的修订主要包括三方面内容:一是明确政府信息公开的范围;二是完善依申请公开程序;三是强化便民服务要求,提高政府信息公开实效。

新闻发布制度建设是现代民主政治建设的必然要求。我国的新闻发布工作不仅是报道党务、政务信息或介绍职能部门情况,从本质上说是满足公众"四权",提升和维护党和政府的形象,增强公众对党和政府的认同感和信任感,构建良性互动关系,推进社会主义民主政治建设,积极稳妥地推进我国政治体制改革的重要内容。

(二)危机传播理论与突发事件应急条例

我国正处于社会转型时期,也是社会矛盾和舆情危机的多发时期。由于危机事件具有突发性、强影响力和不确定性的特征,人们在面对危机事件时往往会带有恐惧和不安的情绪,容易使人产生怀疑、焦虑、宣泄、仇视等不良的社会心态。这些消极心态的"传染性"较强,如果党和政府未能及时进行信息公开和舆论引导,就会导致舆情危机的出现。

我国新闻发布制度建设的不同阶段都有应对突发危机事件的实践探索,尤其是自2003年"非典"事件以后,我国新闻发布工作的职能发生转变。同时,国内一批公共管理学者引入西方危机管理的一些理念。"危机传播"则是以传播学为核心的危机管理理念,也是党和政府应急机制的重要组成部分。危机传播是指"在危机前后及其发生过程中,在政府部门、组织、媒体、公众之内和彼此之间进行的信息交流过程"[①]。从广义上看,危机传播包括公共危机情境下社会中的

---

① 史安斌:《危机传播与新闻发布》,南方日报出版社2004年版,第6页。

一切传播活动,当然也包括公共危机本身。如果从信息传播价值的意义上来说,危机传播更强调负面影响和影响的普遍性(包括负面性和重要性)[①]。有学者总结了危机传播的相关研究范围,主要集中在以下六个方面:混沌理论、战略分析(形象改变)理论、焦点事件理论、新闻扩散研究的特征、危机传播中谣言与流言的研究、风险传播理论[②]。

在突发事件应急条例方面,党和政府也不断出台相关条例。例如,2003年5月,国务院出台《突发公共卫生事件应急条例》;2004年,国务院依次发布了《国务院有关部门和单位制定和修订突发公共事件应急预案框架指南》《省(区、市)人民政府突发公共事件总体应急预案框架指南》;2006年,国务院出台《国家突发公共事件总体应急预案》;2007年8月,全国人大颁布《中华人民共和国突发事件应对法》。其中,对突发事件应对中信息发布与舆情引导工作作出单独说明。一系列应急条例、法规的印发,使我国的新闻发布工作在危机应对中更加有法可依。

三、新闻发布制度建设实践层面的理论来源

(一)政治系统理论

政治系统理论(political system theory)是美国政治学家戴维·伊斯顿(David Easton)在政治学研究中运用系统分析方法提出的一种理论,并在《政治生活的系统分析》一书中对此进行了详细阐述。伊斯顿认为,政治研究中的均衡分析(equilibrium analysis)的主要缺

[①] 史雯、黄鸣刚:《走向和谐之路:危机传播视域中的政府与媒体关系》,上海交通大学出版社2018年版,第26页。
[②] 同上书,第26—30页。

陷在于,它忽略了系统对付其环境影响的这种可变能力。他认为,政治系统论的重要前提是政治系统与外部环境的二分,他将"政治生活看作一个行为系统,它处于一个环境之中,本身受到这种环境的影响,又对这种环境产生反作用"①。

伊斯顿认为,外部环境可以被分为两类:国内环境系统和国际环境系统。国内环境系统包括经济、文化、社会结构或人的个性、各种行为、态度和观念;国际环境系统包括国际政治系统、国际经济或国际文化系统等。国内和国际这两部分被视作一个政治系统外部的系统,被认为一起构成了政治系统的总体环境。正是从这些环境中产生的各种影响对政治系统造成了可能的压力②。

伊斯顿提出"输入"和"输出"的概念是为了探究外部环境对系统影响的方法,并将各种影响缩减为可处理的若干指标。"输入"用以描述社会中的各种行为如何影响发生于政治领域的事情,主要包括"要求"和"支持"两种,"环境中的大量行为正是由它们加以输送、反映、集中并用来对政治生活施加压力的。只要把握了要求和支持的波动,我们就会发现环境系统对政治系统造成的影响"③。"输出"主要用以考量政治系统内部行为对外部环境造成的影响,其意义"不仅在于它有助于影响系统作为其一部分的较广阔的社会中的事件,而且在于它们会因此而有助于决定每个进入政治系统的下一轮输入"④。因此,伊斯顿引入"反馈环"的概念来展开描述。"反馈环"由许多环节组成:当局生产输出—社会成员对输出作出反应—这种反

---

① [美]戴维·伊斯顿:《政治生活的系统分析》,王浦劬等译,华夏出版社1989年版,第19页。
② 同上书,第26页。
③ 同上书,第32页。
④ 同上书,第33页。

应的信息获得与当局的沟通——当局做出下一步的可能行为。因此，会出现新一轮的输出、反应、信息反馈和由当局的再反应①。由此，政治系统和外部环境形成了输入—转换—输出—反馈的循环作用过程（见图1-1、图1-2）。

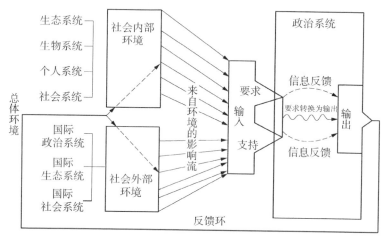

图1-1 政治系统的动力反应模式②

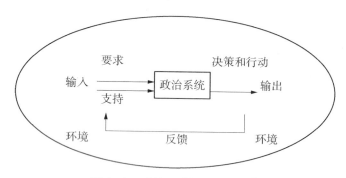

图1-2 政治系统的简化系统③

---

① ［美］戴维·伊斯顿：《政治生活的系统分析》，王浦劬等译，华夏出版社1999年版，第33页。
② 同上书，第35页。
③ 同上书，第37页。

新闻发布制度建设也具有"前端-后台"模型①。新闻发布活动是一个复杂的政治传播活动,呈现出来的信息发布,即所谓的"前端",仅是发布工作的一个小环节;"后台"包含采集(舆情搜集与研判、材料准备与答问参考)、策划(确定发布主题、确定发布形式、确定发布人选、确定发布对象、选择发布时机、确定发布平台、选择发布地点等)、发布(发布活动的主持、发布效果的现场管理)、评估(发布活动效果评估与反馈)等行为。如果将新闻发布视为政治系统中的一个部分,那么在新闻发布的研究过程中,发布本身的系统角色、动机、过程和效果就需要作为一个整体加以统一考虑②。

(二)议程设置理论

"议程设置"思想来自李普曼,他于1922年在《舆论学》中提出"新闻媒介影响我们头脑中的图像"③,即媒介议程与公众议程的构成之间存在某种联系。这种假设在美国传播学者马尔科姆·麦库姆斯和唐纳德·肖的实验和取证中得到证实,他们在1972年发表的《大众传播媒介的议程设置功能》一文中首次提出"议程设置"的概念,其核心观点为大众传播媒介在一定阶段对某个事件和社会问题的突出报道,会引起公众的普遍关心和重视,进而成为社会舆论讨论的中心议题④。

随着媒介技术的发展,议程设置理论的内涵也在不断丰富和发展。在移动互联网时代,长久以来由传统媒体垄断的议程设置权已

---

① 参见曹尧:《治理理论视角下地方政府新闻发布会效能提升研究》,暨南大学2020年硕士学位论文,第28页。
② 周庆安、陈苓钰:《突发事件中新闻发布对政府信任的建构路径——基于新冠肺炎事件中北京市政府新闻发布会的观察》,《新闻与写作》2020年第5期,第82—87页。
③ [美]沃尔特·李普曼:《舆论学》,林珊译,华夏出版社1989年版,第15页。
④ 甘惜分:《新闻学大辞典》,河南出版社1993年版,第105页。

经被逐渐打破,形成传统媒体与新兴媒体的"双议程设置"态势,"共鸣效果"和"溢散效果"两种影响议程设置的流向方式也影响着舆论。1968年,学者诺埃尔·纽曼等人提出"共鸣效果",指"由主流媒体引起而在媒介系统中产生一连串报道的连锁反应"①。在关注信息由主流媒体流向另类媒体或弱势媒体时,学者马西斯提出了"溢散效果",指"媒介议题同样可以从另类媒体流向主流媒体(意见领袖媒介),即产生媒介议题的溢散效果"②。在传统媒体场域中,"共鸣效果"是主要的议程流向方式;在新兴媒体发展迅速的今天,"共鸣效果"已经不再占据强势主导地位,而是与"溢散效果"共同作用,交互共振。当前,积极应对这一传播发展态势,继续发挥传统主流媒体的引领和主导作用,是维持传统主流媒体自身发展需要,提升传播力、引导力、影响力和公信力的现实需求。

在具体的新闻发布实践工作中,议程设置在重大主题信息发布、突发事件应对等方面得到广泛运用。议程设置不仅从传播效果层面证实了舆论引导的重要作用,还揭示了通过议程设置可以引导舆论的传播规律,议程设置的功能越强,引导舆论的作用就越大。其实,议程设置并非新的命题,但在移动互联网时代形成的复杂舆论格局早已打破了大众传播时代的议程设置方式。学者史安斌、王沛楠提出了"第三阶段的议程设置理论"③,即"网络议程设置理论"。该理论的核心观点是:影响公众的不是简单由大众传播媒介设置的单个议题,而是一系列由复杂媒体形态(三个舆论场)设置的议题组成的认

---

① 转引自董天策、陈映:《传统媒体与网络媒体的议程互动》,《西南民族大学学报》(人文社科版)2006年第7期,第134—138页。
② 同上。
③ 史安斌、王沛楠:《议程设置理论与研究50年:溯源·演进·前景》,《新闻与传播研究》2017年第10期,第13—28、127页。

知网络。因此，新闻发布工作如何将不同的信息碎片联系起来，构建出公众认可的社会现实的认知和判断，是当下议程设置命题的精髓。

新闻发布工作的关键在于对议题的把控力，明确政府、媒体、公众三者的关系，将政府议程与媒体和公众需要紧密地结合起来，将把握方向和适应需要有机地结合起来，寻求政府议程、媒体议程和公众议程的"最大公约数"。

第二章

我国新闻发布制度建设的历史沿革

在中国近现代历史上,新闻发布活动很早就被政界广泛认可,北洋政府和国民政府在北平、南京等地频繁地开展了各种形式和规格的新闻发布活动,并出现了"记者团"等专门的新闻发布活动的参与者[①]。作为新闻舆论工作的有机组成部分,中国共产党的新闻发布工作可追溯至建党初期。历经百年的探索与推进,党的新闻发布工作从无到有,由弱渐强,尤其是改革开放以来,新闻发布制度建设日趋成熟,在服务改革发展大局、营造明晰的舆论情境等方面发挥着重要作用,业已成为党和政府的一笔宝贵财富。建党百余年来,中国共产党逐步建立起横纵贯通的政治传播渠道,形成了扎实、完善的宣传建制。这一宣传建制主要由意识形态和思想政治教育制度与机构、政府信息公开和新闻发布制度与机构,以及信息监管和信息安全制度与机构组成。到现在,这一系统还处于持续规范化和制度化的过程[②]。本章将以党和政府在新闻发布制度方面进行革命、建设和改革

---

① 周庆安、刘勇亮:《百年语境下的中国共产党新闻发布史研究》,《新闻与写作》2021年第7期,第80—85页。
② 荆学民、赵洁:《中国共产党百年政治传播的基本经验》,《党政研究》2021年第5期,第22—33页。

的实践作为发展脉络,通过对党和政府的新闻发布活动进行梳理,明确我国新闻发布制度建设的历史渊源和改革进路。

第一节　新闻发布制度建设的前期准备（1982年以前）

人类历史上比较正式的新闻发布会源于西方,发端于美国,其新闻发布的制度化是伴随着一战、二战时期新闻宣传需要发展起来的。我国的新闻发布活动起步较晚,辛亥革命之后,中国才开始出现现代意义上的新闻发布活动。例如,1912年,中华民国首任内阁总理唐绍仪首倡在国务院设"新闻记者招待所",这标志着政府记者招待会在中国出现[①]。在抗战时期,国民党政府的行政院政务处、外交部和中央宣传部也多次举行记者招待会,并设有外国记者招待所。本节对此不作展开,主要梳理和介绍中国共产党成立以后出现的新闻发布活动。

中国共产党在成立之初就十分重视新闻宣传工作,同时党的新闻发布工作也是依托党的新闻宣传工作展开的。1921年,中国共产党第一次全国代表大会通过的决议中,第二条就是宣传,具体内容为:"杂志、日刊、书籍和小册子须由中央执行委员会或临时中央执行委员会经办。各地可根据需要出版一种工会杂志、日报、周报、小册子和临时通讯。无论中央或地方的出版物均应由党员直接经办和编辑。任何中央地方的出版物均不能刊载违背的方针。"[②]在革命早期,

---

[①] 赵鸿燕:《政府记者招待会:历史、功能与问答策略》,中国传媒大学出版社2007年版,第18页。
[②] 中国社会科学院新闻研究所:《中国共产党新闻工作文件汇编(1921—1949)》(上),新华出版社1980年版,第1页。

中国共产党人开展了罢工、暴动、武装起义等多种革命运动,并出版了多种政治刊物,运用政治动员发动和整合民众。这些依托出版物的信息发布在一定程度上发挥了新闻发布的功能。

随后开展的新闻发布活动主要可以归纳为三类。第一类是个人专访式的新闻发布。例如,抗战爆发前后史沫特莱、卡尔逊、斯诺等人对延安的访问和对中共领导人的采访,他们同时发表了大量有关革命根据地的报道,出版了《打回老家去》《中国在抗战中》《中国的双星》《西行漫记》《续西行漫记》等书籍。这些在当时都是重要的新闻发布形式。在延安之外,中国共产党人还充分利用办事处进行新闻发布,在香港、重庆等地的办事处人员与外国记者交朋友,周恩来等人也会时常约谈外国记者[①]。

第二类是设立新闻发言人,召开比较正式的新闻发布会。中国共产党的第一位新闻发言人是龚澎。1940年在重庆时,龚澎除了担任周恩来的外交秘书兼翻译,还担任代表团的新闻发言人,负责国际统一战线和外国记者的联络工作。国共和谈时期,周恩来多次举行记者招待会,揭露国民党政府假和平、假民主的面目和蓄意发动内战的阴谋,争取舆论支持[②]。中共代表团在上海周公馆和南京梅园新村设立多位新闻发言人,出席新闻发布会的中共党员党内职务级别更高。1946年11月15日,国民党悍然召开"国民大会"。11月16日,周恩来在南京梅园新村召开中外记者招待会,指出"这一'国大'是违背政协决议与全国民意,而由一党政府单独召开的,中国共产党坚决反对",并宣告:"假和平、假民主绝对骗不了人,我们中国共产党愿同中国人民及一切真正为和平民主而努力的党派,为

---

① 罗忠敏、刘汉峰:《毛泽东曾是"中共发言人"》,《辽宁人大》2011年第2期,第27页。
② 赵鸿燕:《政府记者招待会:历史、功能与问答策略》,中国传媒大学出版社2007年版,第23页。

真和平、真民主奋斗到底!"周恩来在梅园记者招待会上发表的声明也刊载于1946年11月17日重庆的《新华日报》。

第三类是在领导人亲自撰写的书面形式的新闻发布。最为典型的是《告××书》形式的公开信,以及以"中共发言人"身份发表的文章或谈话①。1943年7月11日,毛泽东为新华社写电讯,揭露国民党新闻检查机关无理扣留中共中央"七七"宣言。1945年3月8日,毛泽东以"新华社记者"的名义为新华社撰写评论《新华社记者评王世杰谈话》,揭露了国民党中宣部在外国记者招待会上不利于抗战、不利于团结、不利于进步的言论。除此之外,毛泽东还多次以"中共发言人"的名义在报刊上发布新闻信息。例如,1945年11月5日,新华社播发的《国民党进攻的真相》,就是毛泽东以"中共发言人"的名义发表的谈话;1949年1月25日,新华社发表了《中共发言人就和谈问题发表谈话》;1949年2月7日,新华社发表了《中共发言人声明拒绝甘介侯来平》的消息②。

新中国成立以后,我国政府在新闻发布工作方面也有所作为。这一时期的新闻发布工作主要是服务于巩固政权,被赋予了较多的政治任务。首先,严格管理新闻发布活动,颁布了一系列新闻发布相关的管理办法。1949年12月10日,中国政府制定并颁布了《关于统一发布中央人民政府及其所属各机关重要新闻的暂行办法》③,这是新中国第一部专门的新闻发布条例。该条例对重要新闻的发布主体、发布内容、发布渠道等均作出具体规定,并明确要求设立"新闻秘

---

① 周庆安、卢明江:《从新闻发布管窥中国共产党百年政治传播观念变迁》,《青年记者》2021年第12期,第21—23页。
② 罗忠敏、刘汉峰:《毛泽东曾是"中共发言人"》,《辽宁人大》2011年第2期,第27页。
③ 《中央人民政府政务院关于统一发布中央人民政府及其所属各机关重要新闻的暂行办法》,《山东政报》1950年第1期,第19—20页。

书"一职,就新闻记者对公布内容进行采访的权利作了原则说明。1950年,中央人民政府政务院发布《中央人民政府政务院关于新闻秘书工作初步经验的通报》,指出"举行记者招待会,或座谈会,是团结记者,提高记者集中使用记者力量之比较好的组织形式。根据内务部经验,其方法系由新闻秘书负责召集由该部负责人主持,每周末举行一次。会前由部长根据本部之需要决定内容,指定与该项内容有关之负责同志于会上发言,并事先审阅发言人之发言提纲。由于方法之正确,与会记者逐次增多,因而有关该部之报道亦显著增多。中央各部门,如能根据其本身之实际情况,举行定期或不定期的记者招待会或座谈会,作关于发布重要新闻的说明,当有助于该部门之新闻报道工作"①。

其次,除了中央政府,一些地方政府也参照暂行办法陆续制定并颁布了新闻发布条例。例如,1950年,华东军政委员会颁布了《华东军政委员会统一发布本会及所属各机关重要新闻暂行办法》,湖南省颁布了《湖南省人民政府关于统一发布省政府新闻暂行办法》,陕西省颁布了《陕西省人民政府新闻出版处工作方案》等。有学者认为,从暂行办法的设计可以看出,新中国的新闻发布已经初具现代新闻发布制度的雏形,并初步具备了现代政治传播的特点。但也必须承认,早期新闻发布的制度设计有一定的暂时性,从中央到地方首先是为了保障新闻的"正确性和负责性",服务于新中国成立初期塑造意识形态认同的直接需要②。

早期新闻发布活动虽然只是初具规模,但在重大事件中,尤其是

---

① 赵鸿燕:《政府记者招待会:历史、功能与问答策略》,中国传媒大学出版社2007年版,第26页。
② 周庆安、卢朵宝:《新中国成立初期新闻发布活动的历史考察》,《新闻与传播研究》2009年第4期,第80—84、110页。

在外交工作中，发挥了重要的作用。例如，1954年4月26日，日内瓦会议召开，中国官方新闻发言人首次在国际舞台亮相。熊向晖担任代表团新闻办公室的新闻联络官，周恩来对中国代表团作出指示。两个月的会议期间，中国代表团举行了6次正式记者招待会和2次晚会招待各国记者。1965年9月29日，时任国务院副总理兼外交部部长陈毅在北京人民大会堂举行记者招待会，就国际局势和中国外交政策正面回应国际关切。此次记者招待会正值新中国成立16周年，共有近300多名中外记者参加。当时，陈毅在这场记者招待会上发表了"如果他们决心要把侵略战争强加于我们，那就欢迎他们早点来，欢迎他们明天就来"的名言，在国际新闻界产生了广泛影响。

"文革"时期是比较特殊的年代，记者招待会在这10年里出现的机会很少，主要是来华的个别外国首脑或政要举行的。1972年9月25日至30日，日本内阁总理大臣田中角荣接受周恩来的邀请访华，谈判并解决中日邦交正常化问题，以建立两国之间的睦邻友好关系。经过谈判，中日两国政府达成协议，发表了联合声明。两国政府首脑在联合声明上签字后，日本外务大臣大平正芳就举行了有中外记者参加的记者招待会①。其间，我国政府官员则几乎未举行记者招待会。粉碎"四人帮"后，这种情况得到了改善。1978年10月25日，邓小平访日期间出席了东京日本记者俱乐部为他举行的记者招待会；1979年1月31日，邓小平在访美期间与美国新闻工作者共进午餐，并回答了美国记者的提问。这些活动对我国的新闻发布工作起到了一定的推动作用。

随着改革开放的不断深入、政治民主化的不断加强，我国新闻发

---

① 蓝鸿文：《新中国成立后的记者招待会——记者招待会史话之四》，《采写编》2006年第4期，第11—14页。

布工作得到一定发展。1980年4月8日,中央成立"对外宣传领导小组"。1980年9月29日,人大常委会副秘书长曾涛就五届人大常委会第16次会议决定成立特别检察厅和特别法庭,审判林彪、江青反革命集团案10名主犯的问题,举行中外记者招待会,介绍决定内容,并回答记者提问[①]。1979年11月25日,石油部石油勘探局"渤海2号"钻井船在渤海湾迁移井位拖航作业途中翻沉,死亡72人,直接经济损失达3700多万元。这是新中国成立以来发生在天津市和石油系统内的最重大的死亡事故,也是世界海洋石油勘探历史上少见的[②]。1980年,我国对"渤海2号"事故举行新闻发布活动,将情况与结果进行公开,这是我国对突发公共事件的首次新闻发布活动,它与审判林彪、"四人帮"案的新闻发布一起,成为改革开放后中国政府新闻发布工作的起点[③]。

整体而言,这一时期的新闻发布工作主要依托新闻宣传工作展开,虽然尚未形成新闻发布制度,但在对外宣传中发挥了重要作用。在对内传播的发布实践中,采用新闻发布会的形式并不多,主要还是通过指令性方式,通过党报党刊和新华社向公众传播。

第二节 新闻发布制度建设的正式开端(1982—2003年)

我国新闻发布工作得到规范化、系统化的推动是从1982年开始

---

① 赵鸿燕:《政府记者招待会:历史、功能与问答策略》,中国传媒大学出版社2007年版,第27页。
② 《1979年11月25日"渤海2号"钻井船沉没事件》,2011年11月25日,搜狐网,http://news.sohu.com/20111125/n326803142.shtml,最后浏览日期:2022年10月10日。
③ 杨正泉:《新闻发言人理论与实践》,中国传媒大学出版社2005年版,第37页。

的。1982年年初,中央对外宣传领导小组(国务院新闻办前身)起草了《关于设立新闻发言人制度的请示》[①],标志着我国开始从制度层面落实新闻发布制度。当时,中苏关系还处于对立状态,但双方都有意打破坚冰。1982年3月24日,苏联领导人勃列日涅夫在乌兹别克斯坦塔什干发表讲话,再次提出同中国改善关系的意愿。邓小平示意外交部要对勃列日涅夫的讲话作出回应。

钱其琛正在考虑设立新闻发言人,对勃列日涅夫的讲话作出反应这件事就成了外交部建立发言人制度的契机。1982年3月26日,钱其琛在外交部主楼门厅举行新闻发布会(当时还没有专门进行新闻发布的地方,此地点是临时设置的),并在这场新闻发布会上发表了三句话的简短声明:

> 我们注意到了3月24日苏联勃列日涅夫主席在塔什干发表的关于中苏关系的讲话;我们坚决拒绝讲话中对中国的攻击;在中苏两国关系和国际事务中,我们重视的是苏联的实际行动。

钱其琛的声明结束后,新闻发布会就结束了,并未有提问环节。钱其琛在《外交十记》中讲道:"这个没有先例的新闻发布会和三句话的简短声明,立即引起了在京的中外记者的极大关注。出席发布会的苏联记者当场竖起大拇指,对我说'奥庆哈拉索!'(很好!)他显然听出了声明中不同寻常的意思。这简短的声明,第二天发表在《人民日报》头版的中间位置,表明消息虽短但很重要。声明在国际上也立即引起了广泛注意。西方五大通讯社和其他外国媒体纷纷报道,并

---

① 冯春海:《中国政府新闻发布变迁》,清华大学出版社2015年版,第55页。

发表评论。"①这场新闻发布会也是改革开放后我国政府召开的第一场制度化的新闻发布会。

1983年2月,中宣部和中央对外领导小组联合发布了《关于实施〈设立新闻发言人制度和加强对外国记者工作的意见〉》,要求外交部和对外交往较多的国务院各部门建立新闻发布制度,定期或不定期地发布新闻②。3月,外交部首先设立新闻发言人,定期召开新闻发布会。4月,中国记协首次向中外记者介绍国务院各部委和人民团体的新闻发言人,正式宣布中国建立新闻发言人制度③。6月,第六届全国人大一次会议和全国政协第六届一次会议首次举行新闻发布会,时任六届全国人大一次会议副秘书长曾涛和时任全国政协六届一次会议副秘书长孙起孟作为"两会"首任新闻发言人,同时向中外记者发布了关于召开"两会"的新闻。由此,"两会"举办新闻发布会的制度延续至今。同年,国务院台湾事务办公室、对外贸易经济合作部、国家统计局等部委纷纷设立新闻发言人。

此后,我国新闻发布制度建设陆续开展起来。这一时期的新闻发布工作主要以对外宣传为主,呈现出浓厚的对外色彩,主要是面向国外媒体和记者,"各种关于新闻发布的官方文件名称均含有'外国记者'和'对外新闻发布'等字眼"④。同时,新闻发布工作主要局限在各部委和全国人大、全国政协,以及全国总工会、妇联、文联等人民团体,而开展新闻发布工作的省市较少。1985年,深圳建立三个层次的新闻发言人,开创地方政府新闻发布先河。1989年,广州开始设

---

① 钱其琛:《外交十记》,世界知识出版社2003年版,第71页。
② 李晓虎:《中国政府新闻发布制度研究》,复旦大学2007年博士学位论文,第19页。
③ 中国社会科学院新闻研究所:《中国新闻年鉴(1984)》,光明日报出版社1984年版,第482页。
④ 冯春海:《中国政府新闻发布变迁》,清华大学出版社2015年版,第59页。

立新闻发布制度。

1987年,中宣部、中央对外宣传小组和新华社联合发布《改进新闻报道若干问题的意见》,对国务院新闻发言人制度作出规范,意见指出:"国务院会议作出的可以公开报道的重要决定,由国务院新闻发言人定期(每月1次或2次)举行中外记者招待会或新闻发布会加以介绍,还可就一个时期国内政治、经济、文化等方面全局性的重大问题和群众关心的问题发布新闻并答记者问。并建议中央在转折关头举行的一些重要会议和作出的一些重要决定,可由领导人举行记者招待会,就主要问题作介绍。也可以考虑就一个时期国内外读者普遍关心的敏感问题,选择适当时机召开中外记者招待会,由中央领导同志或有关部门负责人作权威性解答,电台、电视台播发实况或录音、录像剪辑。"①1988年,中共中央办公厅转发中宣部《新闻改革座谈会纪要》,对中央政治局和国务院会议发布工作的制度化,健全中央和国家机关各部委新闻发言人制度,定期举行新闻发布会、记者招待会等提出了积极建议。1989年,七届全国人大二次会议通过《全国人民代表大会议事规则》,明确规定:"全国人民代表大会会议举行新闻发布会、记者招待会。"

1991年1月,中央组建国务院新闻办公室,与中央对外宣传领导小组实行"一个机构两块牌子"②,它的主要职责是"推动中国媒体向世界说明中国,包括介绍中国的内外方针政策、经济社会发展情况,及中国的历史和中国科技、教育、文化等发展情况。通过指导协调媒体对外报道,召开新闻发布会,提供书籍资料及影视制品等方式对外

---

① 赵鸿燕:《政府记者招待会:历史、功能与问答策略》,中国传媒大学出版社2007年版,第28页。
② 苏颖、于淑婧:《权威性沟通及其变革——中国共产党百年政治传播制度变迁研究》,《政治学研究》2021年第4期,第50—63、156页。

介绍中国。协助外国记者在中国的采访,推动海外媒体客观、准确地报道中国。广泛开展与各国政府和新闻媒体的交流、合作。与有关部门合作开展对外交流活动……"①。1992年,国务院新闻办公室起草《国务院新闻办公室关于开展对外新闻发布工作的设想》,这在很大程度上满足了境外媒体对相关信息的需求。1993年年初,按照中央要求,国务院新闻办公室开始以记者招待会或新闻发布会的形式开展新闻发布工作。同年,根据中央要求,中央对外宣传小组取消小组建制,成立中央对外宣传办公室,并继续与国务院新闻办公作为"一个机构,两块牌子"②。此后,我国的新闻发布工作主要采用"由国务院新闻办公室负责,以国新办记者招待会为主,新闻吹风会和集体采访等形式为辅"③的新闻方式,每年举办的新闻发布会由几场、十几场逐步发展为三四十场。

20世纪90年代中期之后,新闻发言人制度建设的步伐明显加快。到1995年,全国人大常委会、全国政协和大部分部委已设立新闻发言人,全国总工会、妇联、作协、文联等主要人民团体均设立了新闻发言人。1995年6月起,外交部记者招待会由每周1次增加到2次,定期于每周二、四举行。1997年,各级各部门先后制定政务公开规定。同年,香港回归后,特区政府推行行政公开,政府新闻发言人的角色日益突出。1999年2月,时任最高人民法院院长肖扬表示,各级法院要逐步建立新闻发言人制度。2000年1月,澳门特别行政区第九届全国人民代表大会代表选举会议建立新闻发言人制度。同年7月19日,国务院新闻办公室新闻发布厅正式启用;9月5日,国务

---

① 详见国务院新闻办公室网站的介绍,http://www.scio.gov.cn/xwbjs/index.htm。
② 苏颖、于淑婧:《权威性沟通及其变革——中国共产党百年政治传播制度变迁研究》,《政治学研究》2021年第4期,第50—63、156页。
③ 冯春海:《中国政府新闻发布变迁》,清华大学出版社2015年版,第57页。

院台湾事务办公室举行首次新闻发布会,正式建立对台新闻发布制度。

这一阶段是我国政府新闻发布制度化建设的正式开端,新闻发布工作也在探索中逐渐系统化、制度化,在外宣和内宣工作上都取得进步,但整体宣传策略还是以外宣导向为主。这一阶段的新闻发布活动开始主动回应一些事件,但囿于观念、经验等原因,新闻发布的时效性不强,失语、失真等问题常有,这也在2003年"非典"疫情中显现出来。同时,这阶段的新闻发布工作也未对发布层级、举办形式、发布内容等作出限定。

第三节 新闻发布制度建设的快速推进（2003—2013年）

2003年对中国新闻发布制度建设来说是个重要的时间节点,"非典"疫情的出现让党和政府从实践层面充分认识到各级政府新闻发布制度建设的必要性与迫切性。在中央政府的要求下,国家各部委、各级政府纷纷设立新闻发言人。因此,2003年也被称为"新闻发言人年"[①],新闻发布制度建设也由此进入了快速发展、全面改进和提高的新阶段[②]。

2002年11月16日,广东省佛山市出现首例"非典"确诊病例,此后,"非典"疫情在广东省范围内传播。当时,由于病原不明和信息公开观念的缺失,当地政府在疫情伊始并未发布相关讯息,并要求媒体

---

① 程曼丽:《中国共产党新闻发布的历史变迁及未来走向》,《海河传媒》2021年第3期,第1—6页。
② 转引自冯春海:《中国政府新闻发布变迁》,清华大学出版社2015年版,第64页。

不得过度渲染疫情。但是,事实证明,这种做法只会使疫情防控不力,谣言四起的同时加重公众恐慌。2003年2月11日,广东省主要媒体报道了部分地区先后出现非典型肺炎病例的情况。当日,广州市政府召开新闻发布会,这是"非典"疫情发生以来政府首次召开的新闻发布会,但发布的基调是"疫情得到有效控制"。事实上,当时疫情发展的实际情况并非如此,3月份后,"非典"自广东省向国内其他省份蔓延。

2003年3月6日,北京接报第一例输入性"非典"病例。3月12日,世界卫生组织发出全球警告,建议隔离治疗疑似病例。3月15日,世界卫生组织正式将该病命名为"SARS"。4月2日,卫生部在北京召开"非典"防治内容新闻发布会,通报了国内疫情情况和"非典"防治相关措施,并回答了中外记者提问。发布会中,时任卫生部部长张文康表示,"北京由于汲取了广东的教训,有效地控制了输入病例以及由于这些病例引起的少数病例,所以没有向社会扩散",并表示"在北京工作、旅游是安全的"。但是,这些信息均与首都的实际情况不符,引发了诸多中外媒体与公众的质疑,于是就有了党中央和国务院及时、紧急、有力的后续止损步骤[①]。

同年4月11日,北京被世界卫生组织确定为疫区。4月13日,中国决定将SARS列入《中华人民共和国传染病防治法》法定传染病进行管理。4月14日,时任国家主席胡锦涛视察广东省疾病预防控制中心,了解防治"非典"的情况。4月17日,中央政治局常委会召开会议决定,采取了包括人事任免在内的各种紧急措施应对"非典"疫情。4月19日,时任国务院总理温家宝正式警告,瞒报少报疫情的地方官员将面临严厉处分。

---

① 转引自赵士林:《突发事件与媒体报道》,复旦大学出版社2006年版,第256—262页。

2003年4月20日,卫生部再次举行新闻发布会。当时,新上任的卫生部副部长发言,坦率承认"北京疫情已经很严重,'非典'有漏报问题"。发布会召开的几个小时之后,中央宣布撤销北京市市长孟学农和卫生部部长张文康的职务,并提名王岐山担任北京市代理市长,高强任卫生部党组书记,国务院副总理吴仪兼任卫生部部长。此后,卫生部秉承公开透明的发布理念,每天下午4点举行疫情通报会,由中央电视台进行直播,共持续67天。此外,4月20日以后,北京市等部分城市也开始召开新闻发布会,各省市也做到了及时公开信息。自此,我国的新闻发布会制度建设有了长足的进步。

2003年以后,我国新闻发言人队伍逐渐壮大,政府新闻发言人的相关培训日益增多。2003年9月和11月,国务院新闻办公室组织了两期全国新闻发言人培训班,分别对来自中央国家机关的100多位和来自地方政府的70多位新闻发言人和新闻官进行了集中培训。2004年,国务院新闻办公室举办两期全国新闻发言人培训班,还分别与十四个省、自治区联合举办新闻发言人培训班,参加培训的人员达2000多人。2005年,国务院新闻办公室共举办18期新闻发言人培训班,各省市区也纷纷开办新闻发言人培训班。

2004年4月,《中共中央关于加强和改进新形势下对外宣传工作的意见》中指出:"建立中央对外宣传办公室、国务院各部委及省级政府三个层次的新闻发布工作机制,明确职责,注重策划,加大对新闻发言人的培训力度,做到经常化和制度化,提高新闻发布的效果和权威性。认真做好新闻发布会的评估工作,不断改进和提高新闻发布水平。"[①]在2003年1月9日,北京市就出台了《关于在各部委办局、

[①] 王国庆:《加强地方政府新闻发布制度的建设》,载于汪兴明、李希光:《政府发言人15讲》,清华大学出版社2006年版,第47页。

各区县设立新闻发言人规范发布制度的意见》,规定各政府序列的局级以上的单位都要设立新闻发言人制度;同年6月3日,上海市启动政府发言人制度,规定每两周举行一次新闻发布会,将市政府所作的重要决策、通过的重要决定和近期的安排及时地向社会各界发布;11月,四川省也发文要求省直机关和各市(地)、州都要建立新闻发言人制度。

2004年12月28日,国务院新闻办公室在北京举行新闻发布会,时任国务院新闻办公室主任赵启正在发布会上称,中国目前已建立健全国务院新闻办、国务院各部门和省级政府三个层次的新闻发布和发言人制度,并介绍有外交部、国家发改委、教育部等62个国务院部门建立新闻发布制度,设立了新闻发言人,共有75位发言人;北京、河北、内蒙古等23个省、自治区、直辖市已制定新闻发布制度,20个省市区设立了政府新闻发言人[①]。此次新闻发布会还首次公开了62个部委的75名新闻发言人的联系方式,以后每年陆续公布,一直延续至今。

此外,三个层次的新闻发布体系还不断延伸下沉,一些地市、区县甚至街道社区等基层政府部门,结合政府实际工作,探索基层新闻发布工作的新做法,并在这个过程中逐步建立新闻发布工作机制,形成相应的新闻发布平台。例如,2006年,北京市石景山区八角街道举办首次"社情发布会"。

同时,新闻发布的主体也不断延伸。以军队为例,2007年9月,中央军委批准设立国防部新闻发言人;2008年,汶川抗震救灾期间组织召开军队和军警部队抗震救灾新闻发布会,国防部新闻发言人首次向社会公开亮相;从2011年4月开始,总参、总政领导共同负

---

① 《年终特稿:数字盘点中国的新闻发布及发言人制度》,2004年12月29日,中国新闻网,https://www.chinanews.com.cn/news/2004/2004-12-29/26/521969.shtml,最后浏览日期:2022年10月10日。

责,依托军队对外宣传工作领导体制,建立了国防部新闻发布制度,每月组织一次国防部例行记者会;2013年8月,习近平主席批准在总政治部、总后勤部、总装备部和海军、空军、第二炮兵和武警部队7个单位设立新闻发言人①。此外,2009年,国务院新闻办公室与国资委一起推动中央企业新闻发布制度建设,当时已经有一大批央企建立了新闻发布制度②。

在政府新闻发言人制度建设快速发展的过程中,我国开始加强党务信息公开的要求。2004年9月,党的十六届四中全会指出,逐步推进党务公开,增强党组织工作的透明度,完善新闻发布制度和重大突发事件新闻报道快速反应机制。此后,中央纪委、中央组织部等部门开始建立新闻发言人制度。2009年9月,党的十七届四中全会明确提出要建立党委新闻发言人制度。党的十七届五中全会再次强调了这一工作的重要性。2010年,中共中央办公厅印发《关于建立党委新闻发言人制度的意见》的通知。随后,全国各级党委机构普遍建立起党委新闻发言人制度,截至2010年,"13个党中央部门和单位,31个省(区、市)和新疆生产建设兵团党委都设立了新闻发言人"③。2011年2月21日至23日,国务院新闻办在北京举办了大规模的"全国首届党委新闻发言人培训班"。总之,开展党委新闻发布工作,对进一步推进党务公开、发展党内民主、提高党的执政能力,为党的建

---

① 孟建、刘一川:《关于我军建立新闻发布制度的若干思考》,《南京社会科学》2011年第10期,第117—123页。
② 《国新办就2009年各项工作进展情况举行发布会文字实录》,2009年12月29日,国务院新闻办公室网站,http://www.scio.gov.cn/xwfbh/xwbfbh/wqfbh/2009/1229/wz/Document/506624/506624.htm,最后浏览日期:2022年10月10日。
③ 《国新办举行2010年各项工作进展情况新闻发布会》,2010年9月20日,国务院新闻办公室网站,http://www.scio.gov.cn/xwfbh/xwbfbh/wqfbh/2010/1230/sp/Document/835961/835961.htm,最后浏览日期:2022年10月10日。

设和国家发展营造良好的舆论环境具有重要意义。

这一时期的新闻发布工作范围开始由发端期的对外宣传扩展到政府传播与危机公关①。这一阶段突发事件较多,如汶川地震、"火炬传递事件"、"三聚氰胺奶粉事件"等。为确保新闻发布活动尤其是突发事件的新闻发布工作的顺利开展,做到有制度可循,一些与新闻发布工作相关的法规和文件陆续出台。例如,2008年5月实施的《中华人民共和国政府信息公开条例》,从法律层面有效地保障了公众的知情权,为我国政府的新闻发布工作赋予了新责任;2011年,中央办公厅、国务院联合印发《关于深化政务公开加强政务服务的意见》,要求应抓好重大突发事件和群众关注热点问题的公开,客观公布事件进展、政府举措、公众防范措施和调查处理结果。一系列具有针对性和操作性的条例的出台,为我国的新闻发布制度建设提供了强有力的政策保障。

2008年发生的几起重大突发事件对我国新闻发布制度的建设产生了推动作用,也体现了新闻发布制度建设的成效。其一是汶川大地震。2008年5月12日,我国四川省汶川县发生里氏8.0级特大地震,这一突发性自然灾害造成了重大伤亡,经济损失不计其数。自5月13日起,国务院新闻办公室、国务院各部门、四川省新闻办公室等举行了多场新闻发布会。值得关注的是,国防部新闻发言人也走向台前,对汶川地震抗震救灾的情况进行了新闻发布。其中,国务院新闻办公室自5月13日至11月21日共召开33场新闻发布会,四川省新闻办公室自5月13日至8月31日共召开44场新闻发布会。在抗震救灾信息最不明确、工作最为艰难和关键的5月份,发布会更是以每天一次的频率定时在17时或17时30分,通过新闻发布会的

---

① 侯迎忠:《突发事件中政府新闻发布效果评估体系建构》,人民出版社2017年版,第61页。

形式向媒介和公众汇总传达来自一线的最新信息①。其二是"三聚氰胺奶粉事件"。2008年6月28日,兰州市解放军第一医院收治了一名患有肾结石的婴儿。据其家长反映,该名婴儿自出生起就一直食用三鹿牌婴幼儿配方奶粉。随后两个月,该医院共收治14例婴幼儿肾结石患者。自2008年9月12日至17日8时,全国各地报告临床诊断肾结石患儿一共6244例,另有3例死亡病例。这一事件一经报道便引发关注,并迅速形成舆情事件。随后,我国三个层级的新闻发布制度迅速组织,纷纷召开新闻发布会。自2008年9月13日至10月8日,国新办、河北省政府新闻办、甘肃省政府新闻办和卫生部四部门共计召开十场新闻发布会,结合所处的媒介环境,从各自负责的范围对"三聚氰胺奶粉事件"进行了新闻发布②。

就发布场次而言,我国新闻发布场次明显增多。例如,2005年,国务院新闻办公室、国务院各部门和省级人民政府三个层次当年共举办新闻发布会1088场③;2009年,国务院新闻办公室举行新闻发布会60场,党中央、国务院各个部门举办新闻发布会573场,各省区市人民政府、新闻办公室举办新闻发布会1013场,共计1646场新闻发布会④;2010年,国务院新闻办公室举行新闻发布会66场,中共中央、国务院各部门举行新闻发布会595场,各省(区、市)党委和政府共

---

① 石朝阳:《我国政府新闻发言人制度建设研究——以SARS事件和汶川地震为例》,中国科学技术大学2011年硕士学位论文,第28页。
② 畅祎扬:《突发事件新闻发布会实例分析与研究》,西北大学2009年硕士学位论文,第35页。
③ 《2005年中国政府三个层次新闻发布会共举办1088场》,2005年12月29日,国务院新闻办公室网站,http://www.scio.gov.cn/m/xwfbh/zdjs/Document/319823/319823.htm,最后浏览日期:2022年10月10日。
④ 《国新办就2009年各项工作进展情况举行发布会文字实录》,2009年12月29日,国务院新闻办公室网站,http://www.scio.gov.cn/xwfbh/xwbfbh/wqfbh/2009/1229/wz/Document/506624/506624.htm,最后浏览日期:2022年10月10日。

举行新闻发布会1215场,总共1876场①。

就发布主题而言,目前新闻发布主要包括日常新闻发布和突发事件新闻发布两类。其中,日常新闻发布涵盖政治、经济、文化、社会、生态等国内发展的方方面面,同时逐渐涉及军事信息和党务信息,除了向国外媒体和公众介绍中国,也加大力度向国内公众介绍和阐释党和政府的路线方针政策、工作进展和重要措施等;在突发事件的新闻发布工作方面,党和政府的相关部门能够较好地回应社会关切,尤其是在关于突发卫生公共事件的新闻发布方面,我们已经积累了一定的经验,也逐渐得到广大群众的认同。

在新闻发布形式方面,较之以往其形式更丰富,除了常规的新闻发布会,还有背景吹风会、组织集体采访、发表白皮书、答复记者问询等方式。随着移动互联网技术的使用,我国的新闻发布工作开始转向移动互联网,纷纷设立网络新闻发言人。例如,2009年7月至12月,广东、云南、贵州、江苏等地政府机构开通新闻发布网络平台②;2011—2012年,政务微博、政务微信等政务新媒体的运用为政府、媒体和公众搭建了信息沟通平台,尤其是在突发事件的新闻发布工作中发挥着重要的作用。

同时,我国在这一阶段开始启动新闻发布考核评估工作。在2004年后,国务院新闻办公室开始酝酿基于单场发布会和个案的评估③。2008年实施的《信息公开条例》中已经提出应建立社会评议制

---

① 《国新办举行2010年各项工作进展情况新闻发布会》,2010年9月20日,国务院新闻办公室网站,http://www.scio.gov.cn/xwfbh/xwbfbh/wqfbh/2010/1230/sp/Document/835961/835961.htm,最后浏览日期:2022年10月10日。

② 侯迎忠:《新媒体时代政府新闻发布制度创新与路径选择》,《暨南学报》(哲学社会科学版)2017年第4期,第118—126、132页。

③ 《新闻发布工作优秀单位如何评出?》,2017年5月27日,搜狐网,http://www.sohu.com/a/143883971_161623,最后浏览日期:2022年10月10日。

度,要求各级人民政府应当建立健全政府信息公开工作考核制度、社会评议制度和责任追究制度,定期对政府信息公开工作进行考核、评议,把社会评议列入考核评估的范围①。2009 年,深圳市政府出台《深圳市人民政府新闻发布工作办法》,在全国率先引入"新闻发布问责制",明确新闻发布第一责任人为部门首长,还要求市、区两级政府逐步健全新闻发布工作绩效评估体系。此后,不少省份也逐步开展新闻发布评估工作,将新闻发布纳入政府绩效考核管理的范围,并委托第三方机构对新闻发布成效进行评估。2009 年,青岛市出台《2009 年度市政府部门绩效考核办法》,将新闻发布纳入其中。2012 年,江苏省发布《政府新闻发布工作评估指标体系研究报告》,将公众评价和媒体评价纳入检验政府新闻发布工作水平的满意度评价范围②。2013—2014 年,佛山市委宣传部、市政府新闻办委托高校课题组对佛山市属 5 区和 36 个市直部门的新闻发布与政媒沟通工作进行总体评估③。

此外,本阶段的新闻发布制度建设开始关注如何融通国际舆论场和国内舆论场,积极对外介绍我国的发展情况,阐释政府重大政策举措,及时发布信息回应外部关切,能够更好地促进开放合作、互利共赢。在这一阶段,我国积极地拓展与周边国家政府新闻主管部门的交流与合作,并取得了一定成效。例如,在 2009 年,我国先后邀请俄罗斯、印度尼西亚、孟加拉国、蒙古国、菲律宾等国的来访,成功举办了"庆祝新中国成立 60 周年研讨会""第四届中日媒体人士对话

---

① 张志安、李春风:《新闻发布评估机制变迁与构建研究》,《新闻与写作》2017 年第 10 期,第 64—68 页。
② 同上。
③ 侯迎忠:《突发事件中政府新闻发布效果评估体系建构》,人民出版社 2017 年版,第 206 页。

会"和"中韩媒体高层对话",并出席首届东盟与中日韩(10+3)新闻部长会议①。此外,我国多次开展媒体考察团奔赴境外考察,同时也邀请境外媒体到国内进行考察。例如,开展于2004年的"拉美国家媒体高级考察团"和"非洲国家政府官员新闻研修班"等。2009年,国务院新闻办公室与外交部共同举办"中非合作论坛——新闻研讨会",邀请中非新闻官员和媒体负责人参加,共同就国际金融危机新形势下加强中非媒体交流合作,深化中非传统友好关系发展进行探讨②。

第四节 新闻发布制度建设的全面提升阶段（2013年至今）

党的十八大以来,我国的新闻发布制度建设进入全面提升阶段,体现了新的"政治传播"理念,顺应了以习近平同志为核心的新一代领导集体的新型执政方式的需求。尤其是党的十八届三中全会提出"推动新闻发布制度化"的命题,将新闻发布制度建设列入全面深化改革的任务清单,为我国新闻发布工作提供了权威的指引方向,信息公开力度持续加大、主动发布意识不断增强,在政策解读、回应关切、引导舆论方面表现得较为突出。

十八大以后,我国密集地出台了一系列极具针对性和操作性的

---

① 《国新办就2009年各项工作进展情况举行发布会文字实录》,2009年12月29日,国务院新闻办公室网站,http://www.scio.gov.cn/xwfbh/xwbfbh/wqfbh/2009/1229/wz/Document/506624/506624.htm,最后浏览日期:2022年10月10日。
② 《王晨出席中非合作论坛——新闻研讨会招待会并致辞》,2009年7月15日,国务院新闻办公室网站,http://www.scio.gov.cn/m/ztk/dtzt/01/02/Document/369129/369129.htm,最后浏览日期:2022年10月10日。

实施意见和具体要求。例如，2013年出台的《进一步加强政府信息公开回应社会关切提升政府公信力的意见》，2014年出台的《关于建立健全信息发布和政策解读机制的意见》，2015年出台的《关于建立国务院部门主要负责同志主动及时回应社会关切机制的情况和建议》，2016年出台的《关于在政务公开工作中进一步做好政务舆情回应的通知》《〈关于全面推开政务公开工作的意见〉实施细则》，2017年出台的《中国共产党党务公开条例（试行）》，2019年5月15日起实施新修订的《中华人民共和国政府信息公开条例》等文件。其中，《中华人民共和国政府信息公开条例》自2008年实施以来，在推进政务公开等方面发挥了积极作用。但是，随着改革深入和社会信息化的快速发展，条例在实施过程中也遇到了一些新问题和新情况。新修订的条例既在公开数量上有所提升，也在公开质量上有所优化，主要包括三个方面内容：一是坚持公开为常态，不公开为例外，明确政府信息公开的范围，不断扩大主动公开；二是完善依申请公开程序，切实保障申请人及相关各方的合法权益，同时对少数申请人不当行使申请权，影响政府信息公开工作正常开展的行为作出必要规范；三是强化便民服务要求，通过加强信息化手段的运用提高政府信息公开实效，切实发挥政府信息对人民群众生产、生活和经济社会活动的服务作用①。一系列管理规范针对新闻发布和舆论引导工作中的新情况、新问题作了具体且具有操作性的规定，使我国的新闻发布工作在高位推动下更加有法可依。

相较于上一阶段，我国现阶段的新闻发布工作更加定期化和常态化，实行例行新闻发布会制度。2013年10月，国务院办公厅印发

---

① 《李克强签署国务院令　公布修订后的〈中华人民共和国政府信息公开条例〉》，2019年4月15日，中国政府网，http://www.gov.cn/guowuyuan/2019-04/15/content_5383032.htm，2022年10月10日。

《关于进一步加强政府信息公开回应社会关切提升政府公信力的意见》,指出国务院各部门要建立健全例行新闻发布制度,并要求与宏观经济和民生关系密切,以及社会关注事项较多的相关职能部门,要进一步增加发布的频次,原则上每季度至少举办一次新闻发布会,同时对主要负责同志、新闻发言人等出席国新办新闻发布会的频次作了要求。例行新闻发布会制度是新闻发布制度的"升级版",例行新闻发布会的特点是每周、每月或每季度定时定点举行,有相对固定的发布频率,密度高、时效快、权威性强[①]。

2013年,全国省级以上党和政府机构举办新闻发布会2100多场,外交部、国防部、教育部等至少8个部门实行例行新闻发布会制度。国土部等部委,虽然没有建立例行发布会,但已经建立了成熟的新闻发布制度,包括举行发布会、专题记者会等,内容则主要是针对热点问题进行回应[②]。

2015年起,国务院新闻办公室会同国务院办公厅建立国务院政策例行吹风会,"例行"意味着这项工作已经成为新常态,成为国务院新闻办公室新闻发布工作中一套全新的逐渐被常态化的机制。在这一过程中,借由"吹风会"这一机制,能更好地传播并权威地阐释党和国家最新的方针政策,这为进一步沟通和密切政府、媒体、公众三者的关系提供了更大的可能性。

2015年5月,国务院新闻办公室对与宏观经济、民生关系密切和社会关注事项较多的部门提出建立"4·2·1+N"新闻发布模式的

[①] 《新闻发布,你例行了吗》,2017年5月25日,国务院新闻办公室网站,http://www.scio.gov.cn/xwfbh/zdjs/Document/1553274/1553274.htm,最后浏览日期:2022年10月10日。

[②] 《国务院组成部门建例行发布会制度》,2014年1月2日,国务院新闻办公室网站,http://www.scio.gov.cn/m/xwfbh/zdjs/Document/1358395/1358395.htm,最后浏览日期:2022年10月10日。

"刚性要求":要求这些部门"每季度至少举行1次新闻发布会,每年4次;这些部门的负责同志,每半年至少出席国务院新闻办公室新闻发布会1次,每年2次;这些部门的主要负责同志,每年至少出席国务院新闻办公室新闻发布会1次"①。

2015年5月7日,国务院新闻办公室召开新闻发布工作会议,贯彻落实《关于建立国务院部门主要负责同志主动及时回应社会关切机制的情况和建议》,积极推动国务院部门主要负责同志主动及时地回应社会和国内外媒体关切成为新闻发布工作制度建设进行突破的重要抓手。

2015年年底,有79个部门和各省(区、市)、新疆生产建设兵团制定了新闻发布制度文件,68个部门和各省(区、市)、新疆生产建设兵团制定了突发事件新闻发布应急预案或相关文件,53个部门主要负责同志或负责同志出席国务院新闻办新闻发布会,6个部门全面完成"4·2·1+N"新闻发布模式有关要求②。

2016年2月,中共中央办公厅、国务院办公厅印发《关于全面推进政务公开工作的意见》,要求"领导干部要带头宣讲政策,特别是遇有重大突发事件、重要社会关切等,主要负责人要带头接受媒体采访,表明立场态度,发出权威声音,当好'第一新闻发言人'"③。

2016年,各部门、各省(区、市)和新疆生产建设兵团都设立了新闻发言人,由厅局级及以上领导干部担任,共计244位。其中,中国

---

① 《2015年新闻发布工作取得新进展》,2016年4月11日,国务院新闻办公室网站,http://www.scio.gov.cn/m/xwfbh/zdjs/Document/1473954/1473954.htm,最后浏览日期:2022年10月10日。
② 同上。
③ 《2016年度全国新闻发布工作评估结果揭晓》,2017年5月24日,国务院新闻办公室网站,http://www.scio.gov.cn/m/xwfbh/zdjs/Document/1553273/1553273.htm,最后浏览日期:2022年10月10日。

证监会设立了专职新闻发言人。65个部门、27个地区及新疆生产建设兵团为新闻发言人配备专门团队[①]。国家发改委、工信部等29个部门建立了例行新闻发布制度。这些部门多数每月或每季度召开一次新闻发布会,有些部门每个工作日或每周召开一次新闻发布会,而且发布会内容都将及时在官方网站公布。外交部、国家发改委、教育部、工信部等14个部门完成"4·2·1+N"新闻发布模式,国家发改委、科技部、工信部等22个部门的"一把手"亮相国新办新闻发布会。

本阶段的新闻发布制度建设充分利用技术发展,不断拓展新闻发布渠道。2013年10月,国务院颁布《关于进一步加强政府信息公开回应社会关切提升政府公信力的意见》,明确指出要"着力建设基于新媒体的政务信息发布和与公众互动交流的新渠道。各地区各部门应积极探索利用政务微博、微信等新媒体及时发布各类权威政务信息,尤其是涉及公众重大关切的公共事件和政策法规方面的信息,并充分利用新媒体的互动功能,以及时、便捷的方式与公众进行互动交流"[②]。

截至2015年,各部门各地方基本开设了政府官方网站,63个部门和各省(区、市)、新疆生产建设兵团在微博、微信、客户端等新媒体平台开通了账号[③]。

2016年12月15日,国务院新闻办新闻发布客户端"国新发布"App和"网上新闻发布厅"开始试运行。

[①] 《2016年度全国新闻发布工作评估结果揭晓》,2017年5月24日,国务院新闻办公室网站,http://www.scio.gov.cn/m/xwfbh/zdjs/Document/1553273/1553273.htm,最后浏览日期:2022年10月10日。

[②] 《国务院办公厅关于进一步加强政府信息公开回应社会关切提升政府公信力的意见》,人民出版社2013年版,第5页。

[③] 《2015年新闻发布工作取得新进展》,2016年4月11日,国务院新闻办公室网站,http://www.scio.gov.cn/m/xwfbh/zdjs/Document/1473954/1473954.htm,最后浏览日期:2022年10月10日。

第二章
我国新闻发布制度建设的历史沿革

近年来,地方媒体融合尤其是县级媒体融合为我国新闻发布工作提供了更多可能性①。根据北京大学新媒体研究院的相关调查显示,全国县域融媒体平台普及率极高,已形成较完整的新媒体传播矩阵,93.9%的区县至少拥有一种融媒体平台,60%的区县已经拥有多样化的融媒体平台②。这一重要举措推动了基层党政部门新闻发布工作的发展。

2017年7月起,深圳市罗湖区建立"双周发布"机制,每次发布会前邀请各界代表召开策划会,策划百姓关注的政府话题,公众可进行现场提问,会后通过融媒体传播。

2018年7月,陕西省富县党委政府集中宣传平台正式启动,该平台在改革过程中将县委通讯组(外宣办)、县委网信办、县广播电视台、县广电办、县电子政务办五个单位的职能整合,组建成立富县融媒体中心等。这一系列实践工作的探索均促使我国基层新闻发布工作逐渐走向成熟。

2020年10月26日至29日,中国共产党第十九届中央委员会第五次全体会议在北京举行。10月30日上午举行的新闻发布会介绍和解读中共十九届五中全会精神。这次新闻发布会是首次以"中共中央"名义召开的新闻发布会,标志着中共中央新闻发布制度的建立。关于这场新闻发布会,中央宣传部副部长(时任国务院新闻办公室主任)徐麟指出"建立中共中央新闻发布制度,是在中国特色社会主义进入新时代的历史条件下,适应形势发展和时代要求,

---

① 《习近平总书记说的"抓好县级融媒体中心建设"怎么做?》,2018年8月21日,人民网,http://media.people.com.cn/GB/143237/421031/index.html,最后浏览日期:2022年10月10日。
② 吕悦怡:《融媒体时代县级新闻工作者如何加快转型》,《卫星电视与宽带多媒体》2019年第8期,第85—86页。

坚持和加强党的全面领导,提高党的治国理政能力的重要制度安排和制度创新"①。

同时,这一阶段我国新闻发布效果评估工作逐渐完善。2015年,国务院新闻办公室本着通过考核推进、鼓励新闻发布工作的原则,开展首次政府部门新闻发布工作的评估考核,标志着新闻发布工作的"国家级排行榜"诞生。该评估注重考核新闻发布的时效和实效,加大工作考核和问责力度,重点考核新闻发布与舆论引导的效果,并根据专家组评估效果等,对舆论引导效果好的发布主体进行表彰。2017年5月23日,国务院新闻办公室首次公布对109家单位地区2016年度新闻发布工作的评估考核结果,这标志着我国新闻发布工作的制度自信,"实现了从体制机制建设、发言人培训和效果评估的全链条集成模式走向成熟,也说明我国新闻发布工作向着科学化、专业化和规范化迈出了关键性的一步"②。此外,一些省份,如河北省、山西省等也纷纷开展党委政府新闻发布工作情况评估,并定期对外公布。

2019年年底出现的新冠肺炎疫情成为全面检验党和政府的新闻发布制度建设的历史大考。习近平总书记指出:"这次新冠肺炎疫情,是新中国成立以来在我国发生的传播速度最快、感染范围最广、防控难度最大的一次重大突发公共卫生事件"③。

---

① 《建立中共中央新闻发布制度 举行首场中共中央新闻发布会》,2020年10月30日,新华网,http://www.xinhuanet.com/politics/2020-10/30/c_1126677111.htm,最后浏览日期:2022年10月10日。
② 樊末晨:《新闻发布"国家级排行榜"出炉》,2017年9月18日,参考网,https://www.fx361.com/page/2017/0918/2277664.shtml,最后浏览日期:2022年10月10日。
③ 《习近平:在统筹推进新冠肺炎疫情防控和经济社会发展工作部署会议上的讲话》,2020年2月23日,人民网,http://cpc.people.com.cn/n1/2020/0223/c64094-31600380.html,最后浏览日期:2022年10月10日。

第二章
我国新闻发布制度建设的历史沿革

2019年12月,湖北省武汉市陆续发现数起病毒性肺炎感染病例。12月31日下午,武汉官方首次公开通报了不明原因的肺炎疫情,并指出"未发现人传人现象、未发现医务人员感染",疫情"可防可控"。同时,国家卫生健康委员会(以下简称国家卫健委)成立疫情处置领导小组。随后,武汉市卫健委陆续对外通报疫情信息,对外发布不明原因病毒性肺炎诊断患者数量,称防控工作有序进行。

2020年1月9日,中央电视台报道,经武汉病毒性肺炎病原检测结果初步评估专家组确定,病原体为新型冠状病毒。1月15日,中国疾控中心内部启动突发公共卫生事件应急一级响应,这是公共卫生响应的最高级别。1月20日凌晨,广东省卫健委发布消息称,1月19日,国家卫健委确认广东省首例输入性新型冠状病毒感染的肺炎确诊病例。1月20日下午,钟南山院士在接受中央电视台采访时表示:"现在可以说,(武汉的新型冠状病毒肺炎)肯定有人传人现象。"1月21日,国家卫健委牵头建立应对新型冠状病毒感染的肺炎疫情联防联控工作机制,成员单位共32个部门。联防联控工作机制下设疫情防控、医疗救治、科研攻关、宣传、外事、后勤保障、前方工作等工作组,分别由相关部委负责同志任组长,明确职责,分工协作,形成防控疫情的有效合力①。

1月22日,湖北启动突发公共卫生事件二级应急响应。1月23日凌晨2时,武汉市宣布当日上午10时起,离汉通道暂时关闭。1月23日上午,浙江省宣布启动重大公共突发卫生事件一级响应,成为此次疫情防控中第一个启动一级响应的省市。此后,广东、湖南、北京、上海、天津、安徽、重庆、四川等省市相继启动重大突发公共卫生

---
① 《国家卫生健康委会同相关部门联防联控 全力应对新型冠状病毒感染的肺炎疫情》,2020年1月22日,中国政府网,http://www.gov.cn/xinwen/2020-01/22/content_5471437.htm,最后浏览日期:2022年10月10日。

事件一级响应。至 1 月 27 日，西藏启动二级响应。至此，我国内地 31 个省市区全部启动了重大突发公共卫生事件应急响应。

与此同步，三个层级的新闻发布机制陆续启动，通过新闻发布会、通报会、媒体采访等线下新闻发布方式，以及官方微博、官方微信等线上发布方式，围绕疫情病例数据、救治详情通报、疫情防控措施、医疗物资情况、疫苗新药研制、复工复产等主题进行协同、多层级开展。

1 月 20 日起，在全国范围内实行新型冠状病毒感染的肺炎病例"日报告"和"零报告"制度。同时，国家卫健委每日汇总发布全国各省份确诊病例数据。

1 月 21 日，广东省在全国率先启动了新型冠状病毒感染的肺炎疫情及防控情况新闻发布会。同日，国家卫健委在官方平台发布前一日全国的疫情统计信息。

1 月 22 日 10 时，国务院新闻办公室举行首场新型冠状病毒感染的肺炎防控工作新闻发布会。

1 月 22 日，湖北省召开首场新型冠状病毒感染的肺炎疫情防控工作新闻发布会。此后，湖北省新闻发布会每天 21 时准时召开，形成例行发布状态。北京、上海、深圳等地区也陆续启动了新闻发布机制，且多为每日定时的例行发布。

2 月 2 日，为避免过多人聚集发生传染，湖北省政府运用 5G 技术，启用"云发布会"模式，用网络视频直播的方式举行新闻发布会，记者提问采用连线方式进行。

2 月 5 日，国务院联防联控机制新闻发布会首次召开。作为新冠肺炎疫情期间最高层级的新闻发布平台，它承担着制度性、全局性的新闻发布任务，截至 5 月 19 日，进行每日例行新闻发布。

2 月 15 日，国务院新闻办公室在湖北武汉举办湖北疫情防控和医疗救治工作新闻发布会。这场新闻发布会是近年来国务院新闻办公室首次在北京以外举行的新闻发布会,也是国务院新闻办公室首次在新冠肺炎疫情中采用网络连线的形式召开新闻发布会。

国务院联防联控机制新闻发布会在新闻发言人的结构安排上,选择了以国家各部门相关单位为主导,相关专家为辅助的方式,注重强调国家各部门的疫情防控措施、社会生活保障、工作安排等信息。

3月4日下午,国务院新闻办公室首次通过北京和武汉连线举办全英文发布会,介绍新冠肺炎疫情情况,从主持人到与会专家均为全英文发言。

截至2020年12月31日,国务院新闻办公室、国务院联防联控机制、各省(区、市)共举办有关新冠肺炎疫情的新闻发布会1564场。其中,国务院新闻办公室举办发布会51场,国务院联防联控机制利用自有平台举办每日例行发布会126场,各省(区、市)举办发布会1387场。此外,外交部、商务部等有关部门,广州等城市也积极举办新闻发布会[1]。

本章通过对新闻发布制度建设的历史沿革进行梳理,总结了党和政府在革命、建设和改革等各历史阶段的新闻发布制度建设的特点。可以看出,新闻发布制度的建设始终置于社会发展的时空背景,为后续展开的新闻发布制度建设的现实图景、社会职能、完善路径、效果评估提供了历史依据。

---

[1] 《抗击疫情联防联控 信息公开全面及时》,2022年2月3日,中国政府网,http://www.scio.gov.cn/ztk/dtzt/42313/42976/index.htm,最后浏览日期:2022年10月10日。

/ 第三章 /

我国新闻发布制度建设的现实图景

我国新闻发布工作建设经过多年的砥砺前行,已基本形成"横向到边,纵向到底"的新闻发布格局。"横向到边"是指新闻发布的主体和内容已经涉及党、政、军、民、学等各个领域,涵盖国家重大决策和民众日常生活的各个维度,从经济、政治到社会、文化等话题,既有定期的例行常规发布,也有为配合党和国家有关重要方针政策出台、回应突发公共事件和社会热点问题而举行的不定期的非常规发布。"纵向到底"是指我国的新闻发布形成了"国务院新闻办公室—中央和国家机关有关部门—省(市、区)级政府"三个层次的新闻发布体系。同时,三个层次的新闻发布体系还不断延伸下沉,许多地市、县区甚至街道社区等基层政府部门也建立了新闻发布制度,形成了相应的新闻发布平台。不同层次、不同主题的新闻发布工作的要求也有所不同,具体的个案分析无疑是阐释党和政府新闻发布活动的最好方式。本章将选取十八大以来新闻发布工作中出现的较为典型的案例进行具体分析,试图探讨我国新闻发布工作在实践中取得的成绩和需要提升的空间。

第一节　常规议题的新闻发布工作

常规议题的新闻发布工作是相较于突发公共事件的新闻发布工作而言的，主要包括重大政治议题的新闻发布和政策解读类新闻发布工作。以国务院新闻办公室（以下简称国新办）新闻发布的主要议题为例。国新办平台的新闻发布活动大部分为常态议题的主动发布，而不是基于突发事件、敏感舆情等组织的回应式发布。这更多地反映出国新办信息公开力度持续加大、主动发布意识不断增强，其从"顶层"进行政策解读、努力回应关切、倾力引导舆论等方面的突出表现，尤为值得关注。举例而言，2015年，国新办平台上发布的内容聚焦于数据发布与解读、形势政策解读、重大仪式性活动，而对舆情中显性热点的回应类议题偏少。内容的主题以经济类为重心，涵盖政治、军事与社会民生等多个类别。国新办作为"中央政府重要信息发布的主要场所"，其功能在2015年度的新闻发布主题中凸显了出来。2017年，国新办组织的88场新闻发布会主题仍然集中在经济领域，其次是民生领域和军事领域共8场，科技领域和环境领域共4场。在经济领域中，每月的经济运行指数发布是常规性操作，国际贸易、金融、农业、工业和国企等方面也有诸多涉及。从这个角度来看，国新办新闻发布平台更多地响应了以习近平同志为代表的新一代领导集体新型执政方式的需求，体现了新的"政治传播"理念，在新闻发布制度建设和新闻发布的运作模式两方面提升国家治理能力和国家治理现代化水平。

一、重大政治议题的新闻发布工作

党和政府向来重视重大政治议题的新闻发布,比如每年"两会"的新闻发布工作。这类议题的新闻发布带有一定的政治感召要求,"其中最为核心的使命,不仅包括议程设置工作,而且还包括对议程解读的工作。这种对我国当代宏大政治命题的解读,需要通过多个层次、多个人员共同来完成"①。因此,对于重大政治议题的新闻发布工作,应秉持"以社会舆论分析为基础,以社会舆论引导为目标"的总原则,做好此类议题的新闻发布工作需要注意以下三个方面。

一是搜集社会和公众关心的话题。公众对政府行为回应的根本动力是利益,"即政府发出的号召、政府的行为或制定的公共政策、提供的公共产品等,是否服务于公众、是否围绕或满足公众的意志或利益诉求"②。因此,在重大政治议题的新闻发布活动筹备阶段,要注重搜集社会和公众关心的话题。可以通过与政府职能部门、新闻媒体机构负责人和一线记者开展座谈会,了解社会舆论热点问题、重点问题。然后,将这些热点问题进行汇编,强化议题管理。例如,在全国"两会"的新闻发布会筹备阶段,相关部门都会"根据各方提出的问题,汇总和梳理过去一年在政治、经济、民生、外交等各个领域里公众重点关注和关心的问题,汇编成册,称之为'问题大本'(《'两会'媒体关注热点问题汇总》)"③。找到大会释放的信息与媒体关心的问题之间的交集,根据这些热点问题提前准备回答方案和回答口径,随后可

---

① 周庆安、杨昊:《中国政治话语变革的多重维度——从2015年全国两会看新媒体语境下的重大议题新闻发布》,《新闻与写作》2015年第4期,第55—58页。
② 刘小燕:《政治传播中的政府与公众间距离研究》,中国社会科学出版社2016年版,第30页。
③ 傅莹:《我的对面是你:新闻发布会背后的故事》,中信出版集团2018年版,第129页。

以在新闻发布会现场进行模拟演练,并根据演练及时地修改和调整表述或思路。

二是加强与媒体的沟通联络,为媒体提供"新闻菜单"。在发布会召开前,可邀请条线记者进行专题采访或召开媒体吹风会(可签保密协议),为媒体提供素材和案例,使记者能够先行思考,并在发布会上提出有深度、有锐度的问题;在发布会召开后,提供参与政策制定或深入研究该领域的相关专家名录,记者可以有针对性地深入采访他们。如此一来,相关的采写报道将更加深刻、透彻,对议题的解读也将更加具体、鲜活。

三是加强对新媒体发布的管理。在移动互联网时代,互联网已经成为新的信息交换平台,成为政治生活的"公共领域"。民意在网络上的表达成为党和政府了解舆情的重要通道。这为重大政治议题的新闻发布活动提供了机遇,也带来了挑战。新闻发布的形式不应囿于现场、拘泥于与现场少数传统主流媒体的对话,而是要更充分地借助社交媒体平台中的政务平台(尤其是影响力巨大的微博账户和微信公众平台)来进行发布与传播。

案例一:中国共产党第十九次全国代表大会新闻发布会

发布会主题:介绍中国共产党第十九次全国代表大会情况

发布会时间:2017年10月9日—2017年10月26日

一、发布会主题分析

中国共产党第十九次全国代表大会,是在全面建成小康社会决胜阶段、中国特色社会主义发展关键时期召开的一次十分重要的大会。作为我国重大政治活动的新闻发布,此次十九大新闻发布的情况为我们今后的新闻发布工作提供了一个范本。综观此次十九大新闻发布会,遵循新闻传播规律的同时,在内容、手段和形式等方面都有所创新,将权威性与贴近性有机地结合起来,构建了一个较为综合、动态、多元的新闻发布平台,为中外记者提供了权威而丰富的素材和报道内容,也让国内外公众第一时间了解十九大的相关信息和政策,充分发挥了信息汇聚和舆论引导功能,也展现了中国共产党的开放姿态与高度自信。

二、发布会现场评估

总体来看,十九大的新闻发布工作建立了一个线上与线下、中央与地方、国内与国外交织的多元双向沟通网络,以多种形式全方位、多角度地展现了一个真实、立体、全面的中国。

2017年10月9日10时,在国务院新闻办新闻发布厅举行中外记者见面会,请9位来自基层的中国共产党年轻党员代表与中外记者见面并答记者问,拉开了新闻发布的序幕。新闻中心在十九大召开期间共举行2场新闻发布会、3场党代表通道采访、6场记者招待会、8场党代表集体采访,向境内外记者和公众释放了大量重要信息。

十九大期间共召开2次新闻发布会(见表3-1)。10月17日,十九大开幕前一天,大会新闻发言人庹震介绍了从会议日程到代表选举工作,从十九大报告的起草过程到党章修改工作,主动回应媒体关切。首场新闻发布会共有12名记者进行提问,较十八大时的提问人数有所增加,而且有7次提问机会交给了我国港澳台记者和外国记者。10月26日,第2次新闻发布会召开,这是首次在大会闭幕后举行的专题新闻发布会,邀请相关负责人向境内外记者和公众解读十九大报告。

表3-1 十九大举行的2场新闻发布会具体情况

时间	主题	发言人
10月17日 16:30	介绍十九大准备工作情况和大会议题	十九大新闻发言人庹震

(续表)

时间	主题	发言人
10月26日 10:00	解读十九大报告	中央纪委副书记肖培同志,中央政策研究室常务副主任、中央宣传部副部长王晓晖同志,中央文献研究室主任冷溶同志,国务院法制办公室党组书记、副主任袁曙宏同志,中央财经领导小组办公室副主任杨伟民同志,中央纪委驻国资委纪检组组长、国资委党委委员江金权同志

十九大的新闻发布主体不再仅仅聚焦于政府官员,还选取了不同领域中优秀的党代表,首次在人民大会堂开设"党代表通道",遴选60位党代表,分3批次接受中外记者采访。

综观6场记者会(见表3-2),规模最大的是民生专场:教育、民政、人社、卫计、住建领域的"一把手"集体亮相,直面改革"硬骨头";与往届相比,首次出现"党的统一战线工作和对外交往"内容;经济主题自十三大以来连续"上榜"记者会。

表3-2 十九大召开的6场记者招待会具体情况

时间	主题	发言人
10月19日 10:00	加强党建工作和全面从严治党	中共中央纪律检查委员会副书记、监察部部长、国家预防腐败局局长杨晓渡,中共中央组织部副部长齐玉
10月20日 10:00	加强思想道德和文化建设	中宣部副部长孙志军、中央文明办专职副主任夏伟东、文化部副部长项兆伦、新闻出版广电总局副局长张宏森
10月21日 10:00	党的统一战线工作和党的对外交往	中共中央统战部常务副部长张裔炯、副部长冉万祥,中共中央对外联络部副部长郭业洲

(续表)

时间	主题	发言人
10月21日 15:00	以新发展理念为引领,推进中国经济平稳健康可持续发展	国家发展改革委党组书记、主任何立峰,副主任张勇,副主任宁吉喆
10月22日 10:00	满足人民新期待,保障改善民生	教育部党组书记、部长陈宝生,民政部党组书记、部长黄树贤,人力资源社会保障部党组书记、部长尹蔚民,住房城乡建设部党组书记、部长王蒙徽,国家卫生计生委党组书记、主任李斌
10月23日 15:00	践行绿色发展理念,建设美丽中国	中央财经领导小组办公室副主任杨伟民,环境保护部党组书记、部长李干杰

与记者招待会相比,8场党代表集体采访更"接地气"(见表3-3)。一批基层党代表和"千禧一代"的年轻党员频频出镜,议题涉及法律、经济、文化、教育、农业、环保、军队等方面。其中,军队党代表首次在党代会上接受了中外媒体的集体采访,展现了中国军队的开放与自信。10月20日,"文化发展开创新局面"议题的集体采访临近尾声时,京剧表演艺术家孟广禄代表站起身,即兴演唱《铡美案》经典唱段,把集体采访的现场气氛推向高潮。

表3-3 十九大召开的8场党代表集体采访具体情况

时间	主题	发言人
10月19日 15:00	推进全面依法治国	江苏省委政法委副书记、省综治办主任朱光远,全国妇女联合会副主席(兼)、北京知识产权法院党组成员、副院长兼政治部主任宋鱼水,上海市浦东新区人民检察院公诉二处命名检察官施净岚,公安部物证鉴定中心法医病理损伤技术处副处长(正处级)、主任法医师、三级警监田雪梅,江苏薛济民律师事务所主任、中华全国律师协会常务理事薛济民

(续表)

时间	主题	发言人
10月19日 19:00	走新型工业化道路	工业和信息化部党组书记、部长苗圩,中国电信集团公司党组书记、董事长杨杰,山东省经济和信息化委员会党组书记、主任钱焕涛等
10月20日 15:00	文化发展开创新局面	国家文物局党组书记、局长刘玉珠,中国艺术研究院话剧研究所所长宋宝珍,中国文学艺术界联合会副主席、京剧表演艺术家孟广禄,中央电视台驻北京记者站站长王小节,中国国际广播电台西亚非地区广播中心主任夏勇敏
10月20日 19:00	实施创新驱动发展战略	科技部党组书记、副部长王志刚,中国科学院遗传与发育生物学研究所研究员、分子系统生物学研究中心主任王秀杰,浪潮集团首席科学家、中国工程院院士王恩东,陕西省委科技工委书记、省科技厅厅长卢建军,南昌大学党委常委、副校长江风益
10月21日 19:00	农业科技创新	农业部党组成员、中国农业科学院院长、中国工程院院士唐华俊,中国农业科学院作物科学研究所研究员、国家小麦改良中心主任何中虎,中国农业科学院农业环境与可持续研究所研究员、农业部休闲农业重点实验室主任魏灵玲,农业部规划设计研究院农村能源与环保研究所副所长沈玉君,江西省安义县种粮大户、绿能农民专业合作社党支部书记凌继河
10月22日 17:30	教育综合改革	上海市教育卫生工作党委书记虞丽娟,郑州大学校长刘炯天,新疆哈密职业技术学院副院长刘志怀,北京十一学校校长李希贵,南京航空航天大学马克思主义学院党总支书记徐川,贵州省黔东南州镇远县江古镇中心小学教师黄俊琼
10月22日 20:00	中国特色强军之路迈出坚定步伐	军委国际军事合作办公室参谋刘芳、陆军第74集团军某合成旅两栖装甲突击车车长王锐、空军航空兵某团团长刘锐、国防科技大学电子科学学院教授王飞雪

(续表)

时间	主题	发言人
10月23日 19:00	打好生态环保攻坚战	福建省环保厅党组书记、厅长朱华,辽宁省环境科学研究院院长张丽华,江苏省环境监测中心副主任胡冠九,湖南省张家界市环保局环境监测中心站分析室主任黄斌等

此外,新闻发布活动注重与记者的互动,举办了34个代表团开放日活动,现场采访的中外记者累计3 000多人次,各代表团均留出半个小时以上的时间与记者互动,多个代表团与记者互动时间超过1个小时,创历次党代会之最。同时,记者的采访对象不仅包括中心的政府工作人员,还包括各地的一线基层干部,实现了上下贯通与全面考察。在组织"十九大时光"专题报道时,一大批中央和省级主要媒体记者分赴各地,与基层干部群众共度十九大时光,会内会外紧密互动,党心民意同频共振。值得一提的是,新闻中心的视线不仅聚焦在国内,还开展跨境连线采访,新增对参与十九大报告译校工作的9位外籍专家的采访报道;200多名中央媒体外籍雇员参加报道,会后还举办了国际性论坛、智库交流等活动。

三、境内外媒体报道和舆情分析

(一)境内报道和舆情分析

1. 境内主流媒体

此次发布内容按照不同的时期阶段做了充足的准备,在大会前期、中期和后期都进行了针对性的内容发布;在发布内容的主题上作了区分,不再仅仅关注与十九大相关的新闻报道内容,还从不同的主体和视角进行了创造性的设计,丰富了报道的素材和内容。主流媒体充分发挥自身的内容优势、思想优势和渠道优势,相互借力,形成了传播优势。

中央及地方各主要报刊、电台、电视台、网站开设各类专栏、专刊,并充分运用 MV、VR、360 度全景等技术推出一系列融媒体产品,传统报道方式与新媒体传播手段协同发力,拉近了十九大这一历史性盛会与人民群众的距离。例如,新华网于 2017 年 10 月 23 日刊发的报道《十九大报告,为什么其中有"43 变"》。与十七大报告中"变"出现 34 次、十八大报告中"变"出现 40 次相比,这个报道在开头便总结出此次十九大报告中的"变"字出现了 43 次,与之关联的"改革"出现了 69 次。然后,报道用"变"字串起了全文,树立了报告全文中各处"变"所指的具体内容,并在结尾点明了"穷则变,变则通,通则久"的主旨,可谓一气呵成。再如,央视新闻于 10 月 19 日发布的报道《全方位解读十九大报告:新提法新举措四十个!哪些与你密切相关》,同样先在标题中鲜明地点名"新"处之多,再通过报道内容一一呈现。

2. 境内网络媒体和社交媒体

中国共产党第十九次全国代表大会自预热阶段起至闭幕后的一段时间内,在搜索与社交媒体平台上都具有较高的热度与曝光量。在微博、微信等社交媒体平台,由于适配移动端传播的内容具有精简、浓缩的特色,所以带有鲜明数字信息的内容更常见于社交媒体的传播中。此外,数据信息也更易于引发网友的关注与分享,尤其是这些数据总结条目中与人们生活息息相关的部分,可以引导舆情向着昂扬向上的方面扩散。

在百度指数监测平台以"十九大"作为关键词,笔者查询了 2017 年 7 月 23 日至 2018 年 1 月 18 日该关键词的热度情况(见图 3-1)。由百度指数监测示意图可以看出,自进入 2017 年 9 月之后,十九大的相关搜索热度便开始呈现缓慢上升的势头,这一时段的搜索信息与媒体新闻主要集中于十九大的筹备工作情况与看点前瞻。搜索热度随十九大日期的临近而呈现正相关性提升,到 10 月 18 日当天到

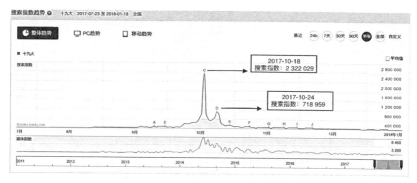

图3-1 百度指数监测平台关于"十九大"的热度数据

达高点(搜索指数2 322 029)。其热度之高是其他公共事件或社会事件所难以望其项背的,当天的搜索信息与媒体新闻均聚焦于十九大的开幕盛况与相关议程、看点等信息。随后数日,在十九大召开期间,搜索热度相较开幕当天有所下滑,但仍然保持在较高的水平,直到十九大闭幕当天重新回升并达到一个次高点(搜索指数718 959)。闭幕当天的信息主要以十九大的内容回顾与所取得的成绩盘点为主。在十九大闭幕之后,搜索热度仍然在较长一段时间内保持一定热度,伴随有轻微波动。具体而言,相关搜索信息与媒体新闻主要关注全国各地各组织单位对于十九大精神的探讨与学习,内容包括各地各组织的学习活动开展、学习心得交流与精神实践等。

在微博提供的微指数监测平台上,同样以"十九大"作为关键词,笔者查询了该关键词在2017年7月2日至2018年1月16日的热度情况(见图3-2)。由微指数监测示意图可以看出,十九大在微博平台的舆情热度变化趋势与百度指数提供的搜索热度趋势相仿,同样是在筹备期平缓上升,在开幕当天抵达高点(微指数3 776 591),在闭幕当天抵达次高点(微指数490 200),此后一段时间内缓慢回落。此外,截至2018年1月20日,微博平台上话题"#十九大#"已产生51.1亿次阅读,讨论总数逾881万次。十九大在社交网站上引发的舆情热度与影响力可见一斑。

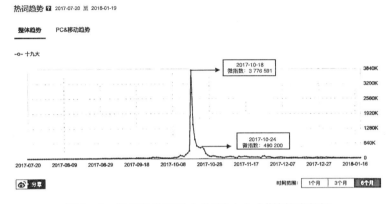

图3-2　微指数监测平台关于"十九大"的热度数据

(二) 境外报道和舆情分析

本次十九大十分注重在国际舆论场发声,除现场出席发布会的境外记者人数增多,会议期间,新华社在Facebook、YouTube等社交媒体上也同步推出了关于十九大的直播报道;《人民日报》向国际主流媒体定制和推送了20多个语种的十九大相关稿件,在61个国家或地区的220多家中外文媒体实现落地;《中国日报》邀请海内外知名专家学者刊发系列言论文章,深入解读十九大报告的新提法、新论断……在讲好中国故事、中国共产党故事、中国特色社会主义故事的同时,向世界传递中国发展进步的自信心和正能量。注重在国际舆论场上主动发声的同时,十九大也关注和搜集国际舆论声音,真正做到"知己知彼"。例如,人民网开设《海外看》栏目,包括《政要看》《学界看》《媒体看》《民间看》四大板块,细分了主体层次,呈现出立体声音。

中国共产党第十九次全国代表大会也成为国际媒体报道热词,受到多国媒体的广泛关注和热烈讨论。根据人民网报道的数据,对39家国际主流媒体的不完全统计,2017年10月18日0时至20日12时,这些媒体发表的相关英文报道逾400篇;会议期间,120多家最具影响力的境外新闻网站的报道数量及转载量达到近6 000篇次[1]。报道数量显著上升的同时,国际主流媒体以更加理性、客观的态度对此次会议进行了解读和报道。根据对海外报道的文本解读和分析,笔者发现海外媒体主要从"中国发展成就与世界影响力""中国经济发展""中共中央的权力及相关问题""领导人形象"等议题着手分析,普遍认为中国国际地位正在发生新变化,中共十九大不仅是中国最大的政治事件之一,其对世界的影响也将是重大而深远的。此外,境外媒体对十九大的报道还涉及其他方面的议题,如"反腐议题""两岸关系"等。值得注意的是,不少境外媒体在进行十九大议题报道时将中国的发展、中国共产党的执政能力和本国的发展、本国政府的策略进行比较分析,呈现出一种自省和失落的情绪,这与以往的报道态度有所差异。例如,2017年11月13日,《时代》周刊刊载长文《中国经济为赢得未来做好准备》[2]等。

二、政策解读类新闻发布工作

近年来,政策解读类的新闻发布逐步成为常态。一方面,这既有

---

[1] 《国际社会高度评价中国共产党成就 点赞中共十九大》,2017年10月21日,央视网,https://china.cnr.cn/NewsFeeds/20171021/t20171021_523995540.shtml,最后浏览日期:2022年10月10日。
[2] 《美国〈时代〉周刊:中国经济为赢得未来做好准备》,2017年11月6日,参考消息网,http://column.cankaoxiaoxi.com/g/2017/H06/2242017.shtml,最后浏览日期:2022年10月10日。

党政部门的主动作为,主动回应公众和相关利益群体的关切,主动进行解读,甚至出台专项文件进行明确和规定,如2013年的《进一步加强政府信息公开回应社会关切提升政府公信力的意见》(国办发〔2013〕100号),2014年的《关于建立健全信息发布和政策解读机制的意见》(中办发〔2014〕21号);另一方面,也离不开诸多现实案例带来的经验与教训,如近年来此起彼伏的邻避型环境群体性事件频发,涉及垃圾(污水)处理、化工企业(园区)、金属冶炼、核电建设等,已成为影响地方乃至整个国家经济发展和社会稳定的重大障碍。

从根本来看,重大政策、重大举措的出台如果想取得预期的良好效果,其整个过程离不开科学的设计、广泛的调研、规范的程序,以及民众参与。就新闻发布在重大政策、重大举措出台过程中的作为而言,当前主要侧重于政策、举措出台后的解读环节,还没能做到全过程介入。因此,这类议题的新闻发布工作要着重进行深度介入和深入推进,具体涉及以下四个方面。

一是尝试在明确政策制定意向前举行新闻吹风会,将拟出台的政策和重大举措的必要性、意义等,通过新闻吹风会的形式进行发布,探测和征询民意。

二是在政策制定过程中,通过新闻发布提升阳光透明度。政策制定出台的过程既是党政部门专业机构科学规划、全面调研的过程,也是公众通过座谈会、听证会、网上讨论等方式方法参与互动的过程。新闻发布介入全过程,对政策和举措的效果起着重要甚至是决定性的作用。

三是在政策出台后,通过新闻发布进行解释,丰富和完善各种信息。这也是当前政策解读类新闻发布的主要类型。但是,目前来看,这部分工作还有提升的空间,可以从时效性上抢占第一落点,以可视化抢占第一阅读,在分群体、分对象解读和分渠道发布(线下新闻发布会和线上新闻发布会同步)等角度进行突破,进一步提高政策解读的效果。

四是积极介入发布,多方参与解读。在新闻发布会中,通过记者提出有深度、有锐度的问题的方式,与发言人进行深入交流,在交流和互动中使事实更加明晰。例如,在有关"雾霾天气"等热点问题的报道中,媒体不仅采访了环保部门,还邀请能源、交通等相关行业人士参与,多方从各自视角出发共同进行解读,有利于为大众提供更科学、权威的信息。

案例二:今冬明春能源保障供应国务院政策例行吹风会

例行吹风会主题:今冬明春能源保障供应国务院政策例行吹风会

例行吹风会时间:2021年10月13日(星期三)15:00

一、例行吹风会主题分析

2021年10月8日,李克强总理主持召开国务院常务会议,进一步部署做好今冬明春电力和煤炭等供应工作,以保障群众基本生活和经济平稳运行。会议指出,2021年以来,国际市场能源价格大幅上涨,国内电力、煤炭供需持续偏紧,多种因素导致近期一些地方出现拉闸限电的情况,给正常的经济运行和居民生活带来了影响。有关方面按照党中央、国务院部署,采取了一系列措施加强能源供应保障。会议还提到了"纠正有的地方'一刀切'停产限产或'运动式'减碳,反对不作为、乱作为。主要产煤省和重点煤企要按要求落实增产增供任务"。在前期大规模限电时,部分省份确实出现了较为极端的能源管理情况。在这个问题上,国家并没有忽略或否认,而是承认、正视并批评了这些问题,并致力于发现问题、解决问题,这正是党治国理政能力的体现。正视问题能够在一定程度上给予受到影响的民众以安抚,这也是此次会议的一大亮点。

在2021年10月8日国务院常务会议召开之后,国务院新闻办公室于10月13日(星期三)15时举行了国务院政策例行吹风会,对于近期民众高度关心的煤炭、电力等问题进行了集中发布。吹风会邀请国家发展改革委党组成员、秘书长赵辰昕,国家能源局副局长余兵,国家发展改革委价格司司长万劲松,国务院国资委财管运行局负责人刘绍娓,国家矿山安监局安全基础司司长孙庆国,国家电网有限公司副总工程师兼市场营销部主任李明,介绍了今冬明春能源保障供应有关情况,并答记者问。

二、例行吹风会现场分析

这次吹风会历时约2小时25分钟。国务院新闻办新闻局副局长、新闻发言人寿小丽主持。吹风会的环节主要分为两个部分:一是发言人介绍近期能源保供工作的相关情况,二是答记者问。

(一) 发言人发言环节分析

本环节由国家发展改革委党组成员、秘书长赵辰昕承担主要发言任务,发布时长约17分钟,主要介绍了近期能源保供工作的相关情况。

赵辰昕开篇点明吹风会的主题是汇报能源保供工作的相关情况,并表示在9月底、10月初,习近平总书记已对能源供应保障、能源安全、能源产供储销体系建设等相关工作作出重要批示指示。为此,在10月8日,李克强总理还主持召开了国务院常务会议,对能源供应问题作出了进一步部署,韩正副总理也参与这一系列工作,体现了国务院对此事的高度重视,表达了政府工作的精细化流程。发言人对发言内容掌握扎实,辅以大量详细的数据,从细节处反映了政府工作的细致,高屋建瓴的同时也没有忽视工作细节,为吹风会奠定了良好的开端。

(二)答记者问环节分析

1. 记者提问内容分析

提问环节历时 1 小时 49 分 21 秒,共有 11 家媒体进行提问,其中有 8 家境内媒体,3 家境外媒体(见表 3-4)。本次吹风会的议题涉及重要的民生问题,因为此前全国部分省份有停电限电的问题,加之即将入冬,能源问题与居民是否能平稳过冬息息相关,所以此次吹风会备受关注。在答记者问环节,几乎每家媒体都提出多个问题,内容涵盖能源价格、供暖情况和居民关心的能源是否不足等问题展开。问答双方围绕能源保障供应的具体措施,尤其关注供应量与价格的问题,将议题与国内形势及前期实际情况相结合,直击人们关注的热点话题,有助于问题的深入探讨。

表 3-4 吹风会记者提问内容

媒体顺序	提问内容	回答人
香港中评社	据了解,近期,山西、内蒙古两省(自治区)已经对辖区内部煤矿的产量进行了核增,并允许部分已完成全年产量的煤矿在四季度继续生产。请问,发改委是否将会有更多地区采取类似措施增加煤炭供应呢?接下来发改委还会计划采取哪些举措来增产增供?今年冬季采暖用煤能否得到保障?	赵辰昕
中央广播电视总台	近一段时间,很多地方都采取了限电措施,给工业生产和居民生活造成了一定的影响。请问,限电的原因是什么?今冬明春电力供应形势怎么样?下一步还将采取哪些措施来保障电力供应?	赵辰昕
封面新闻	我们注意到目前部分的煤矿紧急扩能。请问,这对当下煤炭供应的情况有多少缓解作用?监管部门如何防止不达标的煤矿以保供为由扩能增产?	孙庆国

第三章
我国新闻发布制度建设的现实图景

(续表)

媒体顺序	提问内容	回答人
中国新闻社	请问面对今冬明春较大的电力热力保供压力,国家能源局将采取哪些措施保障好人民群众温暖过冬?	余兵
《中国县域经济报》	提一个关于各界关注的电价问题。请问,是否有计划上调居民和工业电价来弥补电厂由于煤炭价格上涨造成的损失?	万劲松
彭博社	中国最近推出了政策推动支持煤炭生产。这些政策会永久存在吗?会不会影响国家双碳目标的实现?	赵辰昕
第一财经	中央企业提供了全国近1/4的煤炭产量,为全国的电煤供应发挥了重要作用。请问国资委,作为能源的国家队,国资央企在助力能源保供稳价方面将有哪些新的举措?	刘绍娓
海报新闻	近期多个省份出现了用电紧张的情况。请问,电网企业在应对电力供需紧张方面采取了哪些措施?	李明
红星新闻	国家矿山安全监察局近日要求,严防停产整顿矿、长期停产矿等6类矿井铤而走险违规生产,如何在能源保供的同时,做好不盲目增产,压实安全责任?	孙庆国
《南方都市报》	近期,受我国经济持续恢复和国际大宗能源原材料价格上涨影响,我国煤炭消费超预期增长,供需偏紧。请问,国家能源局已经采取了哪些煤炭稳产增产措施?下一步还将采取哪些措施稳定煤炭生产?	余兵
凤凰卫视	北方即将进入供暖季,目前天然气供应储备情况如何?近期国际天然气价格暴涨,冬季供暖用气需求是否能够保障?另外,据说西北、东北部分地区供暖计划时间比往年延后,请问是否是由于资源供应的问题?	赵辰昕

2. 答记者问环节发言嘉宾、主持人表现情况

在这一环节,发言嘉宾的配置较为合理,从部委到能源相关的矿山安全基础司与国家电网等实际接触生产的企业均有参加,且准备充分,为吹风会提供了详细的信息。在回答过程中,时间分配合理,针对性强,嘉宾发言较为从容,能够很好地把握节奏,一定程度上体现了国家自信,在答记者问的环节也引用了大量的数据,彰显了内容的真实性。

发布会的主持人寿小丽较具亲和力,始终面带微笑,并没有占据过多的会上时间,在介绍完会议主题与嘉宾之后,将大部分的交流时间给了嘉宾与记者,仅在答记者问环节开始之前与最后两个问题之前进行了提示与串场,很好地体现了搭台发布中主持人的作用。

二、境内外主流媒体和网络舆情分析

(一) 境内主流媒体和网络舆情分析

1. 国务院常务会议召开之前舆情基本情况

在2021年9月,相关舆情热点问题就已出现。仅一周时间内,全网有关"限电"相关信息量共29.8万余条(见图3-3、图3-4),为何出现电力供应紧张、如何保障电力平稳运行等话题引发舆论热议。2021年9月中旬之后,江苏、广东、云南、广西、浙江、辽宁、吉林、黑龙江等20多个省份相继启动有序用电,多地工业企业被要求错峰用电。自9月24日起,关于"限电令""停工潮""拉闸限电"等相关舆情信息开始发酵,并频频登上热搜,因限电引起的事故也频发,东北地区更是一度成为民众关注的焦点。

百度指数关键词"拉闸限电"检测显示,在国务会召开前期,整体日均搜索值为8628,峰值期集中出现在9月27日,达到32021(见图3-5)。

第三章
我国新闻发布制度建设的现实图景

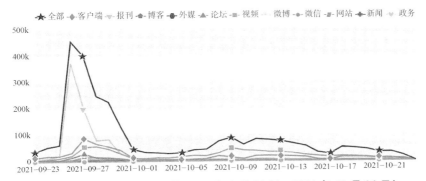

图 3-3 相关舆情信息数量(2021年9月23日—2021年10月24日)

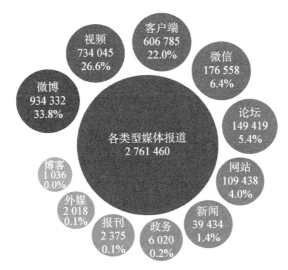

图 3-4 各类型媒体报道总数(2021年9月23日—2021年10月24日)

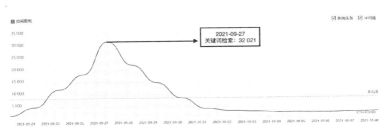

图 3-5 百度指数"拉闸限电"关键词检索结果

(1) 主流媒体

在 2021 年 10 月 8 日国务院常务会议召开之前,主流媒体能够较好地发挥舆论引导的职能,如何保证电力供应平稳运行成为舆论关注的焦点。《人民日报》、央视网、新华社等主流媒体刊发的《多地拉闸限电,不能让老百姓生活受限》《多地为何"拉闸限电"? 后续电力供应能否保障?》《为何"拉闸限电"? 专家解读几大焦点问题》等报道也受到了广泛关注。9 月 26 日,《人民日报》在官方微博发文《生产旺季搞拉闸限电,咋回事?》,称"个别地方全力优化能耗指标、不惜关停生产甚至影响居民生活用电的'一刀切'做法,究竟为了啥? 说白了,跟开学前狂补作业一个道理。平时不作为,临近考核搞层层加码、玩命突击;平时高喊'绿色发展'口号,实际工作中却一再追逐短期效益,这暴露出一些地方对新发展理念的认识偏差,对绿色低碳转型的谋划不积极。早早就看见红灯,非要等冲线时猛踩刹车,考虑过乘客感受吗?"9 月 28 日,央视网发文评拉闸限电背后的"大棋论",认为是部分自媒体"乱带节奏"。央视网称,"在最近的'限电停工潮'中,部分自媒体趁势兜售起了'大棋论',将限电说成是'国家在下一盘大棋'。这种'大棋论'遮蔽了电煤供给短缺的基本事实,在乱带节奏中产生了不小的'低级红''高级黑'的效果,应在'尊崇常识'驱动下对此类'大棋论'直接果断地说'不'。"9 月 29 日,国家发改委网站刊发《国家发展改革委经济运行调节局负责同志就今冬明春能源保供工作答记者问》文章,在一定程度上控制了舆论的发展态势(见图 3-6)。

(2) 社交媒体

2021 年 8 月,国家发改委印发了《2021 年上半年各地区能耗双控目标完成情况晴雨表》,从能耗强度降低情况看,2021 年上半年,青海、宁夏、广西、广东、福建、新疆、云南、陕西、江苏 9 个省(区)能耗

第三章
我国新闻发布制度建设的现实图景

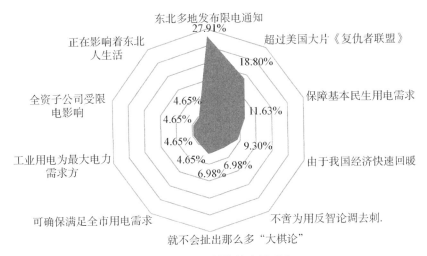

图 3-6 主流媒体的主要观点

强度同比不降反升,10个省份能耗强度降低率未达到进度要求,全国节能形势十分严峻。这一时期出现的相关负面舆情占比较大,主要源于用电高峰期"先停电后通知"的做法引发了争议。

2. 国务会议召开之后舆情变化情况分析

2021年10月8日,国务院常务会议召开之后,相关报道和话题呈现小幅度波动。在百度指数平台搜索"能源保障""能源供应"等关键词,并未获得相关信息,以"限电"为关键词进行搜索,情况如下(见图3-7)。

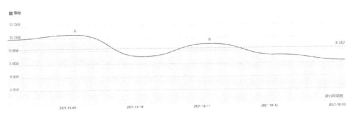

图 3-7 百度指数"限电"关键词检索结果

(1) 主流媒体

在这一阶段,媒体报道的内容主要聚焦会议本身,如新华社报道《市场交易电价上下浮动范围调整为原则上均不超过20%》,凤凰网财经、新浪网、《证券日报》等媒体转发中国政府网消息《进一步部署做好今冬明春电力和煤炭等供应》。10月12日,国家发改委印发《关于进一步深化燃煤发电上网电价市场化改革的通知》,就进一步深化燃煤发电上网电价市场化改革工作作出了部署。文件一经发布,即引发市场各方的广泛关注。

(2) 社交媒体

从微博上活跃的传播者来看,发布者主要为经微博认证的党政机关和个人用户,发布信息的情感导向均为正面导向或中性导向,内容主要是政策公告、个人用户的转发等。

从微信上活跃的传播者来看,发布者主要为地方党政机关的官方账号和金融行业的自媒体账号,发布信息的情感导向均为正面导向或中性导向,内容主要是发布会等会议内容。

从论坛上活跃的传播者来看,相关信息帖主要发布在地方城市生活论坛,发布信息的情感导向以正面导向或中性导向居多(仅有极个别信息内容的情感导向为负面),内容主要与相关问题的咨询与解答有关。

3. 国新办例行吹风会召开之后的舆情变化

(1) 主流媒体

在这一阶段,主流媒体报道的内容主要聚焦于对吹风会内容进行介绍或转发图文实录,相关报道有人民网《今冬明春能源供应有保障》、新华网《今冬明春:能源供应有保障吗?居民用电、民生用气价格会涨吗?》、澎湃新闻《国新办今日举行吹风会,聚焦今冬明春能源保障供应》、《北京青年报》《国家发改委介绍今冬明春能源保障供应

情况　电力燃气将确保民生优先》、中国证券报-中证网《今冬明春如何保障能源供应？四部门发声：确保电力、煤炭稳定可靠供应，必要时"压非保民"》等。

（2）社交媒体

在这一阶段，社交媒体上并未有过多讨论。

（二）境外主流媒体报道情况

2021年10月8日召开的国务院常务会议的主要议题之一是做好今冬明春电力和煤炭供应工作，而我国的能源状况恰好也是当时境外媒体集中关注的议题。它们对于会议本身暂无过多关注，但就中国的能源议题而言，在常务会议前、常务会议后、例行吹风会后都有境外媒体的报道，报道形式以图文为主，兼有音视频形式（见表3-5）。

表3-5　关于10月8日会议主要议题的境外媒体报道数量

媒体名称	主要议题：做好今冬明春电力和煤炭供应工作		
	常务会前（篇）	常务会后（篇）	吹风会后（篇）
BBC（英国）	1	0	0
CNN（美国）	1（含视频）	0	0
路透社（英国）	0	0	1
彭博社（美国）	1（含视频、音频）	0	0
CNBC（美国）	1	0	0
VOA News（美国）	1	0	0
《纽约时报》（美国）	0	0	1
《华盛顿邮报》（美国）	0	0	0
《福布斯》（美国）	0	0	0
标普全球（美国）	1	3	1
《华尔街日报》（美国）	0	0	1

(续表)

媒体名称	主要议题:做好今冬明春电力和煤炭供应工作		
	常务会前(篇)	常务会后(篇)	吹风会后(篇)
《卫报》(英国)	1	0	0
《金融时报》(英国)	0	0	1
《德国之声(DW)》(德国)	0	0	1
NHK(日本)	0	0	1
Yahoo News(日本)	0	0	1
《朝日新闻》(日本)	0	0	0
中评社(中国香港地区)	0	0	1
《联合报》(中国台湾地区)	1	0	0
ABC News(澳大利亚)	0	0	0

1. 国务院常务会议前:境外主流媒体的报道多围绕"拉闸限电",强调负面影响

在国务院常务会议召开前约十天,境外媒体发布的与中国能源供应有关的报道大多是由2021年9月底我国东北地区部分城市"拉闸限电"展开而来的跟踪报道和新闻评论。"拉闸限电"事件在国内引发舆情,其中也与群众因缺乏信息获知渠道而引起的不明真相的恐慌情绪有关,但随着官方的及时回应,舆论也逐渐趋于平和。不过,境外媒体的报道倾向于由事件向负面影响或悲观预期上延伸,除了彭博社的音视频报道以中国政府召开紧急能源会议为主题,介绍了会议背景、情况和内容,《卫报》着重探讨了中国限电可能会对英国能源经济造成影响,其他的多数报道都称此次拉闸限电暴露了中国"遭遇能源危机",判断"限电"将成为我国的一项长期措施,并强调我国能源供应的紧张和压力。

例如，2021年9月26日，《联合报》刊发题为《除了恒大限电也可能重创中国大陆经济与全球市场》的报道，主要引用日本投行野村控股陆挺分析师的言论，认为大陆遭遇"能源危机"一部分源于全球能源供应普遍吃紧，另一部分则是因为大陆为迎接冬奥会而展开的低碳政策，大陆限电措施将冲击全球市场。CNN于9月29日对"拉闸限电"事件进行了报道，开头引用了来自"新京报我们视频"微博的视频资料。视频资料显示，26日的突然断电导致市民姜女士一家人被困电梯，报道称中国日益严重的电力供应紧缩正在引发家庭停电，并迫使工厂减产，有可能减缓中国的经济发展速度，并给全球供应链带来更大的压力，也会导致各大机构对中国作为全球第二大经济体在2021年的经济增长预期进行下调。9月30日，全球性媒体BBC、彭博社，以及美国财经媒体CNBC（美国消费者新闻与商业频道）均发布了以我国能源供应为主题的报道。彭博社的报道结合视频和音频，由于是在市场板块推出的报道，较为客观地展示了"拉闸限电"事件后国务院紧急召开的能源会议，李克强总理要求国内各大能源公司尽全力确保能源供应尤其是民用能源供应的始末。BBC的报道标题则为"China Power Cuts: What is Causing the Country's Blackouts?"（《中国多地限电停电：为何会出现电力短缺？》）写道，"中国正努力应对严重的电力短缺，导致数百万家庭和企业遭受打击"，并以三个小节讲述中国此次的"能源危机"，以及东北地区可能面临的"严重断电"情况。虽然该报道在最后一个小节简要阐述了中国的应对措施，但还是以这些措施的实现"并不简单"作为结尾。CNBC则发布了一篇较之BBC报道篇幅更为简短的财经报道，主体内容与其类似，但也称中国发生了"能源危机"。10月1日，英国的主流媒体《卫报》也跟进发表了较长篇幅的报道，指出在中国努力应对能源短缺之际，可能对英国天然气等能源供应商产生连锁压力。美国之声

VOA News 则转载了《卫报》的此篇报道。在会议前关注境外的此类报道,有利于我们有理有据地作出针对性回应。

2. 国务院常务会议后:境外主流媒体虽无同步更新,但有持续关注

常务会议后,境外媒体几乎少有同步跟进国务院此次常务会议的报道。但是,与其他境外主流媒体根据新闻事件或市场浮动进行关于中国能源状况的单篇报道跟进不同,标普全球(美国一家专门提供金融信息与统计数据的知名跨国公司)在其官网媒体平台上为中国能源创建了专题,从常务会前夕的 9 月 30 日到吹风会后的 10 月 19 日都持续发布了关于中国电力和煤炭供应的相关报道或分析文章。其中,正是在常务会议后、吹风会之前的这段时间内,标普全球连续发布了 3 篇相关报道,持续跟进和关注我国能源需求和供应状况的最新政策指示及对全球能源市场的影响。10 月 11 日题为"China to Boost Natural Gas Supply Diversions from the Southern to Northern Regions"(《中国将提高天然气"南气北上"供应水平》)的报道就反映了 10 月 8 日国务院常务会议的部署,即加强民生用气供应,适时组织"南气北上",增加北方地区取暖用气。标普全球 10 月 12 日发布的两篇文章则主要关注中国目前的石油储量和产量数据,并指出中国缓解能源供应紧张的措施与煤炭和天然气的全球价格密切相关。不过,该专题的命名也与西方主流媒体的论调相符,以"China Power Crisis"("中国能源危机")为专题名称。

3. 吹风会后:境外主流媒体的报道以长篇分析为主,继续强调"能源危机"

2021 年 10 月 13 日例行吹风会后的半个月左右是境外媒体关于此议题报道较多的时期。这些报道多为篇幅较长的分析或评论文章,注重报道中国的限电情况和能源紧张所产生的全球性影响。其

中,西方主流媒体还是继续强调这是中国遭遇的"能源危机",有放大负面影响之嫌。相较于其他媒体仅在长篇文章中稍有提及中国的新能源目标,日本 NHK 对中国低碳目标和能源转型规划则进行了专门报道。报道整体持谨慎观望或偏负面的态度,甚至有个别媒体出现了夸大、不实的报道情况。在吹风会上有三家境外媒体发起提问,其中,香港中评社在吹风会后两周发布了时评报道,彭博社和凤凰网并未在吹风会后发表进一步的跟踪报道。

2021 年 10 月 13 日,《纽约时报》发布了题为"Power Outages Hit China, Threatening the Economy and Christmas"(《停电"袭击"中国,威胁着经济和圣诞节》),当中不乏对中国能源情况的不实负面描述:"停电已经蔓延到中国东部的大部分地区,威胁着企业和居民生活";引用了"一家东莞鞋厂"的美国总经理的话——"这是开厂以来最糟糕的一年";"停电使中国各地的工厂放缓或关闭,给中国经济发展带来了新的威胁,并可能在西方繁忙的圣诞节购物季之前进一步扰乱全球供应链"。在这一系列具有危言耸听意味的文字评述后,该报道还认为中国的能源困难对执政者"形成挑战"。可以说这是一篇原本就站在"中国威胁论"的偏颇立场上写就的报道。

路透社和英国权威财经媒体《金融时报》的报道则侧重于对中国能源紧缩局面(路透社用词)和中国"能源危机"(《金融时报》用词)可能带来的对全球供应链的压力进行分析,从全球能源市场的角度进行财经报道。而与《金融时报》同为财经媒体的《福布斯》则用更长的篇幅写道,"中国的能源危机面临潜在的致命后果",表示中国的电力短缺已经对企业生产和居民生活造成广泛影响……从措辞到论调,整体来看,可以将其视作比《纽约时报》报道稍内敛一些的"财经媒体版本"。类似的报道也在《福布斯》日本版发表,并被日本使用人数最多的网站之一 Yahoo! Japan(雅虎日本)转载发表。2021 年 11 月 2

日,美国《华尔街日报》的报道则十分肯定地写道:"中国依赖从美国进口的天然气缓解能源短缺。"

四、总结与思考

国务院政策例行吹风会聚焦国务院研究决定的重大决策部署和经济社会政策,层级更高,视野更广,内外兼顾,既是政府信息公开透明的重要一步,也是对外阐述"中国方案"的有效之举。与一般的新闻发布会相比,吹风会直接回应中外关注的热点话题,及时发出中国声音,信息在对外传播上更具针对性。政府信息的公开力度越大,全社会的参与和监督程度也就越高。就现场布置而言,例行吹风会的座位安排更便于发言人与记者进行充分的沟通和交流互动。因此,在本次议题的舆论引导中,例行吹风会发挥了重要作用。

在处置、引导网络舆情的过程中,如何消除各方的猜疑与分歧、体现政府权力的公信力,考验着各级党委、政府应对突发事件的能力和水平。通过对舆情变化的分析,可以看出,能源保障供应引发的舆情呈现出反复的态势。一般来说,大部分涉及民生、教育、医疗等与群众切身利益息息相关的领域更易于引发群众的不同反应。因此,在政策或决策出台之前,相关部门首先应做好舆情风险评估工作,并要增强互动,提前与民众沟通,主动做好疏通工作,以有效地防范、化解各类风险挑战。其次,做到及时告知,强化沟通,纾解人们情绪的同时,加强正面引导,平息舆论,达到"舆情降温"的目的,从而避免舆情危机的爆发。

从分析所得的舆情数据中可以看出,例行吹风会对相关政策的传播起到了很大的推动作用。国务院召开常务会议形成工作决议或政策后,尽管各类媒体会跟进报道,但广大群众并不能立刻领会政策或决议的重要性,国新办召开吹风会进行助推的举措很有必要。一方面,可以使相关政策获得更多媒体的关注,提升传播效果;另一方面,也能引导公众加深对政策决议的理解。同时也可以看出,境外媒体的媒体议程与国内议题相差较大,而且负面舆情占比较大,因此相关部门应当加强对舆情的研判与分析,并作出适当的预判,打有准备之仗,增强议题的针对性。

第二节　突发公共事件的新闻发布工作①

突发事件又称为紧急事件,指"突然发生,造成或者可能造成严重社会危害,需要采取应急处置措施予以应对的自然灾害、事故灾难、公共卫生事件和社会安全事件"②。突发事件往往也被视为危机事件,"是一种严重威胁社会系统的基本结构或者基本价值规范的形势,在这种形势下,决策集团必须在很短的时间内、在极不确定的情况下作出关键性决策。这类定义强调危机的三个要素:威胁性、不确定性、紧迫性"③。人们在面对突发事件时往往存有恐惧和不安的情绪,容易产生怀疑、焦虑、宣泄、仇视等不良社会心态。这些心态极具传染性,如果政府或媒体未能及时进行信息公开和舆论引导,就会扩大这种不确定性。然而,"一个有效的传播不仅能减轻危机,还能给组织带来比危机发生之前更为正面的声誉,而低劣的危机处理则会

---

① 本节部分详细论述参见孟建、邢祥:《试论中国特色新闻发布理论体系的全面构建》,《新闻与写作》2019 年第 3 期,第 32—37 页;王灿发、王晓雨:《完善突发自然灾害事件的政府新闻发布机制》,《新闻爱好者》2022 年第 7 期,第 4—6 页(部分内容为本书作者撰写)。
② 参见 2007 年 8 月 30 日第十届全国人大常委会第二十九次会议通过的《中华人民共和国突发事件应对法》。
③ 《国外政府应对重大危机事件运作机制》课题组:《国外应对重大危机事件的理论与实践》,《国际技术经济研究》2005 年第 1 期,第 12—17 页。

损伤组织的可信度、公众的信息和组织多年来建立起来的信誉"[1]。因此,完善突发公共事件的新闻发布工作是党和政府发挥舆论引导作用,确保突发事件后续顺利开展的重要保障。一方面,新闻发布工作可以从权威立场满足公众知情权,消解因事件模糊性导致的质疑与消极情绪;另一方面,党和政府占据舆论主动权,塑造积极作为的治理主体形象,可以推动党和政府尽快将紧急应对措施纳入有效治理的轨道,提升治理能力与治理水平。

一、突发公共事件新闻发布与常规议题新闻发布的区别

作为危机管理和舆情应对的重要环节,突发公共事件的新闻发布工作相较于常规议题的新闻发布工作有所不同。根据学者侯迎忠在2011—2012年就我国政府新闻发布制度建设现状,以及突发事件中政府新闻发布效果评估要素与指标体系设置等情况进行的半结构式深度访谈结果显示,大多数访谈对象认为影响突发事件新闻发布效果的关键因素与环节在于新闻发布时机、发布内容、现场沟通等情况和发布者的素质[2]。因此,在具体的实践环节应当明确两者的区别。

(一)凸显新闻发布的时效性

突发公共事件往往涉及面广、影响范围大、危害程度深,所以信息和舆情传播自突发事件爆发时起便进入井喷式扩散的状态,留给

---

[1] 廖为建、李莉:《美国现代危机传播研究及其借鉴意义》,《广州大学学报》(社会科学版)2004年第8期,第18—23、39页。
[2] 侯迎忠:《突发事件中政府新闻发布效果评估体系建构》,人民出版社2017年版,第86—88页。

相关主体部门的处理时间极其有限,所以新闻发布的时度效非常重要。经过十余年的新闻发布制度建设和工作推进,在突发公共事件新闻发布的时效方面,"第一时间发布"已经成为一种共识。但是,关于如何界定"第一时间",目前尚无统一的标准和要求。根据2016年国务院办公厅发布的《关于在政务公开工作中进一步做好政务舆情回应的通知》,要求"对涉及特别重大、重大突发事件的政务舆情,要快速反应、及时发声,最迟应在24小时内举行新闻发布会,对其他政务舆情应在48小时内予以回应,并根据工作进展情况,持续发布权威信息"[1]。然而,近年来,随着互联网技术的发展,社交媒体已经成为舆论的第一发源地,成为突发公共事件的首曝媒体,舆情发酵以秒为计算单位,24小时的要求仍然有些跟不上时代的步伐。综合国务院新闻办公室的要求,同时结合上海、深圳等地的经验,"黄金四小时原则"甚至"黄金两小时原则""黄金一小时原则"已经逐渐成为共识。也就是说,处置主体在进行突发事件新闻发布时,"发现舆情—研判舆情—报批决策—权威回应"[2]的过程最好控制在一个小时内,然后快速设立新闻中心,指定新闻发言人,积极主动地把握话语权。这样可以有效避免"第一时间失语"问题,阻止早期谣言的发酵与传播。关于突发事件的新闻发布工作,也许处置主体的首次发布会并未能向社会传递足够多的有效信息,但它的存在就是最有效的信息:在谣言与恶意的虚假信息尚未成型并形成一定的传播规模前,新闻发布会的发声可以吸引公众与媒体的注意力,提醒他们政府发声是一个

---

[1] 《特别重大、重大突发事件舆情最迟应在24小时内回应》,2016年8月14日,凤凰网,http://news.ifeng.com/a/20160814/49773408_0.shtml,最后浏览日期:2022年10月10日。

[2] 喻国明、李彪:《中国社会舆情年度报告(2016—2017)》,人民日报出版社2017年版,第76页。

可靠的信源,并会进行追踪式持久发声。

(二) 凸显发布内容的权威性

突发公共事件的新闻发布内容首先应本着"快报事实、慎报原因、重讲措施"原则,以事实为依据,证据充分、材料翔实,必要时可以邀请权威专家参与,增强信息发布的权威性和公信力。在确定发布内容时,还要明确利益相关主体的诉求,将舆情研判工作落实到舆情发生期、发酵期、高涨期、回落期等每一个环节,根据民众关切,有针对性地准备发布内容,进行舆情回应。2017年4月发生的四川泸县太伏中学学生死亡事件之所以成为热点、引发争议,直接原因在于议题的断裂,当地政府部门并未了解涉事家属和广大民众、网友的诉求,最初只将它当作普通事件进行了处理,没有做好舆情研判工作。因此,只有掌握涉事群体和公众的诉求,处置主体才能掌握发布的主动权,避免恐慌和社会动荡。

(三) 凸显发布活动的持续性

在突发公共事件的应对中,随着事件的发展和调查的深入,事实的"碎片"可以不断使整个事件变得清晰,只有持续、多形式组合的新闻发布才能满足公众的信息需求,安抚社会情绪。处置主体在舆情事件初期尚未全部掌握事实信息的情况下,可以先发布已掌握的情况,并说明相关部门正在做的工作。在这个过程中,事实的情况将不断得到补充,既可以修补之前的信息错漏,也能让媒体和公众看到政府部门负责任的态度和行动。持续、多元的新闻发布在突发事件舆论引导中发挥的功能类似于"安全阀"。通过持续不断地召开新闻发布会,利用这个安全阀为公众的质疑心理和不安情绪减压,最大程度上为媒体提供信息来源,避免不实猜测和谣言的产生,在及时、权威解答媒体和公众疑问方面起到重要作用。

(四)凸显发布中的"以人为本"

在突发公共事件的新闻发布工作中,除了信息发布应及时、准确,还要将公众利益放在第一位,坚持"以人为本"原则,对事件中受到影响的人群要有充分的人文关怀,让人民群众感受到党和政府的温度。同时,保持公众对事件的关注并将公众的负面情绪维持在一个可控的范围内。公众的过度恐慌会造成社会骚乱和不稳定,但危机事件面前让公众完全放弃警惕心理又可能导致新一轮的危机。因此,在突发公共事件的新闻发布工作中,处置主体要避免造成公众的过度恐慌,但也不能让公众放松抵御危机的警惕,这样有助于在公众的配合下顺利解决危机。

二、突发公共事件新闻发布工作的整体分析

在突发公共事件中,党和政府通过各种新闻发布方式,围绕工作重点和舆论中的热点、痛点、难点和疑点问题,突出了其在信息公开、政策解读、回应关切等方面的核心地位,在一定程度上体现了科学执政、民主执政、依法执政的能力与水平。

(一)实现发布主体的多级联动,正确处理"全员皆媒"的现状

突发公共事件在事件伊始往往具有区域性和范围性,这就要求各级政府不断完善相应的新闻发布制度,层层落实"纵向到底"的新闻发布体系。当前,面对突发公共事件时,政府作为新闻发布主体基

本实现了多层级联动。以突发自然灾害事件为例,在新闻发布会方面,多以省级政府作为发布主体,采用"搭台发布"的方式,邀请市级相关负责人进行信息发布,介绍地方具体情况。在2021年郑州"7·20"特大暴雨事件中,河南省政府新闻办根据防汛救灾的进程召开了不同专题的新闻发布会,同时结合地方特殊情况召开地方专题发布会,共举办10场"河南省防汛救灾"新闻发布会、7场"河南省加快灾后重建"系列发布会,发布人既有河南省省长,也有郑州市、安阳市等地市级负责人员。地市级与县级政府的新闻发布工作则较多地依托政务新媒体展开,与省级政府新闻发布会相呼应。2021年7月19日,郑州市市委宣传部官方微博账号"郑州发布"开始发布暴雨相关内容,至7月30日,该账号共发布118条微博,内容涵盖发布会信息、暴雨天气情况、救援情况、社会感人事件等。

值得关注的是,突发公共事件中往往存在多舆论场的互动与碰撞。党政发布话语、媒体传播话语和公众反馈话语等多元主体声音在"大舆论场"中互动博弈,共同参与了事件治理。新闻发布主体以政府为主导,但在"全员皆媒"的时代,多种话语的碰撞势必会削弱官方话语权。在郑州"7·20"特大暴雨事件中,来自不同信息源的多种声音拨动着公众的神经,其中不乏"暴雨后自来水不能喝""郑州地铁5号线车厢被拖出"等谣言混淆视听,即便政府及时辟谣,也难完全消除谣言的破坏力。

(二)主动设置议程回应受众疑虑,对话意识的欠缺可能引发次生舆情

主动进行议程设置是突发公共事件应急处理的一项重要手段。在该类事件中,政府新闻发布工作应当在信息旋涡中辨别真伪,并有效地响应核心议题,及时回应公众关切。首先,在议题内容上,突发

公共事件的新闻发布主要聚焦在事件原因、事件后果、补偿措施等方面。在郑州"7·20"特大暴雨事件中,政府新闻发布内容不局限于对暴雨事件的概况描述,还使用大量精确数字,传达了具体情况。多地新闻发布会中均设有记者问答环节,部分问题涉及不实信息与公众疑虑。同时,政务新媒体账号也会及时发布辟谣内容。例如,2021年7月20日,有网络传言称郑州进入特大自然灾害一级战备状态。对此,"郑州发布"紧急辟谣,证明该消息为不实信息,缓解了公众紧张、敏感的情绪,推动真相占据舆论高地。

当前,政府新闻发布的内容和形态由"单一话语"向"多模态话语"转变,内容由"政策信息"向"公共资讯"转变,修辞由"宏大叙事"向"中微观化叙事"转变。但是,通过对具体实践进行分析,笔者发现,在面对突发公共事件时,政府的新闻发布并未较好地寻求耦合机制,这就在一定程度上制约了新闻发布效果。尽管绝大多数的新闻发布会设置了媒体提问环节,但存在"象征性在场"现象[①],部分提问缺乏主动权,且问题容易陷入同质化,造成对话效果不佳。在政府与民众的对话中,虽然政务新媒体提供了民众发声渠道,但相关评论较少,更无官方回复,政民对话不足。例如,四川省人民政府新闻办公室官方微博号"四川发布"发表的四川茂县山体垮塌发布会相关微博,评论区仅有 22 条评论,点赞仅有 21 个,影响力甚微。这种对话的欠缺会使公众产生较低的应对力评价,即公众自我控制与事件处理参与的评价[②]。

[①] 侯迎忠、杜明曦:《突发公共危机中地方政府新闻发布的对话公关实践》,《新闻与传播评论》2021 年第 6 期,第 69—80 页。
[②] 周建青、刘佳文:《政府回应视域下公共事件次生舆情形成机制与防范策略——基于情绪评价理论的分析》,《学习论坛》2022 年第 2 期,第 77—84 页。

（三）矩阵化传播实现信息全覆盖，多元平台面临"渠道失灵"的情况

传播形式的创新对于扩大传播范围、提高传播效果具有重要意义。在面对突发公共事件时，治理主体能够充分地发挥媒体的融合作用，打造传播矩阵，实现多样媒介形态全面布局。在"党管媒体"的指导方针下，我国政府新闻发布已经形成了全媒体、多渠道、多形式的立体传播矩阵，打响了发布合力战。具体而言，在媒体平台上，政府新闻发布工作已经实现了传统媒体与新媒体的全覆盖。例如，在贵州"7·23"水城县山体滑坡事件中，新闻发布会的信息传播至《人民日报》、央广网、新华网、《中国青年报》等众多主流媒体，同时覆盖各类媒体的微博账号、抖音平台账号、微信公众号等新媒体平台。在媒介形态上，移动互联网、5G、大数据和各种云技术的发展，为直播、短视频、H5等多种新闻发布媒介形式提供了技术支持。自2020年新冠肺炎疫情暴发以来，"云发布"已成为多地政府传递信息的重要途径，即通过网络直播的方式举办发布会，所有的信息发布与提问以连线的方式进行[1]。这种发布方式不仅能够适应当下疫情常态化的形势，也能够快速、高效地实现信息传递。

但是，多元媒介终端一方面提高了信息的覆盖率，另一方面也引发了多平台参与下"渠道失灵"的困境。换句话说，虽然信息传播到了多重媒介，却难以真正嵌入社会关系[2]。尤其是在新媒体时代，分众传播的特性明显，受众对于媒介的选择性接触日渐增强，不同的

---

[1] 郭致杰、王灿发：《重大突发公共卫生事件中我国新闻发布会的传播效力提升策略——以新冠肺炎疫情事件为例》，《新闻爱好者》2020年第8期，第30—33页。

[2] 朱春阳：《政治沟通视野下的媒体融合——核心议题、价值取向与传播特征》，《新闻记者》2014年第11期，第9—16页。

平台聚集了不同的受众,不同的受众群体又呈现出不同的接受特点。但是,政府发布的内容在不同的媒介平台上往往具有同质性,难以兼顾多平台的底层逻辑与受众特性,从而影响了传播效果。例如,在2021年7月中下旬山西暴雨洪涝灾害中,受灾城市晋城在人民政府新闻办公室抖音官方账号上发布了相关预警,但内容仅是微信公众号相关文章的截图。这个视频以文字为主,不符合抖音平台"短、平、快"的特征,仅得到了387个赞,未能收获良好的传播效果。

三、基于"事实-价值-情感"模型的新闻发布工作完善策略

建设"可沟通""可信任"的党政体系是国家治理共识达成、推动治理理念落实的基础性能力目标,同时也是治理能力现代化的首要能力目标①。针对突发公共事件的新闻发布工作理应以此为依据。从当前突发公共事件新闻发布工作中遇到的问题来看,大部分是由于发布主体只侧重政策信息的发布,而忽视了价值和情感在新闻发布工作中的重要性。因此,笔者尝试基于"事实-价值-情感"的模型提出完善突发公共事件的新闻发布工作策略。

"事实与价值"二分法在18世纪由英国哲学家大卫·休谟提出。休谟认为"是"这个陈述是无法直接推导出"应当"陈述的,二者之间需要中介来联系②。马克斯·韦伯将休谟的观点修改为"事实-价值"二元论,即"是"与"应当"分别指向"事实"领域和"价值"领域。而"事实-价值"模型是胡百精教授在现代公共关系对话范式的基础上,将

---

① 朱春阳:《政治沟通视野下的媒体融合——核心议题、价值取向与传播特征》,《新闻记者》2014年第11期,第9—16页。
② [英]大卫·休谟:《人性论》(下),关文运译,商务印书馆1980年版,第509—510页。

"事实与价值"二分法引入构建而成的。他认为,危机除了破坏了事实层面的权力关系、利益关系和真相,还有各种价值关系①。而危机传播管理的目标和任务在"事实-价值"的解释下就变得清晰起来。这个模型的核心是以对话的方式,在实际方面促成证实真相并实现互惠利益,在价值方面重新建设信任并构建可共享的意义,最终使在危机中的各个利益方能够最终恢复多方共享互惠的事实和价值世界②。

目前,我国应对突发公共事件的主要范式还是"危机管理"范式。在危机管理范式下用"事实-价值"模型观照分析政府新闻发布工作有着重要的价值。但是,在实际操作中不难发现,危机管理范式已经无法满足新媒体语境下的舆论生态要求,发布内容、发布方式基本上由发布主体来决定,公众则多为被动接受;在新闻发布会现场,新闻发言人面对记者提问时偶尔会出现搪塞敷衍、答非所问、"无可奉告"等情况,从而引发次生舆情。事实上,新闻发布的一个重要职能就是实现有效沟通,而所谓的社会沟通是指处于不同社会层次或不同社会部门的个人或组织彼此交流各自的思想、观点、情感等各种信息的过程③。从这个意义上讲,新闻发布工作的有效沟通至少包含三个层面,即信息沟通、政策沟通和情感沟通。但是目前,情感沟通并未引起发布主体的足够重视,所以导致沟通效果并不理想,甚至反而出现"赢了道理却输了感情"的状况,对舆情的回应效果并不理想,最终难以形成社会共识④。因此,发布主体在新闻发布工作中引入情感层面

---

① 参见胡百精:《中国危机管理报告 2006》,中国人民大学出版社 2007 年版。
② 胡百精:《危机传播管理》(第三版),中国人民大学出版社 2014 年版,第 2、87、101 页。
③ 刘祖云:《社会沟通:社会稳定与协调发展的内在机制》,《社会主义研究》1990 年第 4 期,第 38—40 页。
④ 彭广林:《潜舆论·舆情主体·综合治理:网络舆情研究的情感社会学转向》,《湖南师范大学社会科学学报》2020 年第 5 期,第 142—149 页。

显得十分重要。

（一）事实层面：把握发布时机，完善对话机制

在面对突发公共事件时，政府新闻发布工作要把握时机，完善对话机制。第一，在时机把握上要做到快。"迅速告知"是组织向公众发布信息的重要原则，有关突发公共事件的新闻发布更要把握事件的"突发性"。权威声音的迟到会导致民间舆论场的猜测与怀疑，滋生网络谣言甚至引发舆情危机。这就要求政府针对突发公共新闻发布做好预警机制，建立完善发布机制。第二，发布时机要精准。政府部门要通过舆情监测，及时捕捉潜在的舆情危机点，在合适的时机向公众公开灾害的具体情况、调查结果等核心议题，为公众释疑解惑，把握话语主导权。第三，新闻发布要有连续性。特别是针对伴随次生灾害的突发公共事件，政府要对新情况、新行动进行持续公布，把握新闻发布的节奏，保障公众知情权。

此外，各级政府还要不断完善对话机制。第一，对话方式要注重平衡。政府表达要坚持真实性原则，不避重就轻、含糊其词，不纠缠边缘议题。与此同时，还要善于倾听，对公众舆情进行搜集、分析与研判，听取民意。第二，要利用多元对话平台，提高对话效率。政府除在新闻发布会上与媒体开展互动对话外，还要采取圈层化传播策略，充分利用政务新媒体，在微博、微信公众号、抖音、B站等社交平台上积极回应民众关切，实现不同圈层受众的多元共识。第三，在话语使用上，政府要摒弃官话、套话，保持真诚与感染力。突发自然灾害事件往往会触碰公众的敏感神经，此时的官方话语不仅要做到权威，更要发挥稳定人心、抚慰公众的作用，真诚的话语风格能够提高受众的接受程度，增强信息的感染力。

（二）价值层面：强化"共同体"意识，重建政府公信力

突发公共事件的新闻发布工作在价值层面要注重引导和重建两个维度。引导指唤醒大众的共同体意识与公共精神，共同应对突发公共事件。第一，要提振公众家国情怀。因此，政府在新闻发布工作中要加强公众对家国一体的认知，引导公众作出正确的价值判断与价值选择。第二，要强化公众的责任意识。政府在新闻发布中要明确公众应担负的责任，使公民能够正确地感知自身的责任，从而成为突发公共事件的治理参与者。第三，要提高公民政治认同。公民的政治认同离不开政府长期的自身建设与政治教育。要想充分调动公众在突发公共事件中的理解与治理参与，就要在日常生活中加强党的政治建设与政治教育，同时建立起常态化的沟通机制，避免政府在突发事件中丧失引导力。

重建是指重新塑造政府形象，提升政府公信力。第一，要注重内部制度反思，并向公众表明态度。在面对突发公共事件时，一些不可控的因素可能会导致政府的决策失误，从而引发公众不满。针对在预警、响应、救援等方面产生的决策失误，政府要积极进行反思，并追责相关负责人，主动回应公众质疑，必要时可在新闻发布会上致歉，平息舆论。第二，政府要善用媒体，提高议题的设置能力和把控舆论的能力，从而重塑政府形象。例如，政府可借力发布，为媒体提供与突发公共事件相关的议题，形成有关政府作为、典型政府人员的报道或人物通讯，塑造政府形象。第三，政府应注重及时发布突发公共事件中的利益补偿工作信息，理顺不同政府部门在重建工作中的权责关系，提高各主体间对接协作的效率，最大限度地修复公众利益损失，提高自身公信力。

（三）情感层面：加强共情传播，疏解负面情绪

突发公共事件的破坏性往往会带来公众情绪的撕裂，造成悲怆、消极的社会性情感氛围。在这种情况下，政府新闻发布工作不仅要提供信息，还应运用共情传播机制，形成助力社会治理的情感资源，疏解公众的负面情绪。在新闻发布工作中，政府要采用"正面宣传为主"的方针，发布积极鼓劲的正面信息。在表达内容上，发布主体可在政务新媒体平台发布突发公共事件中的感人事迹，尤其是对社会中的"小人物"进行报道，在宏大叙事中与公众建立身份联结，实现情感共鸣①。例如，"郑州发布"微博账号在郑州"7·20"特大暴雨事件中建立了"♯致敬郑州平民英雄♯"话题，鼓励大家分享暴雨中奋战在救灾一线的平凡人。该话题获得了542.2万次的阅读量，给公众带来了情感上的慰藉。在表达形式上，发布主体可以采用感染力强、接受度高的融媒体产品，充分运用图片、音乐、文字、动画等多种形式打造有温度、有情感的作品，在微博、微信公众号、B站、抖音等多平台传播。

在强调正向引导的同时，政府新闻发布工作还应注重疏解公众的负面情绪，尽快促进社会情感的常态化。一方面，政府新闻发布工作要为公众提供情绪释放点，避免刻意回避负面情绪而引发公众不满。对于公众在网络空间中释放的心理压力，要予以重视，并通过政务服务建立高效的情绪疏导机制。另一方面，政府可以通过构建集体记忆进行情感动员②，为消极情绪提供载体，并与公众实现情感共振。例如，在河南省政府新闻办召开的第十场"河南省防汛救灾"新

---

① 王晓昕：《"小人物""大写意"：共情视角下的融合新闻报道机制和舆论引导——以〈人民日报〉新冠疫情期间的报道为例》，《新闻传播》2022年第5期，第13—16页。
② 同上。

闻发布会上,河南省省长王凯提议全体起立,向因灾遇难的同胞和牺牲的同志默哀。默哀活动通过网络直播上传至各大媒体平台,对于形塑灾后社会集体记忆有重要作用。

案例一:张家口"11·28"重大爆燃事故新闻发布情况

发布主题:介绍张家口"11·28"重大爆燃事故情况

发布时间:2018年11月28日—2018年11月30日

一、发布主题分析

2018年11月28日0时41分,河北省张家口市桥东区大仓盖镇盛华化工有限公司附近发生一起爆炸事故,事故造成23人死亡、22人受伤。据调查,中国化工集团河北盛华化工有限公司(以下简称"盛华化工")氯乙烯气柜发生泄漏,泄漏的氯乙烯扩散到厂区外公路上,遇明火发生爆燃。该起事故人员伤亡重大,损失惨重,引起社会高度关注,再次暴露出化工和危险化学品安全生产的复杂性和严峻性。爆炸成因、实时伤亡、危化品爆炸有没有环境风险,包括政府做了哪些救援善后工作等,都是公众关注的焦点。

二、事故新闻发布情况分析

(一)新闻发布会现场

1. 发布稿分析

截至2018年12月10日,张家口市政府新闻办共召开3次新闻发布会,就人员伤亡情况、救援进展、安置情况给出了最新的官方数据,并及时披露了环境监测情况,为公众提供了与事故相关的最权威的信息。随着事件的发展,事故发生的原因、经过与责任追究、后期救援等都逐渐被媒体和公众知晓。总体而言,这3次新闻发布会的发布稿主旨明确、语言凝练简洁,及时公布了事故有关的核心

第三章
我国新闻发布制度建设的现实图景

数据和信息,发挥了政府机构在重大事故处理中的信息公开和沟通作用。

张家口市政府新闻办召开的每场新闻发布会,根据发布内容的侧重点选取了不同的新闻发言人,发布会的针对性较强,具有一定的权威性(见表3-6)。第一场新闻发布会的新闻发言人为张家口市常务副市长郭英;第二场新闻发布会由于发布信息较多,共有三位新闻发言人针对不同内容进行发布,他们分别为张家口市政府发言人、副秘书长张文浩,张家口市桥东区政府新闻发言人唐殿福,张家口市卫生和计划生育委员会副调研员秦占勇;第三场新闻发布会的新闻发言人由张家口市市长武卫东担任。

表3-6 三场新闻发布会发布稿环节的基本情况概览

场次	发布时间	发言人	发布稿要点
第一场	11月28日 21:40	张家口市常务副市长郭英	(1) 全体为事故遇难人员默哀 (2) 介绍事件情况(伤亡数据、疏散情况、救援情况、环境监测等) (3) 事故原因在调查中 (4) 介绍目前政府采取的主要措施 (5) 介绍下一步工作
第二场	11月29日 20:30	张家口市政府发言人、副秘书长张文浩	(1) 事故处置工作总体进展 (2) 介绍伤员救治、失联人员登记和遇难者身份核实等最新情况,死者DNA鉴定已完成7人
		张家口市桥东区政府新闻发言人唐殿福 张家口市卫生和计划生育委员会副调研员秦占勇	(3) 开展财产损失评估工作 (4) 开展安全隐患排查工作,严防次生灾害发生 (5) 涉事企业相关负责人已被管控 (6) 介绍下一步工作 (7) 介绍医疗救治情况

(续表)

场次	发布时间	发言人	发布稿要点
第三场	11月30日 14:00	张家口市市长武卫东	通报事故原因,初步调查结果

同时,本环节所有发言人都态度严肃、措辞严谨,发布内容均为有效的核心信息,并未过多提及"领导高度重视"等表功色彩浓重的官僚论述,而是首先披露事故关键信息,内容言简意赅。新闻发布稿的内容按照"介绍事故情况、政府采取措施、下一步工作开展"等基本逻辑线展开,条理清晰,逻辑性较强,让媒体和公众能够较为迅速地捕捉关键信息。同时,发布会中的每一次通报都未对事故的原因作过多回应,只是提到"事故原因正在调查核实中""尽快查明事故原因"等。

2. 答记者问环节分析

在重大突发事故的新闻发布会上,新闻发言人对已经收集到的事实数据,应及时发布;对不断确认中的事实数据,应做到动态发布;对未来才能确认的事实数据,应作预告性的发布;对于确定无法发布的事实数据,应发布歉意和承诺。虽然公众最想知道的是事故原因,但在未调查清楚的情况下,妄自作任何预判和解释只会让事件变得更为复杂。此时,政府部门应当主要展现诚意和姿态。在记者提问环节中,媒体提问也提及事故调查原因,在第一场新闻发布会上,新闻发言人回答"大量的调查工作正在进行中,确定后第一时间通知媒体朋友""调查在进行中,具体货物和为什么产生这么大影响,待结果出来及时向媒体通报"等。

综观几场新闻发布会的答记者问环节,发布主体仍有可进一步完善的空间(见表3-7、表3-8)。从发言人回答问题的内容和技巧来看，可以看出他们做了一定的准备。但是，在发布过程中，仍然存在部分口号式的回答，而且有些记者提出的问题较多，发言人回应的内容较少。

表3-7 第一场新闻发布会答记者问环节

提问媒体	问题	答记者问者
1. 新华社	围绕伤亡者和事故现场等问题进行提问 1. 关于伤亡者方面：(1)由于事故发生在夜间，伤亡者多为大货车司机，请问夜间这些司机在事故现场做什么？(2)目前受伤人员的受伤程度分为哪几类及具体人数？(3)遇难者和受伤者的家属的情绪现在是否稳定？是否有影响社会安定等情况的出现？ 2. 关于事故现场方面：目前事故现场的情况如何？包括附近的化工厂、爆炸波及范围及受损情况、目前清理情况等。	张家口市政府发言人、副秘书长张文浩
2. 中央广播电视总台	1. 通过刚刚的介绍，空气监测已经达到正常范围。在下午时，我们到达事故现场闻到空气中有刺鼻的焦味，周围百姓也是离家躲避，请问这些群众现在已经可以回来了吗？1000米之外村庄的百姓可以恢复正常的生产生活了吗？ 2. 目前已有不少媒体讨论和了解了事故爆炸原因，请问爆燃货车到底装的什么物品？有无初步调查结果？装载的化学物品为什么如此剧烈，能造成如此大的伤亡？	张家口市政府发言人、副秘书长张文浩
3. 河北省电视台	现场处置过程是否顺利？中间是否遇到了什么难题？难题又是什么？	张家口市政府发言人、副秘书长张文浩
4.《河北日报》	事故发生后，省市政府都采取了哪些应急措施？目前的救援和伤亡善后情况如何？	张家口市政府发言人、副秘书长张文浩

(续表)

提问媒体	问题	答记者问者
5.《张家口日报》	整个事件的原因是否已经调查清楚？	张家口市政府发言人、副秘书长张文浩

表3-8 第二场新闻发布会答记者问环节

提问媒体	问题	答记者问者
1.《中国日报》	患者目前的情况如何？目前的伤势情况如何？是否有好转或者进一步的恶化？治疗后大约需要多长时间出院？目前是否有初步的计划或者方案？其间有媒体报道，在北京的8名伤者中有6名出现生命体征不平稳的现象，目前他们的情况如何？这些伤者的个人信息或者是哪里人能否介绍一下？	张家口市卫生和计划生育委员会副调研员秦占勇
2. 长城新媒体	烧烫伤需要一个长期治疗和恢复的过程，请问这部分资金如何解决？在此次事故中致伤、致残、死亡人员是否有明确的抚恤方案？	张家口市桥东区政府新闻发言人唐殿福
3.《工人日报》	之前已经介绍对相关企业人员进行控制，请问相关企业能不能介绍一下？	张家口市政府发言人、副秘书长张文浩
4. 张家口广播电台	对于事故发生地周边村的村民有何安抚措施？	张家口市桥东区政府新闻发言人唐殿福

（注：第三次新闻发布会现场视频资料不完整，故无法对记者提问环节进行分析。）

（二）其他发布工作

事故发生后，政务新媒体同样发挥着重要的作用。事故消息首先由官方发布,官方微博、微信、政府网站主动发声,及时公布事态及其最新进展,避免出现信息真空地带,积极抢占舆论主阵地。此外,应急管理部也多次发声,及时主动引导舆论,通报事故进展。2018年11月28日8:19,中华人民共和国应急管理部在官方微博上发布信息,称应急管理部工作组已赶赴现场进行善后处理和事故调查。11月30日,应急管理部网站发布《国务院安委会办公室关于河北省张家口市"11·28"重大爆燃事故的通报》一文,通报事故情况,并对地方各级人民政府安全生产委员会及有关企业提出具体工作要求。12月2日,国务院安委办、应急管理部召开危险化学品安全生产专题视频会议,深入贯彻落实习近平总书记关于安全生产工作的重要指示,通报河北省张家口市"11·28"重大爆燃事故情况,分析危险化学品安全生产形势和存在的问题,就抓好危险化学品安全生产工作进行安排部署。12月5日,应急管理部在张家口市召开"11·28"重大爆燃事故现场警示会。

(三)新闻发布工作评估

1. 此次新闻发布和舆情应对工作的可取之处

此次重大事故的发生值得深思。从张家口市政府和有关部门的应对和处置工作来看,有不少可圈可点之处,本次事件的舆情处置和事件通报稿件也被网友称为"政务舆情回应的典范"和"2018年度事故通报范文"。部分媒体在报道时也称此次新闻发布内容"公开、透明、及时、条理清晰、简明扼要,通篇没有废话"。

(1)及时主动发声,抢占舆论主阵地

由于事件本身的突发性,公众缺乏对事件的了解。为抢占舆论主动权,政府部门就必须在第一时间发声,采取"先讲事实,慎报原因"的方式,表明立场和态度,以客观公正的态度设置传播议程,坦诚对待公众,回应社会关切和质疑。在事故发生后,当地政府能够积极抢占信息传播的制高点，及时发声，官方微博首先持续跟进，同时公布了更详细的事故信息、现场进展。其次，政府官方微博、微信公众号、政府官方网站有梯度地进行了信息公布，使得信息发布更全面、更到位。通过官方媒体进行发布，权威信息得以大量被传播，避免了谣言的滋生，维护了理智的舆论环境。而且，在事故发生后，相关部门主动与新华社等主流媒体取得联系，第一时间提供信息，借助主流媒体渠道及时公布事故权威信息，回应社会关切，保障群众的知情权。在事故发生的24小时内，张家口市政府新闻办召开了新闻发布会，在通报中交代了事故当前的情况、已经做了的工作和下一步的工作安排，通报说明条理清晰、简明扼要，获得了群众的认可。

（2）掌握发布技巧，态度较为真诚

在信息公开和事故通报上，新闻发布工作应当避免官样表达，避免回应姿态过高，避免引起媒体和公众的反感，避免引发次生舆情。在此次事故发生后，当地政府较为注重信息发布的技巧，善于利用新闻发布平台，采用了"方向统一，平台有别"的新闻发布策略。在官方微博、微信上及时地向社会发布了事故的最新信息，引导事件的舆情走向，回应了社会关切，避免了信息真空带的出现，进而遏制了谣言的滋生。在政府部门的官方网站上，重点发布了"领导指挥、慰问"、"大排查、大整治"等信息。依据不同平台的属性发布不同的信息内容，能够取得较好的信息发布效果。在新闻发布稿中，相关人员首先披露了事故的关键信息，条理清晰，逻辑性较强。在现场答记者问环节，相关人员对于目前已知的情况能够较好地进行解答，对于尚未明确之事，表态谨慎，并表示详细情况确定仍将第一时间告知媒体，态度较为诚恳，表达较为恳切。

（3）回应较有温度，体现了人文关怀

突发事件往往伴随着重大伤亡和财产损失，后果令人痛心，会给当事人和社会公众带来强烈的负面情绪。此时,有温度的回应能够体现人文关怀,在一定程度上减轻突发事件给人们带来的恐慌与难过。有温度的回应指发言人在与公众对话和交流时注重情感表达,消除隔阂,建立信任。此次事故的新闻发布工作在一定程度上体现了人文关怀。例如,在第一次新闻发布会现场进行全体默哀;11月30日于官方微信公众号发布最新进展后,还有"感谢那些在事故搜救、抢救和处置时拼尽全力的人们,感谢那些默默奉献和默默祝福的人们,祈盼伤者早日康复"的话语;在12月4日,官方微信公众号发布消息"沉痛悼念",公布23名遇难者名单时信息界面置灰等细节体现了新闻发布工作者应有的温度,而并非只有冷冰冰的文字信息。

2. 新闻发布和舆情应对工作的提升空间

我们也应该看到,在此次事故的信息发布过程中,仍然存在一定的提升空间。

(1)事故定性表述要统一,必要时可作说明

突发事件根据可能造成的危害程度、波及范围、影响力大小、人员及财产损失等情况,由高到低可划分为特重大、重大、较大、一般四个等级。发布主体在2018年11月28日5:32进行信息发布时,称本次事故为"爆炸事故",当日8:29在官方通报中又称其为"爆炸起火事故",在11月28日新闻发布会通报中又改称为"爆燃事故"。此后的两场新闻发布会仍将事故称为"爆燃事故",但在11月30日国务院安委办公室发布的通报中被称为"重大爆燃事故"。在媒体报道中,有的采用了"爆燃""燃爆"等表述。事故的定性在一定程度上体现了处置主体的研判能力,本次事故发生后,在定性的表述上几经变化,但在信息发布过程中并未对此变化作出解释或说明。

(2)姿态应更为开放,听取不同的言论

在新闻发布会中,新闻发言人对有些问题的回答并不是直接作

出正面回答,比如,关于环境监测的数据并没有及时更新发布,也没有正面回应媒体提出的关于气味问题;又如,对"凌晨的爆炸为什么造成如此多伤亡?"的问题也没有进行回应等。在事故发生后,微信评论通道采取关闭的方式,而微博上被质疑有网络水军发声。这些举措都不利于信息传播的有效性和舆论引导功能的发挥,相关部门应当以开放的执政理念听取不同声音,真正地掌握舆情走向。

(3) 与媒体展开有效沟通,避免错误信息传播

在新闻发布工作中,当地政府主动与新华社取得联系,当时新华社采访了消防等部门,但在实际新闻的刊发过程中,却出现了新华社撤稿的罕见现象。这说明当时刊发的稿件可能存在信息的判断失误,尚未明确准确的信息便急于向媒体和公众刊发。含有事实性错误的报道一经刊发,很容易造成谣言的滋生,引发次生舆情,导致媒体和当地政府的公信力受损。

三、境内主流媒体报道和网络舆情分析

(一)境内主流媒体报道分析

在张家口"11·28"爆燃事故的报道中,境内媒体根据爆燃事故的发展,报道角度和关注重点也随之变化,随着事故原因的调查和媒体的报道推进,新闻报道和评论更加多样化,国内主流媒体纷纷转载事故信息。

报道主要集中在以下四个主题。

1. 事故相关的事实性信息

本次重大爆燃事故发生后,张家口市政府官方微博"张家口发布"率先发布事故信息,随后国内各大媒体开始转载,介入事件的报道,纷纷将此事放在头版或者网页头条上报道,主要集中在事故本身,对爆炸发生的时间、地点和伤亡、爆燃规模情况进行了初步的报道。接下来,媒体不断更新最新的信息,包括最终的伤亡人数、事故

发生的确切地点、受伤人员的救治、相关领导的批示和救援部署,早期阶段主要是提供事实性的信息,满足受众对事故事实信息的需求。表3-9是部分主流媒体在事故发生当日的报道情况。

表3-9 事实性信息部分报道

媒体名称	时间	标题
界面新闻	11月28日	河北张家口化工厂附近爆炸致22死,化工厂:爆炸和我们无关
新华社	11月28日	河北省张家口市发生一起爆炸事故 已造成22死22伤
《新京报》	11月28日	张家口一化工厂附近爆炸致22死2千米外听到巨响
凤凰资讯	11月28日	最新!张家口爆炸事故已致22死22伤
封面新闻	11月28日	张家口爆炸亲历司机:爆炸声响了四五次,光着身子跑500米成功逃命
《人民日报》	11月28日	河北张家口一化工厂附近发生爆炸已致22死22伤
央视网	11月28日	突发!河北张家口化工厂附近爆炸致22死22伤现场50辆车被烧毁
澎湃新闻	11月28日	河北张家口一化工公司附近发生爆炸事故,致6死5伤
澎湃新闻	11月28日	张家口爆炸事发点附近村民:村里已通知尽快转移
中新社	11月28日	河北张家口一化工公司附近发生爆炸 已致6死5伤

这部分报道主要集中在更新报道事故造成的伤亡和损失等方面。例如,在"张家口发布"发布信息数小时后,央视新闻不断更新伤亡人数及造成的损失情况。《新京报》迅速将爆燃事故发生的场景还原,了解了附近居民对事故的感知等情况。封面新闻发表了《张家口爆炸亲历司机:爆炸声响了四五次,光着身子跑500米成功逃命》的

报道,采访了事故受害方,再一次还原了事故发生时的状况。澎湃新闻网刊发报道《张家口爆炸事发点附近村民:村里已通知尽快转移》,介绍了事故发生后周边村民接到撤离通知的信息。

多家媒体还集中关注了新闻发布会的相关内容。关于三次新闻发布会,界面新闻、新京报官方微博等许多媒体对新闻发布会现场进行了直播,让公众第一时间了解新闻发布会的具体内容。此外,多家主流媒体就新闻发布会的具体内容向公众进行了报道。例如,在第一次新闻发布会召开时,凤凰网刊发报道《张家口爆燃事故新闻发布会:空气处优良水平　村民生活正常》,围绕公布的环境监测问题着重进行报道。12月1日,中国新闻网就第三次新闻发布会的内容进行了报道,刊发《张家口爆燃事故23名遇难者身份全部确认》的消息。

2. 对事故发生原因进行追问与反思

对于突发事故,民众急需了解事故发生的原因、事态发展、应对措施和后果。媒体能否及时报道事故发生的原因事关社会舆论导向,媒体报道不及时或者报道中模糊不清的信息会导致很多"误会"和谣言产生。对爆燃事故发生的原因、事故的处理等信息在媒体的报道中不断被补充,这种追问体现了媒体舆论监督的作用和使命。

11月28日,新华社发表新华时评《必须坚守安全生产红线》,从人、企业、地方生产安全监管部门等方面入手分析,强调"企业完成全年生产任务的过程可以有张有弛,但坚守安全生产的红线意识却要时刻紧绷……年末更需要从业员工严格遵守安全生产程序,强化安全生产意识,时刻将个人安全、企业发展和社会保障置于工作重点;更需要地方政府和监管部门加强监督执法力度,切实担负起责任主体的义务。唯有如此,才能真正将风险降至最低,让人民群众过好每一个团圆之年"。11月30日,界面新闻刊发的《导致张家口爆炸事故的氯乙烯是何物,泄漏为何未被发现?》问责事故发生原因。12月9

日,中央广播电视总台记者独家采访应急管理部危险化学品安全监督管理司司长孙广宇,刊发《张家口爆燃如何发生?应急管理部:储存容器6年未检修》,报道了关于事故发生的更多细节(见表3-10)。

表3-10 追问事故原因并进行反思的部分报道

媒体名称	时间	标题
新华社	11月28日	必须坚守安全生产红线
《新京报》	11月28日	张家口爆炸致23死:别再用生命试探海恩法则①
光明网	11月29日	惋惜之余更需彻查
界面新闻	11月30日	导致张家口爆炸事故的氯乙烯是何物,泄漏为何未被发现?
中央广播电视总台	12月9日	张家口爆燃如何发生?应急管理部:储存容器6年未检修

3. 对事故现场和遇难者进行特写

事故发生后,除了实时更新事故伤亡、救援情况之外,媒体还将报道的视角放在事故现场的细节还原、遇难者群体特征等细节之处,让受众对事故有更清楚的了解和判断,使报道更加真实客观(见表3-11)。例如,界面新闻拍摄了事故现场图片,报道《直击张家口爆炸事故:现场附近的路面被烧焦》还原了事故发生后的现场情况,具有真实性强、视觉冲击大的特点。封面新闻的报道《张家口爆炸亲历司机:爆炸声响了四五次,光着身子跑500米成功逃命》,反映了事故的突发性、爆炸发生后司机的反应。《新京报》的调查报道《张家口爆燃23人死亡事故背后:被爆炸掀翻的货运人生》,从多个角度反映

---

① 海恩法则认为,每一起严重事故的背后,必然有29次轻微事故和300起未遂先兆及1000个事故隐患。

了受害者群体的特征:他们主要是拉煤的货运司机,都是家里的"顶梁柱",有人是从内蒙古拉煤到张家口赚钱谋生,以及事故给其他货运司机产生的负面影响等。该报道说明了事故受害者的群体特征、生活状态,对受害者家庭造成的影响,引起了公众的共鸣和同情。还有部分媒体从事故发生后司机的反应和逃亡等细节处报道,反映了事故的突发性、严重性和灾难性。

表 3-11 有关事故现场和遇难者特写的部分报道

媒体名称	时间	标题
凤凰新闻	11月28日	张家口市爆炸事故细节:2千米外听到巨响 一排货车被烧成空壳
界面新闻	11月28日	直击张家口爆炸事故:现场附近的路面被烧焦
封面新闻	11月28日	张家口爆炸亲历司机:爆炸声响了四五次,光着身子跑500米成功逃命
央广新闻	11月28日	张家口爆炸事故已致22人死亡 伤者主要是货车司机
环球网	11月28日	张家口爆炸失联者家属:不敢通知孩子来做DNA比对
《北京青年报》	11月29日	张家口爆炸事故:死者多是大货司机,当时正在车中睡觉
《经济日报》	11月29日	张家口爆炸事故目击者:冲击波似的,天都变白了
澎湃新闻	11月29日	张家口燃爆事故24小时:父子一起开货车,儿子逃生父亲遇难
界面新闻	11月29日	张家口爆炸事故幸存者:火海逃生
《新京报》	12月5日	张家口爆燃23人死亡事故背后:被爆炸掀翻的货运人生

4. 呼吁对危化品加强监管,问责相关责任人

随着调查的不断深入,一些媒体刊发评论和调查报道,呼吁对危化行业加强监管,从这次事故中吸取教训(见表3-12)。例如,11月29日,《光明日报》发表评论,质疑一些企业可能存在违法违规的行为,提出"为何这些车辆和附近工厂对于安监部门的要求会置之不理",相关部门为何后来"就放松不管了",其中的原因和可能的责任疏忽值得深挖。该报道强调,事故一次次重复发生,若总是由相同的责任导火线引燃,那么需要整改和反思的可能就不止一城一地,相关部门和行业负责人应当有所警醒。该报道同时强调,要对事故进行彻查,反思和追责应该是舆论的本能反应。12月6日,《中国新闻周刊》发表了关于张家口爆炸事故的调查报道《张家口爆炸调查:疏于监管,"定时炸弹"存在已久》,还原了事故的整个过程。文中透露,事故发生后,负有责任的企业盛华化工推诿扯皮,否认事故与本企业有关,使事故起因陷入"罗生门"。后来的调查发现,事故的责任方确实为盛华化工。此后,国务院安委会在约谈事故责任方中化集团时也指出,中国化工集团河北盛华化工有限公司"11·28"重大爆燃事故(造成23人死亡)是近年来中央企业发生在化工生产企业的伤亡最严重的事故,影响恶劣,与中央企业形象严重不符。事故发生前的违规行为和事故发生后的推诿显然是有损企业形象的。本次事故的报道对危险化学品企业加强监管的呼吁,并对一些企业重视效益而轻视安全的问题提出质疑,发挥了舆论监督的作用。

表3-12 有关呼吁对危化品加强监管、问责相关责任人的部分报道

媒体名称	时间	标题
《光明日报》	11月29日	张家口爆炸起火事故,该惊醒"梦中人"了!
光明网	11月29日	惋惜之余更需彻查
新华社	11月30日	应急管理部挂牌督办张家口爆燃事故:严肃追究相关人员责任

(续表)

媒体名称	时间	标题
财新网	11月29日	张家口爆炸起火事故起因陷罗生门 事发地为"三不管"地带
《财新周刊》	12月3日	显影|黑色午夜
《中国新闻周刊》	12月6日	张家口爆炸调查：疏于监管，"定时炸弹"存在已久
央视网	12月7日	张家口爆燃事故影响恶劣 安委会国资委约谈中国化工

（二）网络舆情分析

1. 网络舆情指数分析

从图3-8可以看出，11月28日重大爆燃事故发生后，网民的搜索频率迅速升高，几小时后达到顶峰的19 610条，然后搜索数量逐渐下降，但在12月9—15日仍然保持在1 000条以上，最后保持相对比较低的搜索值。

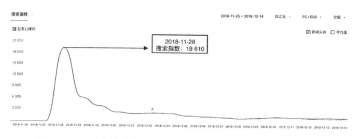

图3-8 百度搜索指数平台关于张家口爆燃事故的数据

从清博大数据的舆情走势来看（见图3-9），与图3-8相同，网络舆情在11月28日达到峰值10 263条。其中，微博是网民了解事故新闻的第一大窗口，也是反映舆情的第一窗口。网页、客户端、微信也是受众获取事故信息的重要平台。事件发生后，显示负面情感

/ 第三章 /
我国新闻发布制度建设的现实图景

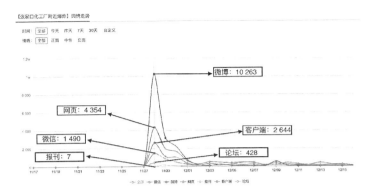

图3-9　张家口重大爆燃事故发生后清博大数据平台的舆情监测情况

的内容居多,且负面情感趋势在11月28日达到最大值,也反映了公众对事故的悲伤情绪和同情(见图3-10)。

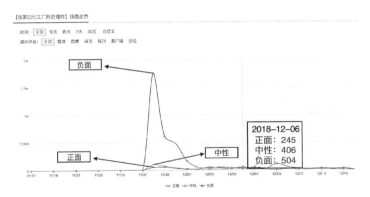

图3-10　清博大数据平台上关于"张家口重大爆燃事故"的情感走势

2. 社交网络舆情分析

从微博、微信上活跃的传播者来看,主要是张家口本地的一些微信公众号和微博用户,积极地发布、转载与事故相关的信息。这些信息主要是民众拍摄的短视频、转载的媒体报道,进行二次传播。他们表达哀思,呼吁对安全的重视。社交网络上呈现的舆情依据事故的发展与时间的推移发生了不同的变化,具体有以下三类。第一类,为遇难者祈福。灾难性事故发生后,评论多是祈祷相关人员平安,愿逝者安息。第二类,要求严查事故原因,追究责任方等。随着时间的推移,网友对爆燃事故的问责范围不断拓展、质询力度不断加大。这类舆情占据网络舆情的主要部分,涉及领域包括危险品存储与物流的相关规定、涉事公司的背景与信息披露、环境评估报告的有效性、责任方是否在欺瞒行为、对是否存在空气污染的质疑等。第三类,为新闻发布点赞。事故发生后,当地政府能够及时发声、主动发声,回应民众关切,正面引导舆论,得到了网友的好评。

(二)境外媒体报道和舆情分析

张家口重大爆燃事故也引发境外媒体的关注。美国《纽约时报》《华盛顿邮报》,英国的路透社、BBC、《独立报》,德国的《世界报》,新加坡的《联合早报》,日本的《朝日新闻》、NHK,澳大利亚的ABC,以及社交媒体Twitter等均对此事件进行了报道。总体而言,《纽约时报》《华盛顿邮报》、BBC等英美媒体对事故的报道分析比较详细,关注的方面涵盖对爆炸原因的追问、中国经济发展存在的隐患等,并暗示了中国政府在面对危机事件时缺乏应急机制、舆论管控能力不足等问题;东亚、东南亚等媒体的深度报道较少,以消息报道为主。值得关注的一点是,境外媒体在提及张家口时,很多都会标注该城市是2022年冬奥会的举办城市。综合国外主要媒体的报道,它们对此次事故的论调主要有以下两个特点。

1. 重消息报道而轻事故分析

消息性报道占据此次外媒报道内容的主要比重,主要围绕伤亡人数、涉事企业的报道。例如,英国的《独立报》、BBC、路透社,日本的《朝日新闻》,德国的《世界报》,美国的美国之声、《纽约时报》、《华盛顿邮报》,马来西亚的网站,印度的《经济时报》等媒体根据国内新华社、人民网等官方媒体和社交平台上的视频、图片资料及原因出处进行了报道,通常采用的标题为"奥运之城的中国工厂外发生化学爆炸致死23人"(Blast kills 23 outside China factory in Olympic city),突出强调了此次燃爆事故中的伤亡人数、涉事企业盛华公司及其历史,以及将作为2022年冬奥会的主办城市张家口。

2. 断章取义且偏见色彩较浓

公共安全事件很容易发散境外媒体的政治偏见,对此次事件的报道也不例外。境外媒体多围绕中国经济发展虽快但问题颇多、政府监管缺失等问题展开,但对政府采取的有力措施避而不谈。除形象化的视觉展示之外,冲击性的语言也是境外媒体报道时的重点。《每日镜报》《世界报》、BBC等媒体认为,虽然中国近年来的经济发展十分迅速,但在工业安全、道路交通安全、煤矿开采安全等方面事故频发,并由此延伸到环境保护、工人和居民权利等议题。《每日镜报》认为,虽然中国政府一再呼吁提高企业的安全意识和行业标准,但当地的环保人士认为他们一直都对政府监督表示担心,尤其是一些危险元素生产过程的不透明。《世界报》、路透社报道,在过去的十年内,从化学事故爆炸到矿井事故等工业灾难在中国一直不断发生。《经济时报》认为,道路、工业事故在中国是最为常见的事故类型。综上,在事故安全方面,除了认真分析境外媒体的正确警示以外,还要提高警惕意识,防止有些相关问题被"有心人士"歪曲,甚至还可能引发来自国内外的更多质疑和猜测。因此,在面对突发事件时,政府需要在国际舆论场提升话语权,让国外媒体真实、客观、公正地了解事件的原委。

案例二:全国新一轮南京禄口国际机场源发疫情新闻发布工作评估

发布主题:介绍全国新一轮南京禄口国际机场源发疫情情况

发布时间:2021年7月20日—2021年8月6日

一、事件介绍

自2020年新冠肺炎疫情发生以来,党和政府通过及时有效的新闻发布工作,充分发挥了舆论引导职能,以思想共识凝聚行动力量,及时发声、准确发声,在澄清谬误、凝聚共识等方面不断提升舆论引导力和舆论掌控力,达到了预期的传播效果。2021年7月20日,南京对外公布禄口国际机场工作人员定期核酸检测发现9份样品呈阳性后,全国十多个省份地市陆续出现疫情,成为继武汉疫情之后波及国内范围最广、感染人数较多的疫情。新型德尔塔毒株传播性更强、疫情扩散传播极其迅速、疫苗是否对其有效、防控手段如何改变等新问题的出现,使此次疫情成为疫情常态化防控以来,全国较大范围内的又一轮实战测试。此轮新冠肺炎疫情波及的省市在启动疫情防控工作的同时,也启动了新闻发布与舆论引导工作,新闻发布战线与疫情防控战斗同步打响。为全面评估各地新冠肺炎疫情防控新闻发布与舆论引导工作的成效,复旦大学国际公共关系研究中心成立了以孟建为组长,裴增雨、邢祥为副组长的专项课题组。课题组对2021年7月20日南京正式对外发布疫情时所涉及的省级行政主体和地(市)级行政主体新闻发布平台上的新冠肺炎防控情况系列发布工作(主要包括新闻发布会、官方微博账号、官方微信公众号)进行了专项研究。

二、样本选择与总体分布[①]

根据2021年8月6日7:00公布的最新疫情风险等级提醒数据显示,共有17个省级行政区辖区内出现中、高风险地区或国家卫健委认定的需要重点关注地区;共有34个地市级行政区辖区内出现中、高风险

[①] 本章部分内容刊发在孟建、裴增雨、邢祥:《我国新闻发布制度建设中的传播学思考》,《传媒观察》2021年第10期,第22—28页,为国家社科基金重大项目"网络与数字时代增强中华文化全球影响力的实现途径研究"(编号:18ZDA311)的阶段性成果。

地区或国家卫健委认定的需要重点关注地区(见表3-13、表3-14)。

表3-13 存在疫情中高风险地区或需要重点关注地区的省级行政主体

高风险地区	江苏省、云南省、湖南省、河南省
中风险地区	上海市、四川省、辽宁省、福建省、湖北省、山东省、北京市、海南省
重点关注地区	广东省、安徽省、重庆市、宁夏回族自治区、内蒙古自治区

表3-14 存在疫情中高风险地区或需要重点关注地区的地市级行政主体

高风险地区	南京市、扬州市、张家界市、德宏州、郑州市
中风险地区	绵阳市、厦门市、海口市、商丘市、驻马店市、黄冈市、荆门市、荆州市、武汉市、长沙市、湘潭市、湘西州、益阳市、株洲市、淮安市、宿迁市、大连市、沈阳市、烟台市、成都市、泸州市、宜宾市
重点关注地区	马鞍山市、珠海市、开封市、常德市、无锡市、呼伦贝尔市

三、新一轮新冠肺炎疫情新闻发布传播情况分析

尽管此轮新冠肺炎疫情传播扩散非常快,涉及地域较多,但相较于2020年,疫情议题已成为一个常态话题,各地政府通过新闻发布等方式,进行了有效的议题设置和舆论引导,未出现大范围的社会性恐慌。这也体现出经过一年多的新冠肺炎疫情防控历练,经过持续不断的新闻发布和舆论引导,公众对疫情防控的信心已经产生质的提升。

1. 多层级主体同步联动,保障信息传播密度

新冠肺炎疫情发生后,各相关省市县在启动疫情防控工作的同时,都能同步启动信息公开与新闻发布工作,及时地将疫情防控的信息和要求向社会发布。与2020年新冠肺炎疫情新闻发布相比,从省市县不同层级划分来看,此轮疫情相关新闻的发布会主体主要集中在地市政府层面,在新闻发布的数量和密集程度方面,明显多于省级

政府和县级政府。进一步深入分析后发现,从疫情风险等级来看,除北京、上海、重庆等直辖市外,存在高风险地区的省市召开新闻发布会的频率较高,存在中风险地区的省市召开发布会的频率相对低一些,存在需要重点关注地区的省市则较少召开新闻发布会。值得关注的是,2021年7月31日,湖北省黄冈市红安县召开新闻发布会;8月2日,湖北省荆州市沙门区召开新闻发布会。地市级政府成为新闻发布的中流砥柱,进一步扩大了新闻发布工作与社会、市民的接触与联系,提升了新闻发布工作的关注度、黏合度。

具体而言,2021年7月20日—8月6日,全国共召开新闻发布会87场。其中,存在高风险地区的省市召开39场(省级3场、地市级36场),存在中风险地区的省市召开41场(省级15场、市级26场),存在需要重点关注地区的省市召开7场(省级5场、市级2场)。

其中,北京、上海、重庆三个直辖市召开多次相关新闻发布会,分别为7次、2次和5次。在各省份中,湖北省在省级平台的发布次数达到5次,其他省份均为1次。存在高风险地区的省份中,云南省没有在省级平台召开新闻发布会;存在中风险地区的省份中,辽宁省、四川省没有在省级平台召开新闻发布会(见图3-11)。

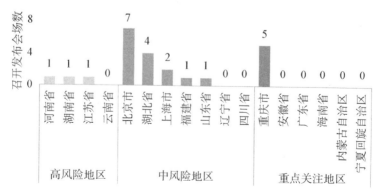

图3-11 省级行政主体在本轮疫情中的发布情况(截至2021年8月6日)

存在高风险地区的地市中,张家界市发布场数最少,为1场,其余城市均在5场以上。存在中风险地区的城市中,海口市发布场数最多,为5场;武汉市、烟台市发布场数为4场;其他城市均在1—3场;另有12个城市没有举行新闻发布会。存在重点关注地区的城市中,呼伦贝尔市、珠海市举行了新闻发布会(见图3-12)。

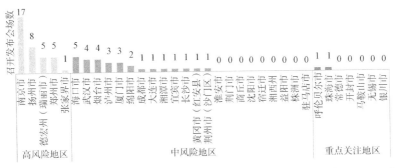

图3-12 地市级行政主体在本轮疫情中的发布情况(截至2021年8月6日)

为进一步判断新闻发布工作的及时性和主动性,课题组将各省、市行政区的发布会召开时间与各地方官方公布的首例病例确认时间相比,发现整体较为及时。例如,北京市首例阳性病例确认于2021年7月28日,首次发布会时间为次日(7月29日);重庆首例阳性病例确认于7月30日,但重庆市政府在前一天(7月29日)居民初筛出现阳性病例时,即召开发布会对外公布情况,并于次日复检确认后,公布为正式病例,再次召开新闻发布会说明情况。在35个发生疫情的地市级行政主体中,有19个城市召开了专题新闻发布会,说明疫情有关情况。江苏省南京市、扬州市,河南省郑州市均在首例病例确认的次日召开新闻发布会。在中风险地区及需要重点关注地区的所在地市中,辽宁省大连市,四川省成都市、泸州市,湖北省武汉市、黄冈市,福建省厦门市,海南省海口市,广东省珠海市,均在病例确认当天召开新闻发布会。四川省绵阳市、宜宾市和内蒙古自治区呼伦贝尔市,均在疫情发布次日召开了新闻发布会。另有湖南省长沙市、湘潭市,湖北省荆州市,山东省烟台市,也召开了新闻发布会。

2. 融合发布成为新常态,传播矩阵业已形成

2020年的新冠肺炎疫情新闻发布会突破了传统的线下发布方式,不断尝试新方式,如"云发布会"等,做到了线上与线下的有机结合。各省市在此轮本土新冠肺炎疫情防控工作中,继续做到线下新闻发布会与线上政务发布融合发布,形成新闻发布的传播矩阵。无论是发现确诊病例还是疑似病例的城市,都能够快速地通过新闻发布会或政务新媒体发布的方式,发布相关信息,回应关切,引导舆论。具体而言,各地在发挥线下新闻发布会权威渠道的同时,能够灵活运用微博、微信等政务新媒体方式,快速发布信息,取得了良好的舆论引导效果。不仅如此,一些地方还根据疫情防控的变化,特别是媒体和公众的关切,组织相关领导和专家接受媒体记者专访,举行座谈会、组织答疑等,为深入解读疫情、营造良好的舆论氛围创造了条件。在新闻发布的数量、频率方面,此轮疫情发布与疫情的严重程度密切相关,随疫情发展而变化。虽然不同省市召开发布会的情况不尽相同,但大体呈现出高风险地区所在省市、中风险地区所在省市、需要重点关注地区所在省市的阶梯式数量变化。

以官方微信公众号为例(见图3-13—图3-15),在高风险地区所在的省级行政区,"云南发布"保持了低密度但持续的疫情相关信息发布频率。而7月20日南京新冠肺炎疫情暴发后,"江苏发布"迅速启动了高密度的线上信息发布。7月28日,湖南部分区域成为高风险地区,7月31日,河南部分区域成为高风险地区,"中国·湖南""河南发布"的疫情信息内容也迅速增加。

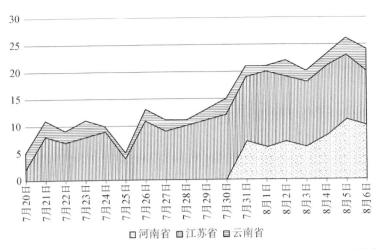

图 3-13 "高风险地区"所在省区通过官方微信公众号发布疫情相关信息条目数

随着疫情蔓延,国内多个省市出现中风险地区。"辽宁发布""北京发布""湖北发布""山东发布"等连续发布疫情防控相关信息。2021年8月3日起,"上海发布"也对疫情信息进行了高频发布。

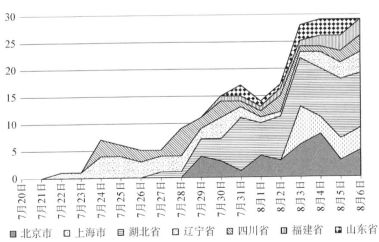

图 3-14 中风险地区所在省区通过官方微信公众号发布疫情相关信息条目数

在重点关注地区所在的省区,官方持续通过线上渠道对外发布疫情相关信息。其中,"海南发布"发布的疫情信息相对较多。

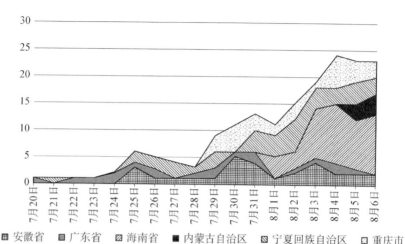

图3-15 "重点关注地区"所在省区通过官方微信公众号发布疫情相关信息条目数

3. 聚焦疫情防控需要,主动设置传播议题

在开展突发事件和社会热点的舆论引导工作时,经过2020年全国范围内的"抗疫"实战与历练,各省市、地方在疫情新闻发布与舆论引导方面积淀了一定经验,能够紧紧地围绕疫情防控需要,主动设置议题,发布相关信息,为疫情防控营造良好的舆论环境。课题组在分析数据时发现,2020年上半年的新冠肺炎疫情新闻发布主要聚焦三大议题,即社会管理与防控、医疗卫生与科普、经济社会与民生。而本轮2021年疫情发布议题主要集中在社会管理防控方面,新闻发布信息内容依然聚焦确诊病例数量、溯源情况、疫情具体措施、相关防控要求等常规议题。从各城市新闻发布的热词来看,与2020年上半年没有明显变化,主要聚焦于疫情、感染、新增、确诊、核酸等关键词。差异主要体现在防疫物资和保障方面,口罩、生活、物价等民生类的

内容相对较少。这也从另一个侧面说明,新冠肺炎疫情常态化后,防疫物资和民生保障工作也已经成为常态。

从政务微博和微信发布的内容来看(见图3-16),本轮疫情的信息发布与2020年年初呈现出较多的差异,具体体现在三个方面:一是各地政务发布更聚焦于本地舆情,本轮最先出现疫情的南京市在各地信息发布的出现频率,明显比2020年年初的武汉市要低;二是民生类内容的比例在信息发布中大幅降低,"口罩"等早期疫情发布的高频词几乎不再被提及,物价、民生类内容也有明显减少;三是科普性内容的比例较2020年有所降低。新冠肺炎疫情传播早期,科普类内容迅速成为各地官方发布的重要内容,但在本轮疫情中,科普性内容主要集中在对德尔塔毒株的解读、对疫苗的功效介绍等方面,其他方面涉及较少,这与公众对新冠肺炎疫情的认知变得比去年更加清晰有关。

图3-16 本轮新冠肺炎疫情中线上政务发布中的热词

4. 合理选择传播主体及方式,传者身份满足公众预期

相较于2020年的新冠肺炎疫情新闻发布工作,本轮疫情新闻发布均采取搭台发布的方式,全部设主持人,邀请党政主要负责人、疫情防控相关职能部门和单位的分管领导、相关专家出席,并根据疫情防控的走势与需求,合理搭配组合,共同发布信息,回应大众关切。

具体而言,在省级新闻发布平台上(见表 3-15),各地方平均上台人数均为 4—6 人。其中,发布人数最多的是重庆市政府第 86 场新冠肺炎疫情防控工作发布会(2021 年 8 月 1 日),上台人数达到 7 人,回答了现场媒体的 7 个问题。

表 3-15　省级行政区政府召开新闻发布会的发布搭台情况

	发布主体	平均上台人数(人)	发布场次(次)
高风险地区	江苏省政府	6	1
	河南省政府	5	1
	湖南省政府	4	1
	云南省政府	—	—
中风险地区	山东省政府	6	1
	福建省政府	5	1
	上海市政府	4.5	2
	北京市政府	4.3	7
	湖北省政府	4	4
	辽宁省政府	—	—
	四川省政府	—	—
重点关注地区	重庆市政府	4.8	5
	安徽省政府	—	—
	广东省政府	—	—
	海南省政府	—	—
	内蒙古自治区政府	—	—
	宁夏回族自治区政府	—	—

在地市级发布平台上(见表 3-16),各地方平均上台人数为 2—

第三章
我国新闻发布制度建设的现实图景

6人。其中,平均发布人数最多的是海口市,5场发布会平均登台达到6.2人。其次是南京市,17场发布会平均登台达到5.6人。发布人数最少的是大连市、呼伦贝尔市、瑞丽市、宜宾市在本轮疫情中的新闻发布会,平均上台人数均为2人。

表3-16 地市级行政区政府召开新闻发布会的发布搭台情况

	发布主体	平均上台人数(人)	发布场次(次)
高风险地区	南京市政府	5.6	17
	张家界市政府	5	1
	扬州市政府	4.8	8
	郑州市政府	4.6	5
	瑞丽市政府	2	5
中风险地区	海口市政府	6.2	5
	武汉市政府	5.7	4
	烟台市政府	4.3	4
	厦门市政府	4	3
	成都市政府	4	1
	泸州市政府	3	3
	绵阳市政府	3	2
	长沙市政府	3	1
	湘潭市政府	3	1
	大连市政府	2	1
	宜宾市政府	2	1
重点关注地区	珠海市政府	4	1
	呼伦贝尔市政府	2	1

需要提及的是,在此轮新冠肺炎疫情相关的新闻发布中,医疗、

疾控等相关领域的领导和专家学者广泛参与,成为常态。各个层级的专业领导与专家学者组成矩阵,国家级知名专家通过国务院新闻办新闻发布会、国务院联防联控机制新闻发布会和省级新闻发布会,针对热点和敏感议题的回应常常能发挥一锤定音的效果。在地方层面的专家则为本地的疫情防控工作出谋划策,很好地引导了地方舆论。当然,相较2020年新冠肺炎疫情的新闻发布会,与全国疫情防控中很多省市党委和政府主要领导纷纷走上发布前台参与新闻发布不同,此轮新闻发布中,党政主要领导、一把手出席的数量和频率有所降低。除个别城市有本地党政主要领导出席外,基本以卫健部门和相关职能部门为主。

具体而言,在各省级行政区的新闻发布会上,医疗卫生专业发言人的登台比例也有所不同(见表3-17、图3-17)。占比最高的是湖南省,除主持人外,3名登台的发言人均为卫生部门的领导或专家。

表3-17 省级行政主体的新闻发言人来源分布

	发布主体	本级政府新闻发言人	下级政府新闻发言人	职能部门/单位新闻发言人	基层新闻发言人
高风险地区	江苏省政府	0%	0%	100%	0%
	湖南省政府	0%	0%	100%	0%
	河南省政府	0%	25%	75%	0%
中风险地区	北京市政府	4%	43%	48%	4%
	上海市政府	0%	14%	86%	0%
	湖北省政府	8%	42%	50%	0%
	福建省政府	0%	0%	100%	0%
	山东省政府	0%	0%	100%	0%
重点关注地区	重庆市政府	0%	42%	42%	16%

第三章
我国新闻发布制度建设的现实图景

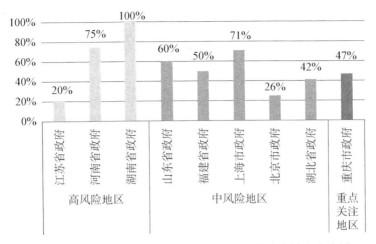

图 3-17 卫生部门领导/专家在省级政府发布会中的发言比例

占比最低的是江苏省,除主持人外,5 名发言人中除 1 人为卫建委副主任外,没有医疗卫生方面的领导、专家登台。

在地市级发布平台层面(见表 3-18、图 3-18),卫生部门和专业职能部门仍然是发言人主体,本级政府负责同志的占比明显增多。其中,厦门、长沙、海口、扬州、绵阳、张家界 6 个城市的副市长均出席了新闻发布会。

表 3-18 地市级行政主体的新闻发言人来源分布

	发布主体	本级政府新闻发言人	下级政府新闻发言人	职能部门/单位新闻发言人	基层新闻发言人
高风险地区	南京市政府	1%	20%	71%	8%
	张家界市政府	25%	0%	75%	0%
	扬州市政府	7%	10%	73%	10%
	郑州市政府	28%	6%	67%	0%

> 131 <

(续表)

发布主体		本级政府新闻发言人	下级政府新闻发言人	职能部门/单位新闻发言人	基层新闻发言人
中风险地区	成都市政府	0%	0%	100%	0%
	武汉市政府	0%	14%	86%	0%
	海口市政府	15%	23%	62%	0%
	烟台市政府	8%	23%	69%	0%
	长沙市政府	33%	0%	67%	0%
	厦门市政府	33%	22%	44%	0%
	大连市政府	0%	0%	100%	0%
	绵阳市政府	50%	0%	50%	0%
	湘潭市政府	0%	0%	100%	0%
	泸州市政府	0%	0%	100%	0%
	宜宾市政府	0%	0%	100%	0%
重点关注地区	珠海市政府	0%	33%	67%	0%
	呼伦贝尔政府	0%	0%	100%	0%

由于地市级行政区的新闻发布会数量较多，医疗卫生部门领导、专家出席比重相对有所降低。特别是在高风险地区所在地市，医疗卫生背景的新闻发言人比重相对低于中风险地区及需要重点关注地区所在的地市。

5. 传受互动回应关切，释疑解惑凝聚共识

面对面发布、现场交流互动是新闻发布会的核心优势，将发布方与新闻媒体置于同一时空，就相关议题和信息展开交流互动，不仅有助于媒体快速掌握相关信息，也有利于发布方回应媒体和社会关切，

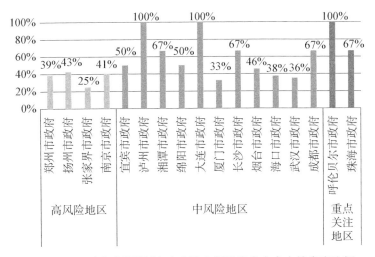

图3-18 卫生部门领导/专家在地市级政府发布会中的发言比例

释疑解惑。在本轮新冠肺炎疫情中,高风险地区所在省市的新闻发布会的开放问题多为3—5个。其中,开放问题最多的是2021年8月3日江苏省疫情防控新闻发布会,有8个开放问题。开放问题最少的是7月31日扬州市疫情防控新闻发布会,只有2个开放问题。

在媒体答问方面,一般认为,全国性媒体提问的比例越高,说明新闻关注度越高。市场化媒体提问的比例越高,说明发布会的开放性越高,以及本地市民的重视程度越高。在高风险地区所在省市的疫情防控发布会上(见表3-19),全国性媒体的提问大部分达到50%以上,说明了国内对本轮疫情的关注度维持在一个比较高的水平。具体而言,扬州市政府平台举行的新闻发布会上,市场化媒体提问比例最高,说明扬州疫情受本地民众的关注更为迫切,也说明扬州系列新闻发布会的开放程度较高。

表3-19 高风险地区所在的省市两级政府召开新闻发布会的媒体提问情况

发布主体	发布场数(场)	平均每场开放提问数(个)	媒体情况			市场化媒体
			全国媒体	本地媒体	外地媒体	
河南省政府	1	4	50%	50%	0%	0%
郑州市政府	5	3.4	59%	35%	6%	24%
江苏省政府	1	8	57%	43%	0%	12%
南京市政府	17	4.1	38%	62%	0%	30%
扬州市政府	8	3.4	59%	41%	0%	41%
湖南省政府	1	未设置问答环节或未对外公布				
张家界市政府	1					

在中风险地区所在省市中(见表3-20),武汉市发布会的全国媒体关注度最高。除武汉市外,上海市的新闻发布会最受全国媒体关注,且议程设计的开放性最好,2场发布会上55%的问题都由市场化媒体提出。厦门市、海口市的疫情发布也较受全国媒体的关注。

表3-20 中风险地区所在的省市两级政府召开新闻发布会的媒体提问情况

发布主体	发布场数(场)	平均每场开放提问数(个)	媒体情况			市场化媒体
			全国媒体	本地媒体	外地媒体	
北京市政府	7	未设置问答环节或未对外公布				
上海市政府	2	5.5	64%	36%	0%	55%
福建省政府	1	8	25%	75%	0%	25%
厦门市政府	3	3.5	60%	40%	0%	20%
山东省政府	1	5	25%	75%	0%	20%
烟台市政府	4	3.5	29%	71%	0%	43%

(续表)

发布主体	发布场数(场)	平均每场开放提问数(个)	媒体情况 全国媒体	媒体情况 本地媒体	媒体情况 外地媒体	市场化媒体
海口市政府	5	4.2	40%	55%	5%	5%
湖北省政府	4	2	13%	88%	0%	25%
武汉市政府	4	2.3	83%	17%	0%	0%
长沙市政府	1					
湘潭市政府	1	未设置问答环节或未对外公布				
大连市政府	1					
成都市政府	1					
绵阳市政府	2	未设置问答环节或未对外公布				
宜宾市政府	1					
泸州市政府	3	2.7	未公布具体媒体名称			

本轮新冠肺炎疫情的重点关注地区所在省市召开新闻发布会的场次较少,且有多场发布会未设答问环节或未将现场答问情况对外公布(见表3-21)。

表3-21 重点关注地区所在的省市两级政府召开新闻发布会的媒体提问情况

发布主体	发布场数(场)	平均每场开放提问数(个)	媒体情况 全国媒体	媒体情况 本地媒体	媒体情况 外地媒体	市场化媒体
重庆市政府	5	5	39%	61%	0%	6%
珠海市政府	1	未设置问答环节或未对外公布				
呼伦贝尔市政府	1					

第三节 新闻发布工作现存问题透视

我国的新闻发布制度建设经历了"从无到有,从有到优"的过程,至今已经取得了较大的突破。但是,纵观多年的新闻发布实践探索,仍然有很大的提升空间,值得我国的新闻发布工作者深思。

一、顶层设计较完善,但基层落地不甚匹配

我国的新闻发布工作已经形成"横向到边,纵向到底"的新闻发布格局,尤其是在国家级新闻发布平台的工作机制和能力建设方面已经较为成熟,在国家级发布平台的合力、国家级发布议题的合作、国家级发布活动的合办等方面取得了一定的成绩。但是,相较于成熟的三个层次的新闻发布主体,基层新闻发布工作仍然比较薄弱。目前,我国基层政府新闻发布活动存在政策信息发布效果不佳、舆情引导能力有待提升、新闻发布内容和形式单一、新闻发布队伍业务能力不足等问题,这都影响和制约了我国基层新闻发布工作的长效发展。习近平总书记指出,"基层工作是一切工作的落脚点","推进国家治理体系和治理能力现代化的基础性工作也在基层"[1]。加强顶层设计与基层落地相结合,有助于开启多级对话模式,有助于向基层民众传达和执行顶层决议,增进党、政府与民众之间的沟通,凝聚社会共识,缓解政治信任随政府层级的降低而逐层流失的现象。

---

[1] 青连斌:《习近平总书记创新社会治理的新理念新思想》,2017年8月17日,人民网,http://theory.people.com.cn/n1/2017/0817/c83859-29476974.html,最后浏览日期:2022年10月10日。

二、重视发布意义，而忽视发布效果

当前无论是在日常的新闻发布（信息公开、政策阐释），还是在突发的新闻发布（突发事件应对）中都存在一些问题，尤其是面对一些复杂、尖锐的情况时，我们的新闻发布往往只停留在"重视""正视"等各种"发布意义"的层面上，很少进行深层跟进。虽然完成了新闻发布层面的工作，尽了新闻发布工作者的职责，但与新闻发布工作的深层推进要求还有很大的距离。如何针对发布问题，有效推动整改，是我们新时代新闻发布工作者要充分关注的问题。新闻发布的实际效果是检验新闻发布的重要标准，我们不能只停留在"为了发布而发布"的阶段，而是应当不忘初心，追求发布效果，明确发布目的，厘清发布内涵。新闻发布工作是服务于改革发展的大方向，发布是为了对话，对话是为了沟通民意，让民意为国家治理提供决策。因此，我国的新闻发布工作要加强效果评估，注重政府新闻发布的舆论关注度和回应民意关切的重合率，凝聚社会共识。

三、日常发布内容较为单一，应急发布能力不足

我国的新闻发布工作主要分为常规议题的新闻发布和突发公共事件的新闻发布两类。就常规新闻发布而言，新闻发布的内容相对单一，工作性新闻发布较多，有不少发布会仅仅是关于某项政策的发布，或开成了工作总结会，信息太简短，发布以结论为主，且未能提供更多有深度的新闻信息。媒体在对此类信息进行解读时容易枯燥生硬，导致传播效果不好，公众获得的信息量不足。而对于突发公共事件的新闻发布工作而言，其回应问题的能力不如信息发布的能力，应

急发布的能力不如日常发布的能力。在突发公共事件的信息发布中,发布主体往往由于准备不充分、应急能力有待提高等原因,面对舆论关切的一些核心问题反应不够灵敏,未能做到及时满足公众对权威信息的渴求,或者对于一些大众关注的焦点问题迟迟给不出正面解答,从而导致次生舆情。

四、相关法律法规不完善,协调机制不够健全

作为党领导人民治理国家的基本方略,依法治国为法治国家建设所面临的问题提供了制度化解决方案。在新闻发布工作中,坚持依法发布是依法治国、依法行政在政府信息发布工作中的具体表现,这就要求我国的新闻发布工作既要依法发布,又要有强有力的法律保障。尽管近年来我国陆续出台和实施了一系列意见、规范和文件,但"实质上仅是一种需要依靠政府机构工作人员自觉遵守的制度"①,而且颁布机构多为国务院,而非全国人大,约束力略显不足。此外,随着新闻发布的工作推进,各层次、各部门新闻发布的主体意识日见其强,新闻发布的守土有责日见其烈,这些都为我国新闻发布工作的发展奠定了一定的基础。不过,有些新闻发布事项(如牵涉面大、涉及面广的事项)和有些突发事件的新闻发布工作(多部门的关联),本身就需要协调各方参与发布,这就要求相关部门(如国家层面上的国新办和其他层面的各部门)进行强有力的协调和联动。同时,在我国的新闻发布工作实践中,各部门之间存在互相推诿、扯皮的现象,显示出部门之间的协调机制不够健全。

---

① 侯迎忠:《新媒体时代政府新闻发布制度创新与路径选择》,《暨南学报》(哲学社会科学版)2017年第4期,第118—126、132。

/ 第四章 /

我国新闻发布制度建设的社会职能

改革开放四十多年来,我国的社会生产力得到快速发展、综合国力得到增强,国际地位显著提高。党的十九大报告作出"中国特色社会主义进入新时代"的重大论断,蕴含着以习近平同志为核心的党中央理论创新、制度创新、实践创新方面取得了重大成就。2017年12月,习近平总书记在驻外使节工作会议上发表讲话,作出"放眼世界,我们面对的是百年未有之大变局"的重大战略判断[①]。"百年未有之大变局"的提出,为我们认识和把握世界发展大趋势提供了科学的思想指引和行动指南。作为新闻舆论工作的重要组成部分,我国新闻发布工作的目的是宣介政府主张,增强政府、媒体、社会之间的对话,服务改革发展的中心大局,服务新时代的社会治理工作,引导社会舆论,凝聚社会共识,增强公众的政治信任感。经过多年的探索和实践,新闻发布制度建设已经成为推进民主政治进程、增加政治透明度的重要举措,成为我国加快政治发展道路和政治体制改革、完善国家和社会治理的先行战略,为改革开放和社会主义现代化建设提供了强有力的支撑,并不断形成新体会、新方法、新经验。

---

① 《习近平谈治国理政》(第三卷),外文出版社2020年版,第421页。

第一节　新闻发布制度建设的社会空间[①]

当今世界正处于百年未有之大变局,文明冲突、大国博弈、科技创新、经济转型……我国新闻发布制度建设蕴含着丰富的时代气息,受到国际环境、社会环境和媒介环境等多重因素的影响。本节将我国的新闻发布制度建设置于社会发展的背景和空间中,根据政治系统论来探究全球化、转型期和媒介化三重语境中我国新闻发布工作建设的社会空间,以便对新闻发布制度建设的职能有更为全面、清晰的认知。

一、全球化:资本主义空间生产带来的冲击

在马克思和恩格斯看来,资本主义生产方式为了缓解自身危机,必须在世界范围内不断地更新或开拓市场,即进行全球范围的空间生产。他们在《共产党宣言》中称,全球范围的资本主义空间生产将造成世界性的空间从属,这种空间从属主要有三种表现形式:其一,未开化与半开化型的国家从属于文明型国家;其二,以农民为主的民族从属于以资产阶级为主的民族;其三,东方从属于西方[②]。二战以后,随着资本主义的全球化扩张,逐渐塑造出一个受资本逻辑主导的不平衡体系。近年来,随着中国的和平崛起,世界格局发生变化,但这种不平衡体系至今仍然存在,对中国的政治、经济、文化等方面都

[①] 本节部分内容刊发在孟建、邢祥:《中国特色新闻发布理论体系的全面构建》,《新闻与写作》2019年第3期,第32—37页。
[②] 付高生:《社会空间问题研究》,新华出版社2018年版,第160页。

造成了一定的冲击。虽然我国在对外传播的过程中取得了一定的成就,中国领导人的执政风范和中国社会发展所取得的成绩得到了国际社会的极大认同,但"西强我弱"的国际舆论格局并未发生根本改变,"中国威胁论"等噪音、杂音依然存在。我国的国际形象很大程度上都是"他塑"而非"自塑",在国际话语权的争夺中仍处于较为弱势地位,我国对外传播整体水平与世界第二大经济体的地位还不相称,传播规模、话语体系、渠道范围、沟通方法的构建还有很大的提升空间[①]。

1. "中国威胁论"论调不减

"中国威胁论"是西方世界观察中国的惯用视角。在冷战以后,美国成为世界唯一超级大国,中国则成为继苏联后世界上最大的社会主义国家。在国际舆论环境中,对中国发展持乐观态度者则认为"社会主义在中国",而以美国为首的北约国家则宣扬"中国威胁论"。

20世纪90年代以来,国际舆论场先后产生四次"中国威胁论"浪潮,并形成五种代表性论点,分别是"中国军事威胁论""中国经济威胁论""中国政治与意识形态威胁论""文明威胁论""粮食与人口威胁论"[②]。进入21世纪之后,中国经济快速发展,西方发达国家担心中国的崛起会撼动其霸主地位,致使"中国威胁论"沉渣泛起,并不断"升级和变种"。它们通过"巧实力"外交、"新干涉主义"维系世界霸权,继续从政治、军事、经济等方面牵制和削弱中国的发展,鼓吹"中国威胁论",主要包括"中国软实力威胁论""中国民

[①]《杨振武:把握对外传播的时代新要求——深入学习贯彻习近平同志对人民日报海外版创刊30周年重要指示精神》,2015年7月1日,人民网,http://theory.people.com.cn/2015/0701/c40531-27234272.html,最后浏览日期:2022年10月10日。

[②] 苏珊珊:《冷战后"中国威胁论"的历史演变》,《社会主义研究》2019年第2期,第140—147页。

族主义威胁论""'一带一路'威胁论""中美战略冲突论""中国网络威胁论"等①。例如,美国智库每年发布数十份关于中国军力发展的报告,炒作多种多样的"中国军事威胁论",包括太空、潜艇、网络和信息安全威胁等,被引用最多的概念是"中国反介入及区域拒止(Anti-Access/Area Denial)威胁"②;发布中国以海外援助的名义在非洲大量屯田,实为采集国外资源,推行"农业帝国主义"和"农业新殖民主义"的不实信息③,打击中国在非洲的影响力;以美国为主导的亚太贸易倡议《跨太平洋伙伴关系协定》(TPP)刻意将中国排除在外,以期抗衡中国在太平洋地区的经济实力④等。2014 年,关于"中国威胁论"的国际舆论达到一个新高峰,其间的"国际研讨多涉及中国,强烈暗示在亚洲发生冲突的可能性,甚至有学者撰文直接将今日中国的经济强盛和民粹上升状况,类比 20 世纪初的德国,认为十分相似,有文章直言不讳地讨论'亚洲的梦游者'问题"⑤。可见,中国的崛起给美国的霸权带来了强烈的危机感⑥。2015 年来,美国国内出现了反思中国崛起和美国对华政策的大辩论⑦。2017 年 12 月 18 日,美国白宫网站发表美国国家安全战略全文,文件称中国和俄罗斯想要构

---

① 苏珊珊:《冷战后"中国威胁论"的历史演变》,《社会主义研究》2019 年第 2 期,第 140—147 页。
② 傅莹:《我的对面是你:新闻发布会背后的故事》,中信出版集团 2018 年版,第 48 页。
③ 《外交部:中国绝没有在非洲搞新殖民主义和海外屯田》,2011 年 12 月 8 日,中国日报网,http://www.chinadaily.com.cn/hqzx/2011-12/08/content-14234750.htm,最后浏览日期:2022 年 10 月 10 日。
④ 胡逸山《环球时报:美国主导 TPP 已有心无力》,2014 年 4 月 30 日,人民网,http://opinion.people.com.cn/n/2014/0430/c1003-24959790.html,最后浏览日期:2022 年 10 月 10 日。
⑤ 傅莹:《我的对面是你:新闻发布会背后的故事》,中信出版集团 2018 年版,第 50 页。
⑥ 张永红:《美国新一轮所谓"中国威胁论":特点、根源与应对》,《人民论坛·学术前沿》2022 年第 3 期,第 84—91 页。
⑦ 同上。

建一个"有悖于美国价值观和利益的世界",并把中俄列为最大的安全威胁,掀起了新一轮的"中国威胁论"。因此,这些国家普遍主张采取强硬的对华政策,通过"逆全球化"等政治议题,以"新冷战"的视角看待中国的科技崛起,以贸易战的方式试图遏制中国发展。特别是在新冠肺炎疫情期间,美国政客污名化中国,将中国塑造成危机"根源"。尽管拜登上台后释放了改善中美关系的信号,但并没有放弃渲染"中国威胁论"。2021年2月,拜登在美国国务院发表就任后的首场外交政策演说时,"中国与美国竞争的野心日益膨胀""中国是最严峻的竞争对手""美国将与中国正面交锋"[1]等;2021年6月,他又在《华盛顿邮报》上发表文章《乔·拜登:我的欧洲之行是代表美国集结全球民主国家》,数次提及涉华负面言论[2]。

"中国威胁论"是在"美国安全系统中心论""国强必霸论"等的基础上,运用武断对比、主观推测、诋毁对方等手法塑造出来的,是一套话语元素聚合或话语体系创造的结果,尽管缺乏客观实际的支撑,但其舆论攻势却使我们的外部环境更加严峻[3]。这种"中国威胁论"的论调既影响了国际舆论界对中国的正确认知,也容易激发中国民众对西方国家的不满。

2. 目前国际舆论格局"西强我弱"的现象依然存在

随着移动互联网时代的到来,西方媒体在网络上不断对世界舆

---

[1] 刘程辉:《拜登首场外交政策演说,这么说中国》,2021年2月5日,观察者网百家号,https://baijiahao.baidu.com/s?id=1690822835178781677&wfr=spider&for=pc,最后浏览日期:2022年10月10日。
[2] 《拜登登报发表"中国威胁论",外交部驳斥》,2021年6月7日,人民资讯百家号,https://baijiahao.baidu.com/s?id=1701916177008232038&wfr=spider&for=pc,最后浏览日期:2022年10月10日。
[3] 张永红:《美国新一轮所谓"中国威胁论":特点、根源与应对》,《人民论坛·学术前沿》2022年第3期,第8491页。

论格局进行重构,传播观念、传播手段也在不断升级换代。它们期望通过不受国家主权约束的信息流动而直接与他国网民对话,以影响其价值观念和行为方式。近年来,我国对外传播的规模、渠道、技术、影响都取得了跨越式进步,但传播理念、话语体系、传播技巧、技术手段等与大国地位和国际水准、现实需要和时代要求相比,仍存在一定程度的滞后和不适①。

2013年8月19日,习近平在全国宣传思想工作会议上指出,当前"国际舆论格局是西强我弱,西方主要媒体左右着世界舆论,我们往往有理说不出,或者说了传不开。这个问题要下大力气加以解决"②。人民日报社原社长杨振武也指出,"有理说不出""说了传不开""传开叫不响"的问题依然存在,突出表现在找不准站位、对不准频道、发不准声调、讲不好故事,"金话筒"在某种程度上成了摆设③。这种"错位"致使"西强我弱"的舆论格局未变。例如,2018年春节联欢晚会上的小品节目《同喜同乐》立意积极,试图展现中国对非洲的援建和非洲人民的感激之情,但其中由中国人扮演的非洲大妈装扮上的不妥,以及由在华非洲人扮演猴子等细节,被《纽约时报》、《新闻周刊》、BBC等西方媒体炒作成"种族歧视"④。因此,在国际传播中,要改变这种"西强我弱"的局面,我们不仅要提高自身讲好中国故事的能力,也要增强主动对外发声的意识。要不断加强话语体系建设,

---

① 李锐科:《对外传播需要人格化表达》,2018年2月9日,人民网,http://theory.people.com.cn/n1/2018/0209/c409499-29816179.html,最后浏览日期:2022年10月10日。
② 中共中央文献研究室:《习近平关于社会主义文化建设论述摘编》,中央文献出版社2017年版,第197页。
③ 杨振武:把握对外传播的时代新要求——深入学习贯彻习近平同志对人民日报海外版创刊30周年重要指示精神》,2015年7月1日,人民网,http://theory.people.com.cn/n1/2015/0701/c40531-27234272.html,最后浏览日期:2022年10月10日。
④ 王鹏:《中国提升国际话语权的挑战和应对》,《对外传播》2019年第4期,第38—40页。

创新对外传播方式,让世界知道中国人民为人类文明进步作出了什么贡献,正在作出什么贡献,还要作出什么贡献,把中国的声音传播出去,让正确的观点深入人心。

3. 西方价值观念的渗透

全球化的深刻发展改变了整个世界格局,不仅体现在经济方面,还体现在文化的交流和影响等方面。在这一过程中,美国等西方国家借助传媒、投资、商品等"软实力"推行文化殖民主义,将其宗教信仰、消费观念、生活方式、价值取向等撒播到其他国家,借以消灭其他民族国家的文化自主性,同化其他民族国家文化[①]。当前意识形态领域的斗争是复杂而尖锐的,以美国为首的西方发达国家加紧对我国进行文化输出和思想意识形态渗透。国际反华势力长期对华实施"和平演变",打着"自由、民主、人权"等旗号,以各种形式大肆鼓吹和渗透西方价值观念,利用新自由主义、历史虚无主义、"普世价值",鼓吹"宪政民主",神话"公民社会",鼓吹西方新闻自由等几大错误社会思潮,大肆诋毁和攻击中国共产党的领导,抹黑和抨击中国特色社会主义制度等,试图诱导我国党员干部、知识分子及青年一代对西方政治体制、意识形态的认同,同时加强西方"代理人"队伍的培养,妄图推动我国改革走上改旗易帜的邪路。尤其是近年来,鼓吹西方"新闻自由"已经成为境内外敌对势力同党和人民争夺话语权的重要手段。它们以"超脱政治姿态"的境外媒体为战略内应,以移动互联网媒体为主要渗透渠道,以批判我国新闻业发展现状为切入点,向我国媒体从业人员、高校传媒业师生和广大受众宣传西方"新闻自由"理念。每当我国出现社会问题或社会事件的时候,这些舆论声音以有组织的方式充斥在舆论场中,具有一定的蛊惑性和隐蔽性,无形之中增加

---

① 江涌:《经济依附与文化殖民》,《红旗文稿》2012年第18期,第19—21页。

了主流舆论博弈获胜的难度。境内外敌对势力利用"这场没有硝烟的战争",企图从意识形态和社会思想领域动摇我们的思想根基,就是为了冲击我国的主流意识形态的传播模式和教育模式,推翻党的领导和颠覆社会主义制度。对此,我们一定要有清醒的认知,并坚决反对敌对势力的渗透。

4. 中国日益走近世界舞台中央

中国发展的成功道路打破了西方发展模式主导世界的格局,丰富了世界现代化发展道路的多样性,并在全球发展陷入低迷的时刻向世界凸显了中国方案与中国经验的重要性。我们不仅要向世界全面、客观、准确、生动地反映中国在各方面的成就,在思想观念、思维方式、精神状态等方面的变化,让国外受众认识和把握一个向前向好的中国,也要在面向全球的客观报道中传递中国价值,用世界眼光来衡量、审视中国,不讳言发展中的矛盾和问题,让国外受众了解和理解一个复杂多元的中国,推动中国更好地走向世界、融入世界。

习近平总书记在十九大报告中指出,"这个新时代,是我国日益走近世界舞台中央、不断为人类作出更大贡献的时代"[①]。经过新中国 70 余年的奋起直追,改革开放 40 余年的跨越发展,中国作为全球第二大经济体,已经从国际边缘日益走近世界舞台中央,在全球政治、经济、文化、安全等领域中占据不可或缺的位置。在与世界深度融合、相互激荡的过程中,如何向世界展现真实、立体、全面的中国,是我国新闻发布工作面临的重要问题。中国与世界的需要互相增加,"当今世界是开放的世界,当今中国是开放的中国。中国和世界的关系正在发生历史性变化,中国需要更好了解世界,世界需要更好

---

① 习近平:《决胜全面建成小康社会 夺取新时代中国特色社会主义伟大胜利——在中国共产党第十九次全国代表大会上的报告》,人民出版社 2017 年版,第 11 页。

了解中国"①。我们必须要明确的是，日益走近世界舞台的中央，就是日益走近全球符号市场的中央，就是日益走近文化软实力和价值观竞争的中央，也就把中国特色社会主义推向了全球意识形态领域的最前沿阵地。一些西方国家认为中国的崛起和发展是对西方国家的社会制度和价值观的挑战，是对既定国际秩序的挑战。因此，我国在对外传播过程中输出什么样的价值观、如何输出价值观等方面都面临着一些风险与挑战。党的十八大以来，以习近平同志为核心的党中央高度重视对外传播工作，作出了一系列重要的工作部署和理论阐述。习近平同志多次强调，要加强国际传播能力建设，精心构建对外话语体系，增强对外话语的创造力、感召力、公信力，讲好中国故事，传播好中国声音，阐释好中国特色，有助于增强国际社会对中国崛起的认同，从而为中华民族的伟大复兴创造更为稳定、友好、合作的国际环境。

自我国提出"中国梦""一带一路""人类命运共同体"等一系列全球治理的新思路和新理念以来，尤其是"命运共同体"理念的提出，开启了我国追求"互联互通、合作共赢"的"共同体外交"的大国外交战略。这就要求中国宣介好自己的主张，在国际社会交往体系中展现一个道路自信、理论自信、制度自信、文化自信的社会主义当代中国。如果说过去我们更多的是"多做少说""只做不说"的韬光养晦，那么今天，走向世界舞台中心的中国有责任也有条件向世界宣介自己的主张、弘扬自己的价值、讲好自己的故事，以获得更多理解和支持②。习近平总

---

① 《习近平致中国国际电视台(中国环球电视网)开播的贺信》，2016年12月31日，央视网，http://news.cctv.com/2016/12/31/ARTIid8rq9KkiBhYVoKw6RDX161231.shtml，最后浏览日期：2022年10月10日。

② 李锐科：《对外传播需要人格化表达》，2018年2月9日，人民网，http://theory.people.com.cn/nl/2018/0209/c409499-29816179.html，最后浏览日期：2022年10月10日。

书记深刻地指出,要打造融通中外的话语体系。但是,开展对外传播,不是我们关起门来说了算的。由于社会制度、文化背景和意识形态的不同,国内外话语体系存在一定差异,国内受众熟悉的话语并不一定适用于国外受众。融通中外,一方面是指我们的新概念、新范畴、新表述要符合中国国情,有鲜明的中国特色;另一方面要使其对接国外习惯的话语体系、表达方式,让国际社会更易于理解和接受[1]。

二、转型期:中国进入改革深水区

自辛亥革命后,中国开始不断寻求社会转型与社会发展。所谓社会转型,是指社会从传统型向现代型的转变,或者说由传统型社会向现代型社会转型的过程[2]。新中国成立后,自20世纪70年代末开始的社会转型使原有的社会结构松动起来,给中国的发展带来了活力,创造了具有中国特色的经济奇迹。"从传统社会向现代型社会转变就意味着传统性的消解和现代性的生成,其重要特征在于强调社会发展经过量的积累达到一定程度时,突破原有的社会模式而发生全方位的革命性转变。在此期间,传统性与现代性的消长、矛盾冲突,甚至激烈斗争就成为转型社会的重要特征,不仅对社会个体的精神、心理、道德观、价值观、生活方式等产生巨大冲突,也会带来社会运行的失衡、失当和失控现象,各种社会矛盾与问题也因此凸显。"[3]同时,在有关国家的社会转型过程中,"个体开始从国家和集体

---

[1]《杨振武:把握对外传播的时代新要求——深入学习贯彻习近平同志对人民日报海外版创刊30周年重要指示精神》,2015年7月1日,人民网,http://theory.people.com.cn/2015/0701/c40531-27234272.html,最后浏览日期:2022年10月10日。

[2] 张涛甫:《表达与引导》,漓江出版社2012年版,第3页。

[3] 吴利平:《中国转型期的公民政治参与》,贵州人民出版社2006年版,第1页。

的庇护关系中解脱出来,确立了权界意识。与此同时,社会分化和社会流动在加快,使得社会结构日趋复杂化、多元化,许多潜在的社会冲突由此被不断激发出来,成为影响社会稳定的一个重要因素,也成为社会政策变革的动因,从而在某种程度上推动了当代中国社会从总体性社会向个体化社会的结构变迁"①。因此,在一个阶段中,个体化社会成为社会转型的新态势。然而,由于社会风险与个体化社会崛起的互构共生,社会阶层在流动过程中被重新洗牌,利益格局复杂多变,势必使得社会事件进入频发期。

目前,中国改革"已进入深水区,可以说,容易的、皆大欢喜的改革已经完成了,好吃的肉都吃掉了,剩下的都是难啃的硬骨头……改革再难也要向前推进"②。这就要求党和政府在工作时要不忘初心、牢记使命,稳步推进全面深化改革,加快民主法治建设,加强思想文化阵地建设,改善人民生活水平,深刻领会新时代中国特色社会主义思想的精神实质和丰富内涵,在各项工作中全面准确地贯彻落实。

1. 政治生态逐渐开放,民主法治不断进步

学者阿尔蒙德和维伯曾提出三种主要的政治文化类型。其中,在参与者政治文化中,"公民对政治体系作为整体以及体系的输入方面和输出方面都有强烈而明确的认知、情感和价值取向,并对自己作为体系成员的权利、能力、责任及政治行为的效能具有积极地认识和较高的评价"③。在社会转型过程中,"政府主导型"社会逐渐向"政府

---

① 文军:《个体化社会的来临与包容性社会政策的建构》,《社会科学》2012 年第 1 期,第 81—86 页。
② 郭俊奎:《习近平说"改革该啃硬骨头了",如何啃?》,2014 年 2 月 12 日,人民网,http://cpc.people.com.cn/pinglun/n/2014/0212/c241220-24335444.html,最后浏览日期:2022 年 10 月 10 日。
③ 梁新生:《浅析儒家思想对我国当代政治参与的影响》,《黑龙江史志》2014 年第 9 期,第 328—330 页。

主导-公众参与型"社会转变,政府的职能由过去的"以阶级斗争为纲"转变为"以经济建设为中心",坚持"以民为本""以人为本",使公众的政治认知和政治参与意识得到提升,以形成较为宽松和逐渐开放的政治生态。

随着政治转型,我国民主法治建设也逐渐步入正轨。我国古代虽然也有法律条文的制定,但更强调"君权神授",以"人治"为主,将等级制度作为核心,是一种伦理道德化的社会。正如邓小平所言:"旧中国留给我们的,封建专制传统比较多,民主法制传统很少。解放以后,我们也没有自觉地、系统地建立保障人民民主权利的各项制度,法制很不完备,也很不受重视。"①从伦理道德化社会向民主法治型社会转变,是社会文明的重要内容和基本标志之一。改革开放之后,我国的民主法治建设逐步完善,中国从立法、司法、执法等制度建设方面推进民主法制建设,政治协商、人民代表大会制度等民主制度不断完善,公民的法治意识和政治参与意识也日渐成熟。党的十七大报告指出,"要健全民主制度,丰富民主形式,拓宽民主渠道,依法实行选举推举、民主决策、民主管理、民主监督,保障人民的知情权、参与介入权、表达权、监督权"②。这为公众参与政治、表达意见提供了政治保障和法理依据。

2. 经济转型步入新常态,构建"双循环"新发展格局

健康、持续、稳定的经济发展是社会稳定的基石。历史唯物主义认为,生产力是一切社会发展和社会变革的决定性力量,是生产关系和上层建筑赖以建立的基础。正如马克思所言,"物质生活的生产方

---

① 《邓小平文选》(第二卷),人民出版社 1994 年版,第 332 页。
② 《健全民主制度、丰富民主形式、拓宽民主渠道保证人民当家作主》,2007 年 12 月 18 日,新华网,http://news.xinhuanet.com/newscenter/2007-12/18/content_7271287.htm,最后浏览日期:2022 年 10 月 10 日。

式制约着整个社会生活、政治生活和精神生活的过程"①。作为社会转型的题中之义,经济转型势必会影响新闻发布议题的生成与表达。因此,党和政府的新闻发布工作必须对经济改革的变化与发展有所反映,不断适应经济发展的新变化、新趋势与新常态。

新中国成立后,中国的经济体制是计划经济体制,这既是对苏联经济发展模式的直接模仿,也是中国经济发展过程中的现实选择(见图4-1)。

图4-1 传统计划经济体制形成的理论与实践因素②

新中国成立后,我国面临着资源匮乏等现实困境和经济发展短缺的矛盾,为了促进经济发展,在当时社会发展的实际语境下,形成了以重工业为优先发展目标的经济发展战略,以低利率、低汇率、低工资和低物价为主要特征的宏观政策环境,以计划分配资源、重要部门的国有制和人民公社体制为主要内容的经济管理体制③的传统计划经济模式。计划经济模式在一定程度上促进了中国经济的发展,

---

① 《马克思恩格斯选集》(第二卷),人民出版社1995年版,第32页。
② 陈甫军:《中国为什么在50年代选择了计划经济体制》,《中国经济史研究》2004年第3期,第48—55页。
③ 林毅夫、蔡昉、李周:《论中国经济改革的渐进式道路》,《经济研究》1993年第9期,第3—11页。

但这种高度集中的计划经济体制和单一的所有制经济格局缺乏竞争机制,导致劳动者的生产积极性不足,从而降低了整个经济的发展效率。因此,我国的经济发展必然要寻求经济改革之路。

1978年11月,农村实行联产承包责任制拉开了我国经济体制改革的序幕。同年12月召开十一届三中全会后,中国开始实行"对内改革、对外开放"的政策。自1979年起,中国进入经济体制改革和推进现代化建设的新阶段。1992年,邓小平在南方讲话时提出要建立社会主义市场经济体制,中共十四大正式提出建立社会主义市场经济体制的目标。在计划经济向市场经济转型的过程中,中国寻求渐进式发展道路,逐步确立了中国特色的社会主义发展道路。中国经济体制的"渐进"改革意味着体制内改革(公有制)与体制外改革(非公有制)并进;自下而上的推动性变迁与自上而下的强制性变迁互动;部门、地区或市场的局部改革带动整体改革①;新旧体制在一定时期内"双轨过渡"。经过40多年的经济改革,我国的经济实力得到显著提升,从1978年国内生产总值(GDP)仅占世界的1.7%到目前成为全球第二大经济体、世界第一大对外贸易国,我国的经济发展实现了跃迁式增长。

社会转型带来的生产关系调整给中国的发展注入了新活力,创造了具有中国特色的经济奇迹。在取得巨大经济成就的同时,我国也面临着严峻的挑战:我国经济发展具有规模大、人均低、消耗高、技术低、积累高、消费低②的特点,面临着"经济增长速度换挡期""结构

---

① 参见《中国40年改革开放模式的八大特征》,2018年12月27日,央广网百家号,https://baijiahao.baidu.com/s?id=16209828894642162248&wfr=spider&for=pc,最后浏览日期:2022年10月20日。
② 王先庆、文丹枫:《供给侧结构性改革:新常态下中国经济转型与变革》,中国经济出版社2016年版,第8页。

/ 第四章 /
我国新闻发布制度建设的社会职能

调整阵痛期"和"前期刺激政策消化期"这"三期叠加"的复杂局面,而且面临结构性、体制性、周期性三大问题相互交织的情况①。中国经济结构正发生转折性变化,已经步入经济发展新常态。2014年5月,习近平总书记在河南考察时指出,"我国发展仍处于重要战略机遇期,我们要增强信心,从当前我国经济发展的阶段性特征出发,适应新常态,保持战略上的平常心态"②。2015年11月10日,习近平总书记在中央财经领导小组第十一次会议上提出"供给侧结构性改革"概念,指出"在适度扩大总需求的同时,着力加强供给侧结构性改革,着力提高供给体系质量和效率,增强经济持续增长动力"③。在新常态下寻求转型升级,以"供给侧结构性改革"引领新常态,加快推进经济结构战略性调整,成为策动中国经济改革发展的新思路。

但是,以美国为首的西方国家对中国经济不断进行打压,一些为了遏制中国发展的经济制裁、贸易壁垒等手段屡见不鲜。可以说,我国若想长久立足于世界,构建经济发展新格局是必然的趋势,以改革促发展是经济建设关键的一步④。2020年5月23日,习近平总书记看望参加全国政协十三届三次会议的经济界委员并参加联组会时强调:"要坚持用全面、辩证、长远的眼光分析当前经济形势,努力在危机中育新机、于变局中开新局,发挥我国作为世界最大市场的潜力和作用";"逐步形成以国内大循环为主体、国内国际双循环相互促进的

---

① 权衡:《做强经济基础 确保稳中求进》,2022年3月17日,光明网,https://m.gmw.cn/baijia/2022-03/17/35592956.html,最后浏览日期:2022年10月10日。
② 《习近平"新常态"表述"新"在哪里?"常"在何处?》,2014年8月10日,央视网,http://news.cntv.cn/2014/08/10/ARTI1407636275712964.shtml,最后浏览日期:2022年10月10日。
③ 《着力加强供给侧结构性改革》,2016年1月14日,新华网,http://news.xinhuanet.com/comments/2016-01/14/c_1117776578.htm,最后浏览日期:2022年10月10日。
④ 孙鹤芳:《构建新发展格局的战略解读与路径选择——评〈国内大循环——中国经济发展新格局〉》,《科学决策》2021年第8期,第169—170页。

新发展格局,培育新形势下我国参与国际合作和竞争新优势"①。经济新发展格局的建构是以习近平同志为核心的党中央立足百年发展之大变局,准确判断我国经济发展新阶段面临的挑战与机遇,是把握未来经济发展主动权的重要战略决策。

3. 主导文化受多元文化冲击,在冲突交融中重构文化语境

美国政治学家塞缪尔·亨廷顿认为,"现代性产生稳定,而现代化却产生不稳定性"②。这也就是说,任何社会转型都不可避免地会经历社会不稳定,而这种不稳定不仅包括物质层面,还有文化层面。文化是一种行动的逻辑,伴随着社会的转型、经济改革的不断深化,加之西方文化的强力渗透,当前社会的文化价值理念正日益走向多元化,并为其他的文化类型提供了滋养土壤和生存空间。学者郝建指出,"中国大陆存在着三种文化:主导文化、大众文化和精英文化"③。学者戴元光在《社会转型与传播理论创新》中提出:"互联网动摇了主流文化的权威地位……主要体现在两个方面,首先,互联网的出现导致了文化的多元化,推动了个人主义,消解了主流文化的主导地位;其次,互联网的出现冲击了主流文化推崇的价值体系。"④在多元并存的文化格局中,不同类型的文化之间既有差异和抵触,也在对话中不断流变和融合。这些文化类型在冲突和交融中重构了转型时期中国社会特有的文化新语境。

首先,主导文化受到多元文化的冲击。主导文化"是目前中国

---

① 《习近平看望参加政协会议的经济界委员》,2020年5月23日,中国政府网,http://www.gov.cn/xinwen/2020-05/23/content_5514227.htm,最后浏览日期:2022年10月10日。
② [美]塞缪尔·亨廷顿:《变动社会的政治秩序》,张岱云等译,上海译文出版1989年版,第35页。
③ 郝建:《中国电视剧:文化研究与类型研究》,中国电影出版社2008年版,第9页。
④ 参见戴元光:《社会转型与传播理论创新》,上海三联书店2008年版,第187页。

第四章
我国新闻发布制度建设的社会职能

最有力、在文化和行政领域占有资源最丰富而且影响最大的文化形态"①,也被称为"主流文化""主旋律"等。但是,考虑到西方学术话语体系中一般用"主流文化"来指称"大众文化",所以本书采用"主导文化"这一术语。学者孟繁华认为,"无论任何一种社会形态,都必须有统治或整合公民意志的意识形态,它的合法性和权威性在持续的表达过程中,变为'社会无意识'"②。改革开放以来,为满足人们日益增长的文化需求,在强化主导文化作用的同时,我国也提倡文化生产和发展的多样化、多元化。在理论层面,这一文化生产政策既保证了国家主流话语的权威地位,同时又在多样化的倡导下繁荣了大众文化市场③。但是,在实际操作层面却难以实现这个设想。近年来,多项关于我国意识形态领域的调查研究均表明,当前我国主导文化的引导地位不够稳固,意识形态效能发挥不够显著。2010 年,人民论坛问卷调查中心主持的问卷调查显示:"在对待主流文化④的态度上,45.6%的受调查者选择了'讨厌,有意规避',而仅有 35.3%的受调查者选择了'喜欢,心向往之';在问及主流文化是否被边缘化时,多达 55.7%的受调查者表示'严重'或'比较严重'。"⑤2011 年,一项由国家社科基金重大招标课题"构建我国主流价值文化研究"进行的问卷调查显示,在问及构建当代中国主流价值的文化应该以什么为主导时,选择"马克思主义""西方文化""中国传统文化"的分别有 1 336 人次、1 173 人次、2 466 人次⑥。

---

① 郝建:《中国电视剧:文化研究与类型研究》,中国电影出版社 2008 年版,第 10 页。
② 孟繁华:《众神狂欢:世纪之交的中国文化现象》,中央编译出版社 2003 年版,第 53 页。
③ 同上。
④ 此处的主流文化即笔者提及的主导文化。
⑤ 艾芸、杜美丽:《73.6%受调查者认为 主流文化缺乏现实关怀——"主流文化怎么了"问卷调查分析报告》,《人民论坛》2010 年第 24 期,第 16—19 页。
⑥ 李冉:《谁之主流 何以主流:主流意识形态的问题研判与建设愿景》,《清华大学学报》(哲学社会科学版)2014 年第 5 期,第 84—89、177 页。

2012年出版的《中国大众意识形态报告》中,在问及人们对当前主流意识形态的看法时,"65.5%的受调查者认为应'对当前的意识形态进行调整,作出新的解释',仅有16.4%的受调查者认为要'维护当前的意识形态'"①。这些调研数据表明,多元的文化类型对主导文化产生了一定的冲击力,而且这个力量不容小觑。不过,多元化的文化类型也不可避免地带有庸俗、低俗、媚俗甚至"唯利是图"的文化价值理念。因此,在复杂的文化语境下,主导文化应完成对其他文化中有用的或积极、合理的因素的整合,吸取其他大众文化形式中好的部分,不断进行完善,并发挥引导能力。

其次,精英文化的式微和大众文化的崛起。精英文化也被称为知识分子文化,指由知识分子阶层创造和传播的文化类型,"它代表知识分子的理性思维、自觉意识和文化情趣。它强调的是独特的形式、深沉的哲学思考、个性化的历史阐述和新颖、独特的人性分析"②。在中国,精英文化代表的是一种高雅或高级的文化。从20世纪80年代开始,中国的精英文化出现明显分化,一部分创作者开始转向主导文化的创作,而另一部分则选择大众文化的创作。尤其是20世纪90年代的经济改革带来的商业大潮,精英话语逐渐被边缘化,取而代之的则是迅速发展起来的大众文化。大众文化与精英文化相对,它的生产方式是以市场运作为机制,在满足文化多样化需求的前提下,以"新的文化内容再造、改变、诱导了大众和社会的文化趣味和追求"③。按照西方学者的观点,大众文化是后现代的产物④,因此大众

---

① 樊浩:《中国大众意识形态报告》,中国社会科学出版社2012年版,第429—431页。
② 郝建:《影视类型学》,北京大学出版社2002年版,第12页。
③ 孟繁华:《众神狂欢:世纪之交的中国文化现象》,中央编译出版社2003年版,第39页。
④ 张谨:《精英文化的式微及其与大众文化关系的再思考》,《前沿》2013年第7期,第9—12页。

文化的崛起与发展具有"后现代表征"。所谓"后现代表征",指颠覆传统伦理关系,解构权威话语体系,采用"戏仿""拼接"等技巧消解宏大叙事,重"快感"而轻"意义",在解构与嘲讽中表现出娱乐化的表达,试图消解、颠覆、重塑人们的生活方式和思维习惯。娱性功能是大众文化的有力支撑。大众文化的本质是消费性的,功能是娱乐性的。麦克唐纳认为,"大众文化的花招很简单——就是尽一切办法让大伙高兴"①。在生活节奏加快的现代社会中,大众文化在一定程度上填补了公众对文化娱乐功能的要求,人们在体验大众文化的过程中不必进行严肃的思考,可以放松心情、调节情绪。大众文化的这种娱性功能还体现在重"快感"、轻"意义"上。大众文化讲究节奏快,用酣畅淋漓的语言快感或文字彰显的韵律感,让公众嚼出文字背后包含的底蕴。因此,这种快节奏的解读更多是浅层面的追求,并不能带来更多意义层面上的思考。同时,大众文化还将"生产叙事"转向"生活叙事",采用"戏仿""拼接"等技巧,用碎片化的处理手段消解与重构宏大叙事。与主导文化、精英文化不同的是,大众文化将视角转向普通大众,用琐碎的故事描述人们的生活现状,将启蒙功能、意识形态话语等宏大叙事转变为日常生活叙事,用碎片化的处理手段解构权威。

尽管在复杂多元的文化格局中,多种类型的文化不断进行碰撞与摩擦,但它们同时也在这个过程中不断进行对话并融合发展。近年来,主导文化注重对精英文化、大众文化模式的吸收,也积极吸取其他文化类型的叙事策略;大众文化也开始逐步正视发展过程中因"庸俗、低俗、媚俗"等带来的不良影响,以主导文化为准绳和底线进

---

① [美]丹尼尔·贝尔:《资本主义文化矛盾》,赵一凡、蒲隆、任晓晋译,生活·读书·新知三联书店1989年版,第120页。

行调整。这样一种文化语境就要求新闻发布工作也必须以思想共识凝聚行动力量,用正确舆论引领前进方向,营造有利于推动当前社会改革发展和有利于全社会和谐稳定的舆论环境,鼓舞士气,以精神力量形成感召力与凝聚力,有力地激发全党全国各族人民为实现中华民族伟大复兴的中国梦而团结奋斗的强大力量。

三、媒介化:媒介技术改变舆论生态

党和政府的新闻发布活动是政治信息输出的重要信源,是新闻媒体参与党和政府信息传播的首要环节,同时会影响新闻媒体对政治信息的报道,新闻媒体对党和政府的新闻发布制度建设也会产生反作用力。互联网时代的新型传媒生态改变了传统金字塔式的、集中的信息流动模式,形成了一种网状的超链接信息流动模式。为了有效地控制政府信息的流动,降低信息的控制成本,政府新闻发布制度的建设注定要向更高的水平发展。互联网的快速发展成为中国政府推动新闻发布系统建设的原因之一,在这样的背景下,我国的新闻发布工作必须要守正创新。

1. 既有话语分配格局发生改变

技术是"一种革命的动因"[①],"体现了社会自我转化能力,以及社会在总是充满冲突的过程里决定运用其技术潜能的方式"[②]。20世纪70年代后,得到创造和发展的互联网技术成为"军事策略、大型科学组织、科技产业,以及反传统文化的创新所衍生的独特混合体"[③]。

---

① 李清霞:《沉溺与超越》,中国社会科学出版社 2007 年版,第 132 页。
② 转引自[美]曼纽尔·卡斯特:《网络社会的崛起》,夏铸九、王志弘等译,社会科学文献出版社 2001 年版,第 8 页。
③ 同上书,第 53 页。

随着互联网技术的广泛普及与应用,互联网已经成为被大众普遍运用的社会技术范式,"正在引导着社会的再结构化,并且已经实际地改变了社会的基本形态"①。它绝不仅是一种传递信息的平台和工具,而是正塑造和建构着一种新的社会空间和社会结构。

法国哲学家、思想家米歇尔·福柯在《话语的秩序》中提出"话语即权力"的哲学命题,认为"话语是某些要挟力量得以膨胀的良好场所。话语同时也是争夺的对象,历史不厌其烦地教诲我们:话语并不是转化成语言的斗争或统治系统,它就是人们斗争的手段和目的,话语是权力,人通过话语赋予自己权力"②。在传统的传媒语境下,人们主要依托大众传媒获取信息,大众媒体承担着社会环境守望者和公共话语平台提供者的角色,这个时期的话语权主要掌握在少数精英手中。然而,这种获知信息的方式是被动的接受过程,加之公众表达意见的渠道和平台具有一定的局限性,这就导致了精英与公众之间出现了话语失衡的现象。互联网技术的普及与广泛运用,其开放性、共享性、即时性、交互性和"去中心化"等特点都消解了精英对社会信息的控制和垄断,使得公众获得了意见表达空间和利益诉求平台,让公众有机会参与政策的制定和公共事务的解决。正如丹尼斯·麦奎尔所言,"传播既然是基本的权力,那么权力的拥有与实践就必须建立在平等与多元的基础上,特别是既有结构的弱势者其权力更应该受到尊重,让人民得以参与媒介的运作"③。网络空间的准入门槛较低,表达方式和渠道也是多样化的,公众只要接受过基础教育,就能

---

① 黄少华:《网络社会学的基本议题》,浙江大学出版社 2013 年版,第 21 页。
② [法]米歇尔·福柯:《话语的秩序》,载于许宝强、袁伟:《语言与翻译的政治》,中央编译出版社 2001 年版。
③ 段京肃:《社会的阶层分化与媒介的控制权和使用权》,《厦门大学学报》(哲学社会科学版)2004 年第 1 期,第 44—51 页。

够在网络空间表达自己的意见和观点。尤其是社交媒体的使用和普及,为公众实现话语权和参与权提供了便利,他们不再甘心做"沉默的螺旋",而是常常作为表达主体和信息发布者,积极参与社会互动,表达态度和情绪。

德国当代著名学者哈贝马斯在《公共领域的结构转型》中提出"公共领域"的概念,认为"公共领域"是"政治权力之外,作为民主政治基本条件的公民自由讨论公共事务、参与政治的活动空间"①。公共话语空间则是公共领域的一种物化形式。在公共话语空间中,作为参与者的公众自发地聚集在一起,自由、平等地发表态度、观点和意见,经过公共探讨和理性价值判断,使得个体的态度、观点和意见上升为具有普遍利益的公共话语。近年来,每当社会事件发生后,相关信息多是先在网络空间中传播,信息发布的时效性和公众的事件参与度都领先于传统媒体,如 2011 年"7·23"甬温线动车事故、2013 年"4·20"雅安地震、2015 年"8·12"天津火灾爆炸事故等。网络空间作为舆情热点事件的主要传播场域,赋予了公众话语表达的权力,这使得普通民众的意见表达在短时间内可以产生"能级效应",集聚成强大的舆论力量。这不仅改变了传统社会中的话语权分配格局,同时也拓宽了公共话语空间。

2. 舆论场打通和共振有待提升

当下,我国的信息传播环境已经发生了根本性变化,在一定程度上影响和推动了我国舆论格局的转变,逐步形成了"官方舆论场""民间舆论场"等多重舆论场域。作为社会舆论的重要传播载体,以网络为主要载体的民间舆论场对社会事件和社会问题的参与力量和程度

---

① [德]哈贝马斯:《公共领域的结构转型》,曹卫东、王晓珏、刘北城等译,学林出版社 1999 年版,第 15 页。

越来越高。当人们针对一些热点事件的表达在传统舆论场中不畅通时,他们便开始寻求具有开放性和匿名性的互联网进行释放和宣泄,然后通过媒体间的议程设置引起传统媒体的关注和政府部门的重视。同时,不同舆论场采用的话语体系不同,这就导致舆论场之间存在割裂与断层,甚至还可能产生尖锐的矛盾和对立。这就体现出公众利益诉求渠道不够通畅,补偿机制不够健全的情况。当前的现状是,一方面,以互联网、移动互联网为载体的传播媒介、平台逐步成为信息和观点的主要传播渠道。互联网、移动互联网日益自媒体化,自媒体平台的社会影响力快速成长,自媒体意见领袖的影响力日益壮大,这些都构成了新的信息环境下信息传播和观点生成的条件。另一方面,原本作为信息生产和传播的专业机构,作为观点生成和舆论引导主体的"喉舌",作为社会和时代的"观察哨"与"瞭望塔",主流媒体却因为诸多原因,陷入了转型的艰难期与发展的困境。在此基础上形成的不同类型的事件,其实是一种新的"书写历史草稿"的传播机制。尤其是原有的大众传播媒体与新的网络媒体之间的关系,二者不是壁垒森严的两个独立系统,而是共同构成一个媒介圈。二者彼此联动、共生,在中国特有的社会、政治、经济、文化体系中发挥着作用。微博、微信、知乎等社交媒体依然是舆情发生的主要信息源及关键渠道,社交媒体具有的迅速、互动性强、去中心化、拥有海量信息等特点,使得重要的声音被听见、辨析和取舍真实的信息等变得越发困难。但是,值得肯定的是,当社会事件发生时,传统主流媒体肩负起应有的职责,能做到主动发声,引导舆论朝正确的方向发展。

美国政治学家罗伯特·达尔在《论民主》中指出,"政治系统所能提供的参与渠道越多越通畅,政治参与就越加便利,相应的参与就越多。只要克服较少的障碍,便可以行动,人们就会去参与;遇到的障碍越大，人们就越不大会介入政治"①。美国国际政治理论家塞缪尔·亨廷顿在《变革社会中的政治秩序》一书中也指出，"如果我们的政治体系无法给个人或团体的政治参与提供渠道，他们就有可能采取各种过激行为来反抗现存的社会秩序"②。当公众的利益受到侵害却不能得到有效解决时，他们便会通过诉求渠道寻求救济与帮助。在实际情况中，成型于总体性社会的利益表达渠道在社会转型过程中，其功能的发挥会受到历史局限、社会现实等多方面因素的制约，如思想意识故步自封、渠道资源分配不均、制度保障不完善等。当前，在社会转型发展的历史时期，和谐稳定也成为了一项社会根本事业。中国各级政府开始强调社会管理，并投入大量的资源，但维稳过程中出现过分依赖暴力机器来维持社会的"刚性"稳定的现象。这种"维稳"的手段缺少创新，不仅成本极高，而且仍旧维而不稳③。这就导致民意表达的渠道建设并不能与公众民意表达诉求完全匹配，尚待完善。

在社会转型过程中，出现了部分官员利用职权之便进行"权力寻租"的现象④，以及部分城市的民主法治建设和实施方面出现形式主义倾向⑤等问题，这都会导致政府的公信力下降。这就要求党和政府不断加强制度建设和执行力度，推进法治政府建设的精细化，保障公众表达渠道的畅通，让他们公开表达自己的意见，避免因此类问题产

---

① [美]罗伯特·达尔：《论民主》，李柏光、林猛译，商务印书馆1999年，第56页。
② [美]塞缪尔·亨廷顿：《变革社会中的政治秩序》，李盛平等译，华夏出版社1988年，第56页。
③ 《景天魁：缓解社会紧张度的"维稳"新路》，2012年12月27日，人民网，http://theory.people.com.cn/n/2012/1227/c112851-20035630.html，最后浏览日期：2022年10月10日。
④ 张韬：《遏制"权力寻租"需扎住制度围栏》，2015年3月7日，人民网，http://opinion.people.com.cn/n/2015/0307/c1003-26653322.html，最后浏览日期：2022年10月10日。
⑤ 马怀德：《人民日报名家笔谈：法治政府建设要警惕形式主义》，人民网，http://opinion.people.com.cn/n/2014/0428/c1003-24947984.html，最后浏览日期：2022年10月10日。

生的舆情事件。

需要明确的是，技术的发展为公众提供了发声平台，但我们需要认识到的根本问题是，当今发生的诸多事件已经对传统社会中政府和社会精英的主导性形成了竞合的趋势。这些事件不再是相对简单的、固定的、程序化的展现，更是一个不断变化的过程。这一过程受到不同参与主体的推动，事件的不确定性大大增强。因此，媒体系统内部的互动和话语权的转换要在社会权力结构和传播话语机制的基本层面加以考量，相关部门要不断去了解传播过程与社会变迁的深层次特征，追问这些现象背后的意义。

第二节　新闻发布制度建设的职能功用

作为新闻舆论工作的重要组成部分，我国新闻发布工作的目的是宣介政府主张，增强政府、媒体、社会之间的对话，服务改革发展的中心大局，服务新时代社会治理工作，引导社会舆论，凝聚社会共识，增强公众的政治信任感（见图4-2）。经过多年的探索和实践，我国

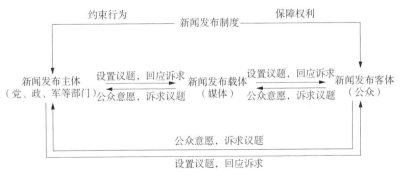

图4-2　我国新闻发布工作的模型

的新闻发布已经成为推进民主政治进程、增加政治透明度的重要举措,成为加快政治发展道路和政治体制改革、完善国家和社会治理的先行战略,为改革开放和社会主义现代化建设提供了强有力的支撑,并不断形成新体会、新方法、新经验。

一、阐明政策主张,推动信息公开

我国的新闻发布制度建设在促进信息公开,推进党务公开、政务公开、司法公开和各领域办事公开制度,推动权力在阳光下运行等方面发挥了举足轻重的作用。党和政府通过各种新闻发布方式,围绕党和国家的工作重点,国内外社会舆论中的热点、痛点、难点和疑点问题,及时、准确、有效地发布信息,回应关切,营造了良好的国内外舆论氛围,为党和政府各项工作的顺利推进,为改革、发展、稳定作出了突出贡献。

1. 做好政策阐释工作,解释党和政府行为

学者刘小燕提出了"政府传播=政府行为+解释政府行为"的框架,认为政府传播作为一个动态概念,本质是"传播主体与传受主体之间的信息(也包括行为信息)互动和精神交往。即政府依赖各种媒介('媒介'也包括政府行为)对外传播政府信息、解释政府行为,以争取预期效果;公众通过获取'政府信息',分享政府施惠,实现精神满足。从而促进政府的国内公众关系和外交关系之和谐度的升值,以及公共行政目标和外交利益的顺利实现"[①]。这一框架说明,解释政府行为的一个目的在于引领国内外对党和政府产生广泛的社会认

---

① 刘小燕:《政治传播中的政府与公众间距离研究》,中国社会科学出版社2016年版,第202页。

同。而我国新闻发布工作作为解释党和政府行为的重要举措,承担的一个重要职责就是宣介党和政府主张,传播引领政治决策的方向。一方面,国内外媒体和公众可以通过新闻发布工作了解党和政府的执政主张和政策内容;另一方面,党和政府需要通过信号释放了解国内外媒体和公众的意见或建议,从而实现双向的有效沟通,并获得社会认同,强化政府在公众中的黏合力。

  政治生态清明、从政环境优良是十八届五中全会提出的"五大发展理念"中的绿色理念在政治生态建设中的体现[①]。习近平总书记指出:"政治生态好,人心就顺、正气就足;政治生态不好,就会人心涣散、弊病丛生。"[②]随着我国改革开放的不断深入,公众对政治生活和社会生活的参与意识越来越强。"现代社会不能光靠少数人决策,必须要有一个社会各个成员协同配合、分散决策的过程,这种分散决策要通过制度安排来实现。这个制度中最重要的一点就是信息的社会分享。新闻发言人实际上是专门用于向公众沟通政府的信息,有针对性地回答社会对于公共管理方面的疑问的专门职务。"[③]我国的新闻发布工作作为信息公开的一个重要层面,经过多年的建设与发展,不断努力与创新,将党和政府的工作信息、公共信息及时传递给媒体和公众,面对媒体、公众的质疑和问题公开接受咨询、质询甚至问责,推进了党务公开、政务公开、司法公开和各领域办事公开,催生了清

[①] 参见甘守义:《领导干部依法执政能力建设研究——基于国家治理现代化的视角》,中共中央党校 2016 年博士学位论文。
[②] 《习近平总书记关于营造风清气正的良好政治生态重要论述摘录(2015 年 1 月—2018 年 4 月)》,2018 年 4 月 24 日,人民网,http://fanfu.people.com.cn/n1/2018/0424/c64371-29945927.html,最后浏览日期:2022 年 10 月 10 日。
[③] 《新闻发言人面面观:他们是阳光政府的代言人》,2006 年 6 月 13 日,国务院新闻办公室网站,http://www.scio.gov.cn/m/xwfbh/zdjs/Document/319833/319833.htm,最后浏览日期:2022 年 10 月 10 日。

新透明的政治生态。

作为国家治理能力现代化的重要组成部分,新闻发布制度建设是我国政治文明建设的现实需要,也是提升政府公信力的必然选择。将新闻发布工作贯彻落实到治党治国治军、内政外交国防、改革发展稳定等各个方面,彰显新闻发布工作在信息公开、政策解读、回应关切等方面的核心地位,提高科学执政、民主执政、依法执政的能力与水平,不断提升党和政府的公信力。尤其在突发事件发生后,如果党政职能部门出现失语、错语等问题时,都极有可能引发次生舆情,继而陷入"塔西佗陷阱",影响政府的公信力。所谓"塔西佗陷阱",可以通俗地解释为"当政府部门失去公信力时,无论说真话还是假话,做好事还是坏事,都会被认为是说假话、做坏事"[1]。以2015年"8·12"天津特别重大火灾爆炸事故为例,在此次爆炸事故中,政府在信息公开方面遭到了质疑,尤其是在几次新闻发布会召开之后,都产生了次生舆情,被媒体评价为"此次爆炸事故的'次生灾害'",在一定程度上降低了政府的公信力,妨碍了后续工作的开展。政府公信力是长久积累形成的,每一次的政务公开和每一次的危机应对都会影响之后的舆论场。因此,政府应当充分发挥引导作用,进一步改革信息发布制度,切实改变"堵"和"删"的治理措施,加强网络的疏导及政府与公众的沟通,对受众存在的疑问及时解答,提高公共领域的信息透明度。

2. 主动沟通世界,讲好中国故事

中国经过70余年的奋起直追,改革开放40余年的跨越发展,已经走近世界舞台的中央,并引发世界了解这个活力迸发的国度的热望。随着中国综合国力和国际地位的不断提升,中国与世界的相互

---

[1] 李季芳:《网络时代,如何破解"塔西佗陷阱"舆论怪圈》,《中国工商管理研究》2013年第7期,第77—79页。

第四章
我国新闻发布制度建设的社会职能

需求、相互依靠程度都在加深。"强起来的中国,需要展示自己;变革中的世界,需要了解中国。"①在世界经济一体化、政治格局多极化、文化观念多元化的全球语境下,在世界百年未有之大变局的时代背景下,中国积极参加国际事务,追求政治互信,争取国际话语权。正如2015年12月11日,习近平总书记在全国党校工作会议上指出,"落后就要挨打、贫穷就要挨饿、失语就要挨骂,经过几代人的不懈努力,前两个问题得到了基本解决,但挨骂问题还没有得到真正解决,争取国际话语权是我们必须解决好的一个重大问题"。

党的十八大以来,习近平总书记深刻把握信息时代的国际传播规律,在多个场合、多个角度谈到要"讲好中国故事,传播好中国声音",并提出一系列新思想、新观点、新论断。2013年,党的十八届三中全会指出,要构建多元协同的外宣体制;2016年,"加强国际传播能力建设"写入"十三五"规划;2017年,党的十九大报告指出,"推进国际传播能力建设,讲好中国故事,展现真实、立体、全面的中国,提高国家文化软实力";2021年,"十四五"规划和2035年远景目标纲要提出要"创新推进国际传播";等等。一系列聚焦国际传播能力建设的重大决策部署的相继开展,为我国做好新时代的国际传播工作提供了重要的方法论指引。

中国新闻发布制度最早发端于外交工作,面对极为错综复杂的国内外形势,通过多年的努力,中国新闻发言人牢牢把握中国和世界发展的趋势,紧紧围绕改革开放的各项中心工作,全面服务改革开发的发展大局,主动向世界宣介新时代中国特色社会主义思想,主动讲好中国共产党治国理政的故事、中国人民奋斗圆梦的故事、中国坚持

---

① 马若虎:《展示形象 为中国发展喝彩》,2018年8月31日,央广网百家号,https://baijiahao.baidu.com/s?id=16102930741616813 47&wfr=spider&for=pc,最后浏览日期:2022年10月10日。

和平发展合作共赢的故事,不断引导国际社会更加全面客观地认识中国,促进了国际社会和海外公众对中国的了解,使中国得到越来越多的国家和民众的支持和赞同,中国的国际话语权也得到了显著提升。与此同时,新闻发布工作中"对内"和"对外"的界限在不断模糊与消弭,尤其是随着移动互联网技术的发展,不论是国内的日常新闻发布(信息公开、政策阐释工作),还是突发的新闻发布(突发事件应对)工作都有可能引发国际关注和国际讨论。在新闻发布工作中,即使是主要针对国内受众的新闻发布,也要充分考虑其国际舆论与国际影响力。这都在世界交往体系中展现出一个道路自信、理论自信、制度自信、文化自信的当代中国。

二、谋求社会认同,凝聚社会共识

从国家与社会关系的角度来看,政治传播致力于提升谋求社会支持、凝聚社会共识的能力。国家与社会之间的沟通不再仅仅是国家意图的设置过程,社会共识的聚合成为衡量沟通是否成功的关键①。根据零点调查 2011 年公共服务公众评价指数报告显示,对于人大、政府、党委、政协和司法机关等国家机构的职能,平均只有 42.4% 的公众可以作出正确判断。其中,公众正确认知党委职能的比例最高,而对于人大和政协的职能,只有三成公众分得清。同时,普通民众对于各类中央机关的信任度普遍在八成以上,地方政府的公众信任度为 65.4%,低于中央政府 21.8%②。我国新闻发布工作的关键是寻求

---

① 苏颖:《作为国家与社会沟通方式的政治传播:当代中国政治发展路径下的探讨》,中国社会科学出版社 2016 年版,第 105 页。
② 转引自张智勇、孙晨光:《现代治理视域下的当代政府传播刍议》,《新闻传播》2014 年第 16 期,第 115—116、118 页。

政治认同。认同(identity)在词源上源于拉丁文"idem",意思为"相同,同一性"。"包括身份认同和观念认同,就性质而言,发生于互动主体间的认同可分为事实与价值两个层面。"①一般而言,价值认同比事实认同更为困难。新闻发布工作作为政府传播行为中的重要环节,其构建认同的方式主要就是基于事实认同与价值认同。这种"认同"既指领土内国民对本政府的信任、将自身价值观念与政府理念等同、对政府决策表示"同意",也指在国际社会中一国政府以独立行为体的身份争取集体认同②。

1. 体现执政自信,确保执政合法

现代民主政治被认为是"基于同意的政治","民意必须大体上被看作一种潜在的权威"(见表4-1)。"由于现代政治合法性强调公民个体的认同或同意,因而在政治合法性的建立过程中,我们不仅要考量自上而下的国家意图和议题的设置,同时更要强调自下而上的社会共识的聚合。也就是说,现代政治合法性必须在国家与社会相互沟通与互动的过程中产生。"③

合法性是政治学上最重要的概念。政治主体在进行政治活动时,首先要获取和维持其拥有政治权力的合法性④。"合法性"也称为"正统性""正当性",指人们对某种政治权力秩序是否认同及认同程度如何的问题。它有三个要求,分别是"被统治者的首肯、社会价值

---

① 刘小燕:《政治传播中的政府与公众间距离研究》,中国社会科学出版社2016年版,第203页。
② 同上。
③ 苏颖:《作为国家与社会沟通方式的政治传播:当代中国政治发展路径下的探讨》,中国社会科学出版社2016年版,第224页。
④ 刘文科:《政治权力运作中的政治修辞——必要性、普遍性和功能分析》,《当代中国政治传播研究巡检》2014年,第13页。

表 4-1　政治合法性的谋求途径①

合法性来源	合法性对象		
	当前	政体	共同体
意识形态	意识形态的合法性		国家与社会彼此认可的共同体层次的共识
	对当局有效度的情感上的刺激	对政体有效度的情感上的刺激	
程序	结构的合法性		
	对程序的认同导致对当局者的认同	对程序有效度的独立传播	
个人品质	个人的合法性		
	当局领导人政治形象（个人品质）的塑造	对当局有效度的认同导致对当局领导人本身的认同	

观念和社会认同、与法律的性质和作用相关联"②。"任何一种政治系统,如果它不抓住合法性,那么,它就不可能永久地保持住群众（对它所持有的）忠诚心。"③"研究如何提高党的执政能力,执政合法性是一个无法回避的问题。"④在中国,合法性的问题多停留在学术界的探讨,在政府层面并未被过多谈及。值得关注的是,2015 年 9 月 9 日,王岐山出席"2015 中国共产党与世界对话会"时谈及执政党合法性的问题⑤。此举为中共话语体系的一次重大突破,系中共最高层领导

---

① 苏颖:《多元共识社会中中国政治传播的转型思路》,《哈尔滨工业大学学报》(社会科学版)2013 年第 2 期,第 36—40 页。
② [法]让-马克·夸克:《合法性与政治》,佟心平、王远飞译,中央编译出版社 2002 年版,第 2 页。
③ [德]尤尔根·哈贝马斯:《重建历史唯物主义》,郭官义译,社会科学文献出版社 2000 年版,第 264 页。
④ 王长江:《中国政治文明视野下的党的执政能力建设》,上海人民出版社 2005 年版,第 80 页。
⑤ 《王岐山首次论述中国共产党的合法性:是人民的选择》,2015 年 9 月 14 日,共产党员网,https://news.12371.cn/2015/09/14/ARTI1442176750815270.shtml?from=groupmessage&isappinstalled=0,最后浏览日期:2022 年 10 月 10 日。

即政治局常委,首次论述中共的合法性问题,这也体现了中国共产党的执政自信。在新形势下,党的十八大报告指出了摆在全党面前的精神懈怠危险、能力不足危险、脱离群众危险、消极腐败危险,这就要求我们要时刻提高警惕。

改革开放以后,我国的新闻宣传机制由"政党型"发展为"政党-国家型",后发展为"政党-社会型",这就意味着只有协调好政党、大众媒体和社会成员三者的关系,才能在"政党-社会型"宣传机制中保持主导地位。否则,将无法完成新时期的宣传任务①。其主要特点有三个:一是以"政党"为核心的组织宣传机制,主要是通过自上而下和系统的信息输入、输出和转换,以达到维护自身统治权力的目的;二是以"媒体"为核心的大众宣传机制,其目的是维护自身的经济利益;三是以"社会成员"为核心的人际宣传机制,主要是通过自下而上和分散的信息输入、输出和转换,实现维护自身公民权利的目的②。在新闻发布制度中,党和政府、媒介、公众之间应保持这样的关系,基于此的新闻发布活动有助于巩固执政党的合法性。

2. 回应社会关切,凝聚社会共识

习近平总书记在全国宣传思想工作会议上指出,中国特色社会主义进入新时代,必须把统一思想、凝聚力量作为宣传思想工作的中心环节③。习近平总书记指出,"一个国家和社会要稳定,首先要保持舆论的稳定;一个政党要引导好人民的思想,首先要引导好

---

① 甘守义:《领导干部依法执政能力建设研究》,中共中央党校 2016 年博士学位论文,第 173 页。
② 同上。
③ 《习近平出席全国宣传思想工作会议并发表重要讲话》,2018 年 8 月 22 日,中国政府网,http://www.gov.cn/xinwen/2018-08/22/content_5315723.htm,最后浏览日期:2022 年 10 月 10 日。

社会舆论"①。党和政府应通过及时有效的新闻发布工作,充分发挥舆论引导职能,以思想共识凝聚行动力量,用正确舆论引领前进方向,不断提升舆论引导力和舆论掌控力,营造有利于推动当前社会改革发展和有利于全社会和谐稳定的舆论环境。

党的十九大报告指出:"中国特色社会主义进入新时代,我国社会主要矛盾已经转化为人民日益增长的美好生活需要和不平衡不充分的发展之间的矛盾。"②当前社会处于转型期,社会热点问题、难点问题频出,社会热点、难点问题正是人民群众普遍关心的问题,是党和政府工作的重点问题,也是党的新闻舆论引导工作的难点问题。尤其是移动互联网的快速发展使网络舆情成为突发事件的重要组成部分,公众在突发事件中具有强烈的表达观点、探寻事件真相的愿望。因此,事件一旦发生,除了直接的利益相关者,间接利益相关者和利益无关者都会(积极或消极地)参与其中。这就导致突发事件的舆情呈现出发散快、传播广、关注高等特点。所以,新时代党的新闻舆论工作要结合社会现实需要,善于对社会热点、难点问题进行舆论引导,敢于直面社会问题、触及社会矛盾,同时要善于设置新闻议题,向公众传达正确的立场、观点、态度,并提出科学、合理、可行的对策建议,这样才能寻求社会共识,有利于社会团结稳定。

要明确的是,新闻发布工作不仅是简单的舆论信息的对冲和管控。突发事件发生后,新闻发布工作者还应及时了解民意诉求,回应民众关切,密切关注事态发展,做好专业的舆情信息研判工作,对舆

---

① 《王松苗:努力提升全媒体时代新闻发布能力》,2017 年 7 月 18 日,国务院新闻办公室网站, http://www.scio.gov.cn/ztk/dtzt/36048/36917/36919/36922/document/1558558/1558558.htm,最后浏览日期:2022 年 10 月 10 日。
② 《习近平:决胜全面建成小康社会 夺取新时代中国特色社会主义伟大胜利——在中国共产党第十九次全国代表大会上的报告》,2017 年 10 月 27 日,新华网,http://www.xinhuanet.com/2017-10/27/c_1121867529.htm,最后浏览日期:2022 年 10 月 10 日。

情走势进行科学的分析、研判,提升新闻舆论引导工作的针对性和有效性。只有掌握突发事件中涉事群体和公众的诉求,反映舆论,才能有针对性地进行舆论引导,避免议题断裂。突发事件凡是涉及自然灾害、事故灾难、食品药品安全、社会安全等公共问题方面,那么触及的利益范围就会比单个或少数个体更为广泛。因此,在开展新闻发布工作时,工作人员要注意将涉及的各利益主体的诉求有机联系起来,进行充分考量和分析,了解"什么是目前舆论关注的热点、焦点","下一步舆论可能的走势是什么"等问题。正如习近平总书记指出的,"让群众满意是我们党做好一切工作的价值取向和根本标准,群众意见是一把最好的尺子"[1]。如果背离民意诉求谈舆论引导,只会让事态变得不可控,只有体现公众意愿、人民诉求,人民才会满意。目前,我国多数部委和地方都建立了有效的舆情跟踪和研判机制,以及较为详尽的口径拟定通报机制,对于社会关切的热点舆情、重大突发事件,国务院各部委、地方部门及时召开新闻发布会,主动进行舆论引导、舆情跟踪,多部门在事件发生的 24 小时内召开新闻发布会,并通过新媒体更新事件进展,做到及时回应、准确答复、有效应对,这就较为有效地提升了新闻发布的权威性和有效性。

三、服务发展大局,助力社会治理

国家治理是庞大而复杂的系统工程,涉及方方面面。党的十八届三中全会决定第一次提出"国家治理",用"社会治理"代替"社会管理",体现了我们党治国理政思路由政府自上而下的"管理"转为社会

---

[1] 习近平:《在党的群众路线教育实践活动总结大会上的讲话》,人民出版社 2014 年版,第 10—11 页。

自下而上与政府自上而下有机结合的"治理"的重大转变①。我国的新闻发布制度与国家治理是紧密相关而又高度依存的,通过信息发布对国家政策进行解读,将国家、媒体、社会和公众紧密结合在一起,发布什么样的信息和内容、如何发布信息和内容,都体现了党和政府治国理政的目标指向和价值导向。因此,我国新闻发布制度建设是国家治理体系和治理能力现代化的题中之义,是融入国家整体治理体系的重要部分,是凸显国家治理能力现代化的重要途径。

习近平总书记《在广东考察工作时的讲话》中指出,"改革开放是我们党历史上的一次伟大的觉醒,正是这个伟大觉醒孕育了新时期从理论到实践的伟大创造……改革开放是决定当代中国命运的关键一招"②。在2013年的全国宣传思想工作会议上,习近平总书记就强调,"宣传思想部门承担着十分重要的职责,必须守土有责、守土负责、守土尽责"③。作为党的舆论工作的重要组成部分,新闻发布必须时刻坚守职责与使命,适应时代变化,不断完善整体性的体系建设和具体的实施战略,使新闻发布制度更加科学、完善,从而实现党、国家、社会各项事务治理制度化、规范化、程序化,在实践中不断推进"国家治理体系和治理能力现代化"这一全面深化改革的总目标,在强信心、聚民心、暖人心、筑同心④方面显示出越来越重要的

---

① 参见甘守义:《领导干部依法执政能力建设研究》,中共中央党校2016年博士学位论文。
② 《习近平在广东考察时强调:做到改革不停顿开放不止步》,2012年12月11日,共产党员网,http://news.12371.cn/2012/12/11/ARTI1355221419788560_all.shtml,最后浏览日期:2022年10月10日。
③ 《做好宣传思想工作,习近平提出要因势而谋应势而动顺势而为》,2018年8月22日,新华网,http://www.xinhuanet.com/politics/2018-08/22/c_1123307452.htm,最后浏览日期:2022年10月10日。
④ 《习近平出席全国宣传思想工作会议并发表重要讲话》,2018年8月22日,中国政府网,http://www.gov.cn/xinwen/2018-08/22/content_5315723.htm,最后浏览日期:2022年10月10日。

第四章
我国新闻发布制度建设的社会职能

作用。

1. 维护公众"四权",有效缩短距离

政府新闻发布制度理念层面的理论来源首先是公民权利理论。坚持党务、政务信息及时有效公开是建立党、政府与民众之间信任,营造良性环境的重要前提。新闻发布工作应既能够宣介党和政府的政策、方针,又有效地服务公众,只有这样才能实现党和政府信息的有效公开和精准传播,有力地激发全党全国各族人民为实现中华民族伟大复兴的中国梦而团结奋斗的强大力量。弗兰卡(Franca Roncarolo)和马里内拉(Marinella Bulluati)两位学者对意大利普罗迪政府的失败教训进行了研究,认为其失败的最大原因就在于,在当今要求将政府管理和传播紧密结合的复杂政治中,普罗迪政府并没有将政策执行过程的结果充分告知大众,公众无法理解具体决策的制定原因,以及会产生相应的结果[1]。

在传统的政治关系理论中,距离就意味着"隔阂""隔膜",甚至是"分裂"[2]。但是,在现代政治学研究中,距离不仅是一种对远近的测量,而更多是一种探讨关系亲疏的指称。政府和公众间的距离状态或距离的形成,除了"无接触"状态(彼此间无任何联系,谈不上有无距离),可分为由表面接触、轻度交集、中度交集和深度交集形成的四种距离[3]。造成这种距离的因素主要有政府与公众之间的价值观、意识形态还有共同情感的程度等。在通常情况下,政府与公众的距离都属于前三种距离,很少有处于深度交集的状态。这与政府与公众之间存在天然距离有关。天然距离指的是政府与公众之间因

---

[1] 转引自刘小燕:《政治传播中的政府与公众间距离研究》,中国社会科学出版社 2016 年版,第 211 页。
[2] 同上书,第 43 页。
[3] 同上书,第 61 页。

为社会地位差异和相关政治制度的局限性而造成的距离,它是无法被弥合的①。因此,政府与公众也就不可能存在完全重合的状态。我国新闻发布制度建设的基本功能是信息管理,主要包含信息传播和议题设置等方面。我国新闻发布工作的首要作用是宣介党和政府的政策与主张,以传播公众信息为己任,给公众传达政府官员关注的问题及他们所制订的针对公众的实施计划,并帮助公众理解这些不同的事件对他们的生活有何影响②。通过新闻发布活动,基于政府立场进行解释,将政府行为的内涵传播给公众,加强政府与公众的沟通,从而缩短与公众的距离。在这个过程中,解释水平的高低,即新闻发布工作的好坏会对政府与公众的距离产生重要的影响。

2. 参与民主决策,助力社会治理

理解和理顺社会和国家间的关系是实现国家治理现代化的重要内容。国家与社会之间要形成一种良性互动,即"强国家-强社会"的关系,而并非"强国家-弱社会"或"弱国家-强社会"的关系。在实践工作中,为了解释党和政府的行为,寻求社会认同,我国的新闻发布工作借助新闻媒体,从意识形态、政策解读、突发事件应对等多方面出发,主要从事信息管理和关系管理两方面的工作。如果社会群体能够通过新闻发布获取关键信息,信任新闻发布部门提供的主要内容,并基于这些内容形成、证明或重构自己的社会身份,更好地与政策、社会反应相融合,那么新闻发布的社会效果就能得到更好的检验③。

---

① 转引自刘小燕:《政治传播中的政府与公众间距离研究》,中国社会科学出版社 2016 年版,第 46 页。
② [美]玛格莱特·苏丽文:《政府的媒体公关与新闻发布:一个发言人的必备手册》,董关鹏译,清华大学出版社 2005 年版,第 3 页。
③ 周庆安、孙小棠:《新闻发布与社会认同构建——基于重大政策解读的视角》,《新闻与写作》2017 年第 7 期,第 48—51 页。

/ 第四章 /
我国新闻发布制度建设的社会职能

政治文明的本质是一种回归主体性的文明,它强调每一个公民都拥有参与管理国家事务的权力①。科学决策和民主决策离不开社会各界的建言献策,政府新闻发布制度是政府与公众、媒体进行多向互动的重要平台,是政府科学民主决策中的重要一环。一些地方政府在招商引资、土地建设等焦点领域中出现矛盾和分歧,可以在政府新闻发布会上开诚布公地与媒体、公众沟通,真诚地倾听百姓的声音,吸取社会各界的建议。这样一来,政府不仅会提高决策的科学性、民主性,还可以获得人民群众的支持和谅解,降低决策施行的难度。在民主决策的过程中,及时地通过政府新闻发布制度,将政府的公共信息公之于众,将政府拟作出的决策置于群众的监督之下,这有助于实现决策的科学化,获得群众认同,降低政策的施行阻力。

与此同时,在全球化、转型期和媒介化三重语境叠加中,我国新闻发布制度的建设形成当前正面临一个多元、交叉、复杂的舆论表达格局。面对这一复杂的舆论生态,如何适应和引领这一新态势,加强和改进舆论引导工作,营造有利于推动当前社会改革发展和有利于全社会和谐稳定的舆论环境,是新闻发布制度建设需要重视和解决的现实问题。在社会治理过程中,面对这些问题,我国的新闻发布工作发挥着社会减压阀的作用,通过及时进行党务、政务信息公开,安抚公众情绪,推动社会治理。例如,2017 年,上海市新闻办在处理"携程亲子园虐童事件"时就发现,当时上海尚无相关法律条文适用此事件的处理。在这种情况下,为推进相关方面的法制建设,上海市新闻办在相关的新闻发布工作中提出了积极的建议。同时,上海市新闻办并没有因为这事件酿成了全国重大舆情就回避社会

---

① 吴利平:《中国转型期的公民政治参与》,贵州人民出版社 2006 年版,第 25 页。

亟须解决的托幼问题,而是主动向市政府建议,要将社会力量办托幼事业作为《2018年市政府要完成的与人民生活密切相关的实事》予以发布。这一案例很好地体现了我国新闻发布工作向深层次推进的方向。

/ 第五章 /

我国新闻发布制度建设的完善路径

经过多年的持续发力,我国的新闻发布制度建设逐步完善,并基本覆盖了新闻发布工作的各个方面。但是,面对世界政治经济格局的急剧变化,以及国内各方面转型速度的加快,特别是信息传播和意见表达在方式、技术、载体、平台等诸多方面发生了深刻的变化,新闻发布制度建设需要与之进行相应的深化、细化和完善,以提升新闻发布工作的刚性和硬性要求,提升舆论引导的效果。因此,我们要不断完善新闻发布工作的整体性体系建设和具体的实施战略,提升党和政府的解释水平,使新闻发布制度更加科学、完善。这就需要我们"不断增强社会主义意识形态的凝聚力和引导力,加强传播手段和话语方式创新"[1]。本章从理念建设、主体建设、机制建设、平台建设、话语建设五个层面切入,探究我国新闻发布制度建设的完善路径。

---

[1] 《习近平出席全国宣传思想工作会议并发表重要讲话》,2018 年 8 月 22 日,中国政府网,http://www.gov.cn/xinwen/2018-08/22/content_5315723.htm,最后浏览日期:2022 年 10 月 10 日。

第一节　新闻发布制度的理念建设

自党的十八届三中全会提出"推进新闻发布制度建设"的重大决策以来，我国的新闻发布制度建设不断完善。但是，如何不让新闻发布制度建设仅仅停留在文件上，不让新闻发布制度建设流于一般化，是今后新闻发布工作者必须思考的问题。从目前来看，新闻发布制度建设要解决的突出问题是如何在党和政府制定的新闻发布制度建设总体框架中"完善新闻发布运作机制、创新新闻发布方法手段、获得新闻发布最佳效果"。这些内容应当成为新闻发布工作的重中之重。当然，新时代的新闻发布工作应当首先创新新闻发布理念，提升新闻发布水准，进一步彰显新闻发布在信息公开、政策解读、回应关切等方面的核心地位，凸显新闻发布在科学执政、民主执政、依法执政等方面的作用，通过新闻发布工作不断提升党和政府的公信力。

一、加强发布理论完善，构建发布理论体系

2017年7月26日，习近平总书记在省部级主要领导干部专题研讨班开班式上强调，"我们党是高度重视理论建设和理论指导的党，强调理论必须同实践相统一。我们坚持和发展中国特色社会主义，必须高度重视理论的作用，增强理论自信和战略定力"[①]。中

[①] 习近平：《为决胜全面小康社会实现中国梦而奋斗》，2017年7月27日，新华网，http://www.xinhuanet.com//politics/2017-07/27/c_1121391548.htm，最后浏览日期：2022年10月10日。

国共产党是用马克思主义理论武装起来的政党①。在实践基础上进行理论构建与理论创新,是党和国家顺利发展的重要保证,是发扬马克思主义政党与时俱进理论品格的重要途径。正如习近平总书记在纪念马克思诞辰200周年大会上指出,"回顾党的奋斗历程可以发现,中国共产党之所以能够历经艰难困苦而不断发展壮大,很重要的一个原因就是我们党始终重视思想建党、理论强党,使全党始终保持保持统一的思想、坚定的意志、协调的行动、强大的战斗力"②。

但是,不容否认的是,我国的新闻发布制度推进主要是实践探索的过程,理论体系的构建和完善并没有很好地跟上现有的新闻发布实践工作。长此以往,理论的缺失必然会导致实践的滞后。在具体的新闻发布实践中,应当把马克思主义作为指导我国新闻发布工作的理论基础,以高度的理论自觉和实践主动,坚持把马克思主义基本原理同中国实际相结合,不断推进马克思主义中国化、时代化、大众化。尤其是党的十八大以来,以习近平同志为核心的党中央着眼新形势、新问题、新常态,开辟马克思主义新境界,"明确了新时代坚持和发展中国特色社会主义的总目标、总任务、总体布局、战略布局和发展方向、发展方式、发展动力、战略步骤、外部条件、政治保证等基本问题"③,形成了习近平新时代中国特色社会主义思想。同时,习近平总书记关于新闻舆论工作的重要论述为新时期我国的新闻发布制

---

① 方雷、陈善友:《论中国共产党理论强党的四重维度》,《理论探讨》2018年第5期,第128—133页。
② 习近平:《纪念马克思诞辰200周年大会上的讲话》,《人民日报》2018年5月5日,第2版。
③ 周正刚:《习近平新时代中国特色社会主义思想的本质特征》,2017年11月24日,人民网,http://theory.people.com.cn/n1/2017/1124/c40531-29665409.html,最后浏览日期:2022年10月10日。

度建设提供了理论依据。我们要明确的是,若是将理论束之高阁,再科学的理论也是没有意义的。理论必须要与实践结合,能够指导实践才能真正地绽放魅力。

新闻发布工作的开展和推进能够增强政府、媒体、社会公众之间的有效对话,从更深远的角度来看,是为了服务改革发展的大局,服务社会治理工作,引导社会舆论,凝聚社会共识,提升政府的公信力,增强公众的政治信任感和认同感。当前我国社会主义事业的发展,我国执政理念与水平的现代化,比任何时候都更加迫切地需要构建中国特色的新闻发布理论体系。这既是坚定贯彻执行以习近平为核心的党中央提出的"推进新闻发布制度化"的政治要求,也是完善中国特色社会主义新闻发布理论体系建构的现实需要。

二、秉承民本发布思想,明确新闻发布目的

党的十九大报告要求,党始终同人民站在一起、想在一起、干在一起。习近平总书记在庆祝中国共产党成立 95 周年大会上强调,要"坚信党的根基在人民、党的力量在人民,坚持一切为了人民、一切依靠人民,充分发挥广大人民群众积极性、主动性、创造性,不断把为人民造福事业推向前进"[1]。做好新闻发布工作,必须解决好"为了谁、依靠谁、我是谁"这个根本问题,秉承民本发布思想,必须始终以人民为新闻发布的服务对象。

在新闻发布的具体实践中,要坚持党性原则。党的新闻舆论工

---

[1] 习近平:《在庆祝中国共产党成立 95 周年大会上的讲话》,人民出版社 2016 年版,第 18 页。

作要坚持党对意识形态工作的领导权,"要加强党对宣传思想工作的全面领导,旗帜鲜明坚持党管宣传、党管意识形态"①,"要体现党的意志、反映党的主张,维护党中央权威、维护党的团结,做到爱党、护党、为党"②,必须做到与党同向、与人民同心、与时代同步。我国的新闻发布工作肩负重要使命,肩负党和国家的重任,肩负媒体和公众的期盼,因此必须把统一思想、凝聚力量作为这项工作的中心环节,要坚持正确舆论导向,围绕中心服务大局,唱响时代主旋律,做大做强主流思想。这就要求新闻发布工作必须坚持党性原则,增强政治意识、大局意识、核心意识、看齐意识。

在新闻发布的具体实践中,坚持以人民为中心,秉承为人民发布的理念。全心全意为人民服务是我们党的根本宗旨。十八大以来,以习近平同志为核心的党中央将"以人民为中心"置于治国理政思想的重要地位,明确提出把有利于提高人民的生活水平,作为总的出发点和检验标准。这就要求我们在实际工作中要坚持人民主体地位,把党的群众路线贯彻到治国理政的全部活动中。我国的新闻发布工作具有社会沟通职能和服务公众生活的重要功能。政府新闻发布制度理念层面的理论来源首先是公民知情权和政府信息公开理论。坚持党务、政务信息及时、有效公开,是建立党、政府与民众之间信任,营造良性环境的重要前提。因此,以"人民为中心"是我国新闻发布制度理念建设必须遵循的基本原则和根本方法,只有这样才能结合民情民意,将民众关心的政策和问题讲

---

① 《习近平出席全国宣传思想工作会议并发表讲话》,2018年8月23日,新华网,http://www.xinhuanet.com/2018-08/23/c_129938245.htm,最后浏览日期:2022年10月10日。
② 《习近平的新闻舆论观》,2016年2月25日,人民网,http://paper.people.com.cn/rmrbhwb/html/2016-02/25/content_1656513.htm,最后浏览日期:2022年10月10日。

清楚,在立场、情感上获得民众认可,增强民众对党和政府的信任感。

第二节　新闻发布制度的主体建设

新闻发布队伍建设是我国新闻发布工作中的基础问题,是新闻发布工作的组织保障。一个组织有序、业务过硬的新闻发布队伍有助于新闻发布工作的顺利、高效开展。新时代的新闻发布队伍要完成党和国家的新要求、新任务,增强新闻发布主体的自身建设,全面提升专业素养和业务水平。设置政府新闻发言人的原因在于让公众获得有效了解政府信息的途径,新闻发言人就像是在政府内部工作的、为公众收集信息的记者,他们的职责是尽可能多地为公众搜集信息。作为新闻发布制度的主体,新闻发言人是一个"制度人",虽然在发布中常以个人身份出现,但他的背后是一个团队,需要整个团队共同发力,时刻加强培训,提升团队的整体素养。

一、完善团队建设,确立组织名义

我国各级党政部门的新闻发布工作部门通常为新闻办公室。新闻办公室一般承担搜集新闻、分析舆情、确定发布口径、联络媒体和召开新闻发布等工作,通常由舆情收集研判组、新闻发布组和记者接待组成[①]。在实际工作中,为操作方便并及时、准确地获取新闻信息,省、市、县的新闻办公室通常设在宣传部内,与外宣、网宣形成合力,

---

[①] 国务院新闻办公室新闻局:《新闻发布工作手册》,五洲传播出版社2015年版,第83页。

但新闻发布会往往还是以党和政府的名义举行。

在人员配备方面,首先,党政机关可设置一个或多个新闻发言人,并为他们配备新闻发言人助理,主要负责新闻办公室的人员管理和日常运作,最重要的职责是与媒体沟通,代表政府发布新闻、回答问题。根据其他工作职责,新闻办公室也可以设置一些人员和岗位,主要负责组织新闻发布、联络记者、回答问询、舆情分析和本系统的内部沟通①。在进行人员配备时,新闻发布团队可以考虑不同专业的人员构成,如法律专业、政治学专业、经济学专业、新闻学专业、舆论学专业等。当然,各级党政机关和部门的新闻办公室应根据实际需要建设团队,同时进一步推动主要负责同志关注和参与新闻发布工作。主要负责同志关注和参与新闻发布工作,主要指如下两个方面:一方面是指主要负责同志作为领导,需要根据党中央、国务院的要求加强对新闻发布工作的领导;另一方面则指主要负责同志要遵循习近平总书记作出的"领导干部要增强同媒体打交道的能力"的重要指示,积极学习、参与培训、遵从规律,在新闻发布工作中提高实践能力,这样才能不断提高国家治理能力的水准。主要负责同志关注和参与新闻发布工作不仅有助于推进新闻发布工作更好地向纵深发展,更有助于提升新闻发布工作在突发事件处置和网络舆情危机管理中的舆论引导效果,提升组织公信力,减少各类危机对党和国家形象的伤害。

其次,在新闻发布活动中还要注重对舆论领袖的培养和运用。在对新闻发布的两端——政府和公众进行分析时,有必要对其中可能存在的中间环节,如舆论领袖等进行讨论。白鲁恂(Lucian W. Pye)在《传播与政治发展》一书中强调,一个现代的传播系统包括两

---

① 国务院新闻办公室新闻局:《新闻发布工作手册》,五洲传播出版社2015年版,第86页。

个层级:其一是一个高度组织化的、结构明确的、专业化的大众传播媒介;其二是一个非正式的、多元化的、基于社会的舆论领袖体系①。学者苏颖认为,按照白鲁恂的解释,处于政治发展中的转型国家的政治传播之所以效果不佳,是因为大众传播媒介与舆论领袖这两个层级并没有密切地整合起来,而是各自代表着独立、自发的传播系统②。因此,在新闻发布活动中,相关部门要注意对舆论领袖的培养。有关舆论领袖的研究表明,在现实的传播过程中,人际影响比大众传媒更为普遍和有效,更能保持基本群体中的内部意见和行动一致③。在移动互联网时代,舆论领袖在受众群体中能起到很好的舆论引导作用。在新闻发布活动中,有关部门可以借助舆论领袖作出权威解读,尤其是发挥新媒体平台的舆论领袖的作用,在议程设置和舆论引导等方面力争主动、力求实效。其中,最具典型的舆论领袖为"智库"。智库在政治沟通中的功用更多表现为影响公共政策和舆论的形成,以及在危机事件中的政治调解功能④。智库作为第三方,在某一特定领域具有丰富的知识储备,当政府出台新的政策和法规时,可以作出进一步的解读和分析;当公众表示质疑时,可以帮助政府迅速作出反应,表明政策的合理性或者提出进一步的完善措施;当突发事件发生后,也可以为政府出谋策划、应对舆情等。

---

① 参见 Lucian W. Pye, "Models of Traditional, Transitional, and Modern Communication Systems," in Lucian W. Pye, ed., *Communications and Political Development*, Princeton University Press, 1963。
② 苏颖:《作为国家与社会沟通方式的政治传播:当代中国政治发展路径下的探讨》,中国社会科学出版社 2016 年版,第 94 页。
③ 刘明:《让中国的"意见领袖"走上国际舞台》,《对外传播》2010 年第 2 期,第 5—7、1 页。
④ 刘小燕:《政治传播中的政府与公众间距离研究》,中国社会科学出版社 2016 年版,第 110 页。

二、解决"本领恐慌",实现有效沟通

在全媒体时代,如何与媒体进行有效沟通,如何正确引导热点事件的舆论走向,建立权威、准确、快捷的新闻传播和沟通渠道,是新时代新闻发布工作者必须具备的素质。在新闻发布工作中,不论是日常政策性信息的发布,还是热点舆情事件的舆论引导工作,新闻媒体在信息传递、澄清谬误、凝聚共识等方面发挥着不可替代的作用。因此,新闻发布工作者,尤其是新闻发言人要正确地认知和处理与媒体的关系,"增强领导干部同媒体打交道的能力,重视媒体的作用,正确对待媒体,善于运用媒体推动实际工作"①。同时,还要加强培养新闻发布工作者的互联网思维认知水平,提升他们的新媒体素养。"我们必须科学认识网络传播规律,提高用网治网水平,使互联网这个最大变量变成事业发展的最大增量。"②习近平总书记在中共中央政治局第二次集体学习时强调,"运用大数据提升国家治理现代化水平。善于获取数据,分析数据、运用数据,是领导干部基本功"③。因此,新闻发布工作者要学会运用大数据平台,实现对舆情的分析和预测,将挖掘的数据进行价值转化,了解涉事群体、网民群体的构成、言论和心态,及时把握民意动向,预测舆情的变化趋势,回应网民关切,将敏感舆情化解在萌芽状态;结合媒体融合的发展趋势,把握新闻传播规律和新兴媒体发展规律,保障政务新媒体的正常运营和互联网舆情信息的搜集和研判等。

---

① 新华通讯社课题组:《习近平新闻舆论思想要论》,新华出版社 2017 年版,第 14 页。
② 《习近平出席全国宣传思想工作会议并发表重要讲话》,2018 年 8 月 22 日,新华网,http://www.gov.cn/xinwen/2018-08/22/content_5315723.htm,最后浏览日期:2022 年 10 月 10 日。
③ 《用大数据提升领导力》,2018 年 4 月 26 日,光明网,http://news.gmw.cn/2018-04/26/content_28498965.htm,最后浏览日期:2022 年 10 月 10 日。

三、开展业务培训,加强能力建设

新闻发言人除在部门和行业的业务角度对专业性有较高要求外,他们还必须掌握新闻发布专业方面的知识。因此,为提高主要领导参与新闻发布工作的效果,必须要对他们进行专业化的培训,在发布会之前进行充分的培训和演练,系统、及时地更新相关知识储备和结构,着重提高新闻发言人的新闻素养和发布能力。

首先,新闻发布者要注重对议题把控能力的培养。第一,在具体实践中,应将政府议程与媒体议程、公众需要紧密结合起来,注意把握方向与需要的有机结合,尽量寻求政府议程、媒体议程和公众议程的最大公约数。第二,要有前瞻意识和研判能力,对国内外重大趋势性和方向性的变化能够有所预判,对人民群众迫切关心的问题能够敏锐体察,对社会热点问题能够及时感知。第三,在科学研判的基础之上能够主动出击,抓住时机,及时地组织新闻发布活动,抢占舆论发布制高点。第四,在新闻发布的整体格局中,能够区分一般议题和重大议题,将那些全局性议题、敏感性议题、突发性议题列入重大议题的范畴来特别对待。

其次,加强对新闻发言人的现场把控能力的培养和提高。在新闻发布会现场,有许多因素和问题可以提前预设,但也存在不少未知因素,如现场氛围等。新闻发布会的现场控制与新闻发布会能否正常、顺利地进行密切相关,而新闻发言人现场控制能力的强弱则是会议能否平稳进行的重要保障[①]。这就要求新闻发布工作者和新闻发

---

① 王瑜:《现场控制——破解制约新闻发布会质量的"瓶颈"因素》,《新闻三昧》2008年第11期,第30—32页。

言人在前期做好准备工作。例如,在前期与媒体沟通,尽可能了解媒体和公众的关注点;针对公众关心的问题提前收集信息和材料,做好回应要点的准备等。同时,相关部门必须特别注意对专职新闻发言人的高层次专业培训(远不只是新闻发布业务的培训,诸如政府党务理论、公共关系、公共政策、危机管理等培训内容都要纳入培训视野),避免新闻发言人徒有其名、不司其职的情况。

第三节 新闻发布制度的机制建设

新闻发布机制是相对固定的、被证明是行之有效的、制度化的新闻发布工作方法。在当下,我国新闻发布制度建设中的机制建设极为重要,它的根本目的在于对经常性事件,特别是突发事件,有非常强的应对能力和处置能力,而无须党和政府运作指挥系统再在新闻发布方面作特殊的部署和安排。在这方面,有的部委、省市在实践中不断形成了自己的新体会、新方法、新经验,如教育部形成的"教育部新闻发布工作规范"。在突发事件的新闻发布工作中,教育部新闻办可以遵循"先报部领导,再通各司局"的重大机制设计思路。又如,在政策阐释新闻发布和突发事件新闻发布方面,有"舆情风险评估",新闻办负责人要在"舆情风险评估"报告上签字。

根据国务院新闻办公室对外新闻局出版的《新闻发布工作手册》介绍,目前我国新闻发布机制主要有境内外舆情搜集研判机制、重要信息通报核实机制、发布内容协调准备机制、突发事件新闻发布的应急响应机制、新闻发布评估和反馈机制、境内外新闻媒体服务机制、互联网发布和信息安全管理机制①。在新时期,新闻发布实践工作中已经形成许多新体会和新思路,因此本节在介绍已有机制的前提下②,继续探索符合新时代发展要求的新闻发布机制,如法律保障机制、多方主体联动机制的确立等。

一、舆情收集、研判机制

舆情收集、研判机制是新闻发布工作的雷达,主要作用是准确判断当前媒体和公众对党和政府工作或某些社会热点问题的态度,党政部门可以依此调整政策、发布新闻、与媒体和公众沟通,达到改善执政形象的目的。这项工作包括舆情收集整理和舆情分析判断两个部分。

舆情收集的主要工作内容包括检索网络、电子网络数据库、电视、广播和纸质出版物,为舆情分析收集足够的研究资料,并尽量做到"信息对称"。舆情分析研判就是利用现有的资料,对所关注的问题作判断分析,主要目的是判断媒体和公众对事件的态度、对党和政府部门的态度,以及分析以往类似事件的传播策略的经验和教训。这种分析判断建立在第一步的资料收集的基础上,基于事实的、有科学依据的分析判断,可以为新闻发布机构进一步制定新闻传播策略提供坚实的基础和科学保证。

党和政府的新闻发布机构必须设置专门的岗位或部门进行舆情收集、研判工作,在传播任务确定以后的第一步就是进行这项工作。舆情的收集、研判工作主要分为两个部分:一是常态的舆情收集调研

---

① 国务院新闻办公室新闻局:《新闻发布工作手册》,五洲传播出版社2015年版,第89—100页。
② 对已有机制的介绍参考复旦大学新闻发布评估组(笔者担任团队成员)撰写的《新闻发布手册》,此处结合新的发展情况完善了论述。

工作,也就是相关人员每天都必须进行常规的舆情收集和调研,给部门负责人提供参考;二是专项的舆情收集调研,相关人员要针对某一准备发布的主题,制作舆情调研报告,内容包括当下的舆情状况和以往同类主题发布时的舆情分析。

二、依法发布的保障机制

公开透明是法治政府的基本特征。在新闻发布工作中,各部门和相关人员要坚持依法发布,这是依法治国、依法行政在政府信息发布工作中的具体表现。一切信息公开行为都要以法律为依据,牢固树立法治观念,秉承合法、合规、公开的原则。

首先,在发布信息之前,发布主体一定要充分了解信息公开的法律法规,使新闻发布工作符合国家的法律法规,严格遵守各项法律及规章制度。一系列管理规范的印发使我国的新闻发布机制建设在高位推动下,做到了有法可依。虽然关于信息发布等方面的上位法仍有缺失,但相关制度的提出,以新闻发布为核心的信息公开法律体系的不断完善,对新闻发布的工作原则、程序和运行机制作出的明确规定,都为新闻发布工作的有效开展奠定了坚实的法律基础。

其次,新闻发布工作一定要合法,尤其是面对社会转型过程中出现的各种问题。为应对、防范可能出现的矛盾、风险和挑战,新闻发布工作者必须充分发挥法治的引领和规范作用,用法治思维谋划工作、处理问题。"普遍设立法律顾问制度"是党的十八届三中全会确立的改革任务[①]。党的十八届四中全会对推行法律顾问制度进一步

[①] 李明征:《推行法律顾问制度和公职律师公司律师制度的重大意义》,《人民日报》2016年6月17日,第1版。

明确要求,提出要"积极推行政府法律顾问制度,保证法律顾问在制定重大行政决策、推进依法行政中发挥积极作用"①。具体发布工作的每个环节都要请法律专家或顾问把关,在新闻发布制度建设中建立法律保障制度,一切以依法发布为首要要求和任务。

三、信息通报核实机制

党和政府的权威新闻发布机构必须要第一时间掌握、组织各部门发生的各种情况,这就需要建立专门的信息通报机制。同时,新闻发布机构在组织外部(通过舆情收集、调研等手段)得到有关组织内部(党和政府部门)的情况需要核实确认时,就要有信息核实机制来保证内部沟通积极、有效。对于政府信息的发布,要依法依规做好保密审查工作,涉及其他行政机关的,应与有关行政机关沟通确认,确保发布的政府信息准确、一致。

重要信息的通报核实机制能够保证新闻发布机构得到及时、准确的第一手信息,在信息发布中始终掌握主动权。如果在新闻发布活动中,记者提出了新闻发言人本应了解的问题却得不到确切的答案,媒体与公众就会对新闻发言人的能力产生怀疑,甚至会对整个党和政府的执政能力和态度产生怀疑,这无疑会极大地损害政府形象。

在组织内部的信息通报核实中,比较常见的问题是信息通报中的"报喜不报忧"和信息核实中的隐瞒、推诿问题。这些问题会严重地损害党和政府的形象,因此相关部门必须建立一整套完善的重要信息的通报核实机制来防止这些问题的发生。

---

① 习近平:《关于〈中共中央关于全面推进依法治国若干重大问题的决定〉的说明》,《共产党员(河北)》2014年第22期,第20—25页。

组织内部的信息通报机制是自下而上的信息流动,指的是在党和政府各部门发生的具有新闻价值的信息应该以最快的速度报送上一级别的新闻发布机构。其中,应该包括规定信息重要度的划分标准;规定与不同重要等级的信息相应的通报时限、方式和方法;指定信息通报的责任人;制定信息通报的奖惩措施等。这样做的核心目的是保证真实的情况能够以最快的速度上报到相关新闻发布机构,便于相关工作人员作出正确、及时的反应。

组织内部的信息核实机制往往是自上而下的信息索取,即上一级别的新闻发布机构由非组织渠道(舆情调研、媒体通报、记者发问、民意反应等)获知信息,向组织内的相关部门求证核实。这个机制是为了避免在信息核实过程出现信息失真、信息隐瞒和信息失效的问题。信息核实机制主要应该包括规定信息核实的责任人,从制度上确保反馈过来的信息是真实的,确保信息核实的工作流程是合理、有效的,并规定信息核实的时效性要求。

四、预设问题的准备机制

在新闻发布活动中,发布活动的协调和准备工作是非常重要的环节,除了人员的协调,发布材料的准备和汇总也至关重要。每场新闻发布活动的工作人员都要准备大量的材料:从类型上分,有文字材料和音像资料;从用途上分,有发布方材料准备和媒体方材料准备。一般来说,发布方材料主要是为了方便发言人能够快速地查找到相关的信息,起到提示的作用,主要有口径材料、现场新闻发布辞、新闻发布要点提示等内容。媒体方材料主要有背景介绍材料、音像图片资料、事实资料页等。媒体方材料也会与发布方共享,比如图片音像材料有时会在发布活动上由发言人展示,以增强发布活动的感染力。

在组织架构上,要落实准备各类资料的责任人,形成工作制度;在组织程序上,要有经验丰富的资料准备人员,明确资料的出处,明确材料的审定制度;在内容形式上,要有明确的材料分类,有相对固定的资料准备格式。

在材料准备中,最为重要的就是口径准备和口径库的建设。在口径准备过程中,要明确口径拟定和审核的各级责任人、索取和提交的程序、以何种形式提交、口径终审和批准的权力及级别。明确了以上各个程序,才能保证口径的获取、审核、批准等环节顺利有序地进行,有效防止在突发事件中出现悬而未定或推诿责任的情况发生,避免贻误时机,陷入被动。口径库是指对于某些重要问题的标准回答的汇总。通过长期的积累,对于一些重要问题的回答会形成一个数据库,相关工作人员可以按照类别、事件、部门、时间等要素进行检索,在某些专题的新闻发布活动中用作答问参考。口径库的建设是一项长期的工作,需要建立一套完善的措施,确保口径库的日常维护和不断更新,某些情况下还要规定口径库的查看权限。此外,口径库要有专人管理,从内容上和技术上支持新闻发布工作机制的正常运行。

五、多方主体的联动机制

在具体实践中,不论是日常新闻发布工作还是突发事件的新闻发布工作,发布主体往往并非仅涉及单一部门,而是包括新闻发布主管部门、涉事责任相关部门等。政府是公众了解事件情况的最重要的信息来源,尤其是关于突发公共事件,政府回应的第一印象尤为重要。综观近年来发生的一些舆情热点事件的新闻发布工作,新闻发布效果不佳,甚至衍生出次生舆情,部分原因在于涉事相关部门没有做好沟通与协调工作，在信息发布和舆论引导过程中没有做好各部门之间的联动工作，处理好联动关系，所以在回应环节中出现了脱节的情况，严重影响了政府主管部门的公信力。有鉴于此，主管部门与涉事相关部门要形成联动关系，建立健全协调机制，做到统一指挥、整合资源、联动协作、合力应对，为政府内部的快速反应提供全方位保障。

首先，涉事相关部门需要提前为新闻发布主管部门提供充分的信息支持，建立行政事务与新闻发布工作的协调沟通机制；新闻发布主管部门要为涉事相关部门提供专业支持，协助涉事部门确定发布主题、发布内容、发布渠道等具体事宜。

其次，对于涉及多个涉事部门的新闻发布活动，应明确政务公开新闻发布、政策解读、政务舆情回应的责任主体，明确"第一责任人、第一解读人、第一发言人"，涉及多个涉事主体部门的新闻发布活动一定要有总体统筹，由权威的行政官员"坐镇"，围绕主题确定信息发布的程度、发布的基调和发布的措辞，通过一定方式将涉事部门串联起来，形成以政府为核心的各涉事部门的权力与责任合理分配。

最后，涉事各部门要权责清晰，打破部门藩篱，提前通气，由每个部门的一把手审核好发布内容之后，通过联席会议等形式最大限度地进行信息沟通和资源共享，做到事前沟通、共同确认，"说什么，怎么说"都要步调一致。尤其是针对同一事件进行多场新闻发布活动时，各部门对事件的定性和处理措施要保证信源固定、参与人员结构稳定、官方回应层级统一，切不可各自为政、说法不一。

六、突发应急响应机制

党和政府的新闻发布机构是随时处于待命状态的特殊部门，当有突发公共事件发生时,党和政府总是要争取第一时间发布相关信息,满足公众的知情权,获得公众的理解和支持,避免使公众产生恐慌情绪。

首先,要明确成立临时专项小组全程跟踪处理紧急情况;新闻发言人应担任团队的指挥和管理;要确定专人分别与业务部门和媒体保持联络,为业务部门提供信息指导并及时获取媒体和业务部门的反馈;设置专人进行资料的收集和分析,对媒体反馈的信息进行评估;必要时邀请学术机构的相关专家作出指导和评估。

其次,应形成发布方案,第一时间确定要发布的信息,以及后续要发布的内容和形式;在紧急情况下应制定信息的通报和核实标准,如是否及时通报和反馈,由哪一级人员负责,何时恢复为常态的通报等;在紧急情况下对发布形式的特殊要求作出安排,如何种情况可以开通专线电话解答问题,是否开通专门网站发布信息,是否到现场发布等。

最后,制定明确的专业工作要求和规定,对信息真实性的核准作出明确的规定,对新闻信息发布中保持口径作出明确要求,对紧急突发事件中记者采访要求的回应也应作出明确的要求与规定。

七、发布评估的反馈机制

在信息发布前,相关人员主要是解决信息是否发布和如何发布的问题。党和政府信息千头万绪,对于某些特定的信息是否需要发布,必须要有相关的规定和程序来决定其如何发布、何时发布。也就是说,各级党和政府部门必须要有一套完整的制度,规定信息发布的决定权和运作程序;要建立一套有效的决策机制,明确流程和执行标准,如对牵头单位如何启动新闻发布会的程序,发布哪些信息,如何搜集发布会所需信息等作出指示。

在信息发布后，对新闻发布活动作出科学的评估是科学发展观在新闻发布工作中的具体体现。相关部门要逐步具备对整体事件的全过程作出动态评估的能力，并从对发布现场、媒体效果的评估延伸到对受众态度与行为的评估。由于新闻发布机构的自我分析可能具有局限性，因此应邀请第三方学术研究机构对新闻发布活动进行客观的专业评估。

信息发布的初始目的一般来说有沟通民意、探测反应、答疑解惑、驳斥谣言、凝聚民心等。信息发布之后，媒体和社会的反应如何、发布的效果如何应该是党和政府最为关心的。因此，必须要有一套信息反馈机制来帮助党和政府获知效果，作出进一步反应，注意发布工作的调适，在发布中建构和完善党和政府形象。

八、媒体咨询服务机制

新闻发布机构和新闻媒体是一种合作共赢的关系，通过新闻媒体，党和政府的声音才能更好地传达到公众当中，并据此产生良好的传播效果。新闻发布机构首先要更新管理观念，树立服务意识，建立一套完整的新闻媒体咨询服务机制，树立良好的党和政府的形象。

媒体咨询服务机制主要分为日常服务和发布活动期间服务两大部分。日常服务主要是指在无新闻发布任务时服务记者的项目，如接受记者的书面或电话问询，邀请记者集体采访或专访。发布活动期间的服务包括前期、中期和后期服务三个阶段，主要内容为准备媒体方材料，提供及时、准确的发布活动通知服务，提供安全、有序的发布活动技术设备服务，提供有保障的发稿服务，提供会后查询服务等。

　　媒体咨询服务机制充分体现了"以人民为中心"这一执政理念的具体要求,不仅是从制度上完善服务机制,而且要进一步转变思维方式,更新观念,从"管理"转为"服务",把"管理"融于"服务"。因此,新闻媒体服务建设包括制度建设和观念建设两个部分,除了在制度上保证党和政府的服务功能,还需要通过规律性的业务学习和经验总结,提高新闻发布工作人员的意识,使他们能够在日常工作中时刻不忘服务精神。

第四节　新闻发布制度的平台建设

　　2019年1月25日上午,习近平总书记到人民日报社,就全媒体时代和媒体融合发展举行第十二次集体学习。他特别指出,"全媒体不断发展,出现了全程媒体、全息媒体、全员媒体、全效媒体,信息无处不在、无所不及、无人不用,导致舆论生态、媒体格局、传播方式发生深刻变化,新闻舆论工作面临新的挑战"[1]。这一挑战同样是新闻发布工作的新挑战。我们的新闻发布工作要向广大人民群众阐释清楚伟大斗争、伟大工程、伟大事业、伟大梦想,最大限度地凝聚社会共识。新闻发布工作者要运用信息革命成果,借助媒体融合向纵深发展的浪潮,不断增强党政部门的舆论引导能力。进入新时代,我国的新闻发布工作要牢牢把握人民群众对美好生活向往这一根本目标,加强传播手段和话语方式创新,让党的方针政策"飞入寻常百姓家",

---

[1]《习近平:推动媒体融合向纵深发展》,2019年1月25日,新华社百家号,https://baijiahao.baidu.com/s?id=16236270244281544808&wfr=spider&for=pc,最后浏览日期:2022年10月10日。

做到"入耳、入心、入脑"。以习近平同志为核心的党中央高度重视传统媒体和新兴媒体的融合发展,多次强调要利用新技术、新应用创新媒体传播方式。目前,虽然新闻发布方式多管齐下,但在新闻发布工作中,新媒体新闻发布平台的建设依然薄弱。这就要求新闻发布工作者在充分发挥好传统媒体作用的基础上,更好地借助新媒体传播平台优势,使互联网这个最大变量成为事业发展的最大增量。目前,新闻发布方式多管齐下,新闻发布平台也基本能做到线上与线下相结合。这些发布方式的选择和发布平台的建设看起来是相辅相成的,但在实际运用过程中却缺乏一定的科学性和有效性。如何适应媒介技术变革的新浪潮,以及如何建设新闻发布平台是本节研究的重点问题。

一、依托媒介融合发展,建设全媒体发布平台

随着媒介技术的发展,媒体融合的快速发展有助于增强党政部门的舆论引导能力。新闻发布的主要目的是让媒体和公众及时、充分地了解党和政府的政策、决议、措施,以及对相关问题的态度和意见。移动互联网时代改变了过去自上而下的信息传播路径与模式,公众除了通过传统媒体了解部分政策信息外,大部分信息是通过移动互联网获取的,舆论第一阵地已经悄然发生转移。媒介技术的发展还影响和推动了我国舆论格局的转变,对于一些热点事件,公众开始寻求在互联网上发声,形成了"官方舆论场""民间舆论场"等多种舆论场域。由于不同舆论场采用不同的话语体系,这就导致舆论场之间存在割裂与断层,甚至还可能出现尖锐的矛盾和对立。这些都增加了新闻发布工作的难度。因此,党政部门要想占据舆论第一阵地,弥合不同舆论场之间的断层和割裂,把握舆论引导的主动权,就

要借助融媒体平台,推进党务政务信息公开工作,把握融媒体语境下的信息传播特点,及时回应民众关切,建立健全自身信息发布和政策解读能力。

目前,我国新闻发布的形式有新闻发布会、吹风会、组织记者采访、新闻公报、声明、电话、传真、邮件答复记者问询、官方网站发布、微博、微信等新媒体发布[1]。选择不同形式来进行新闻发布,本身也是党和政府立场、态度的一种鲜明体现。不同的发布形式会在很大程度上影响发布效果。2019年,习近平总书记在主持中共中央政治局第十二次集体学习时强调,"推动媒体融合发展、建设全媒体成为我们面临的一项紧迫课题。要运用信息革命成果,推动媒体融合向纵深发展,做大做强主流舆论,巩固全党全国人民团结奋斗的共同思想基础,为实现'两个一百年'奋斗目标、实现中华民族伟大复兴的中国梦提供强大精神力量和舆论支持"[2]。近年来,利用新媒体平台进行发布成为发展趋势,但在实际工作中,新媒体平台的用户群往往是政策宣传的盲点人群,因此我们要提升新闻发布的传播力、影响力、感染力,拓展新闻发布平台,应用新媒体技术,增强与新媒体用户群的互动体验。综上,我国的新闻发布工作要充分利用新媒体平台,尤其是依托全媒体中心的建设,整合媒体资源,推动信息发布平台的集约发展,建设综合信息服务平台,强化信息服务功能,加强主流舆论阵地建设,真正助力党和政府工作,高效筑起党和政府与人民群众信息沟通的"最后一公里"。

---

[1] 国务院新闻办公室新闻局:《新闻发布工作手册》,五洲传播出版社2015年版,第9—15页。
[2] 新华社:《中共中央总书记、国家主席、中央军委主席习近平的重要文章〈加快推动媒体融合发展 构建全媒体传播格局〉》,《新闻采编》2019年第2期,第1页。

二、明确发布主体平台,线上线下合理布局

当前,新闻发布工作主要采用新闻发布会的形式。同时,为适应媒介生态变革,充分利用政务微博、政务微信、政务抖音号、直播等线上发布的形式也逐渐成为发布新常态。与传统新闻发布会相比,线上发布具有及时、高效、受众面宽、接受范围广的优势。近年来,党和政府的新闻发布工作充分利用线上发布的优点,第一时间发布有关信息,迅速传播权威的话语和官方的态度,有效地遏制了谣言和负面言论的不良影响。在线上发布的实践中,政府也日渐成熟,对新媒体的使用已经进入一种良好的状态。但是,线上发布也受制于信息容量相对较小的制约,发布内容多为短小精悍的文字信息或图片、视频片段,其信息发布的完整性、现场感、互动性等均不如新闻发布会。

因此,在新闻发布工作中,要强调线下新闻发布的主体地位。新闻发布会在形式、内容和传播效果等方面具有线上发布不具备的优势。首先,在形式上,是政府或官方的代表或发言人现场传达和解释信息,他们会在发布会召开前做充足的准备,所发布的信息具有很强的权威性;其次,发布会的时间较为充足,围绕一个主题可以进行较为系统、深入的说明,充分传达发布者的意见和态度;再次,发布会现场的答问环节中的互动是高效而充分的,媒体记者会围绕主题从公众关心的角度提出问题,并得到官方的及时回应;最后,从传播效果上看,线下新闻发布通过媒体的二次传播(通常情况下是借助新媒体的次级传播)也产生了广泛的影响力。在新媒体时代,最佳的新闻发布原则是线上与线下有机结合,但我们绝不能在新媒体的发展浪潮中忽视新闻发布会的作用。重视新闻发布会就是要充分发挥它的优

势,改善它的不足,具体措施包括:加强对考核评价体系的重视,给予线上线下发布合理的评判比例,在对重大舆情事情的回应中必须突出线下新闻发布的地位和作用等。

三、正确处理传统媒体"易管"与新媒体"难控"的关系

舆论场域中的意见竞争通常表现为公信力、真实性和时效性三者的复杂互动。基于我国的媒介管理体制,人们通常理解的传统媒体包括报纸、杂志、广播、电视,它们作为媒介机构受到党和政府的严格管理。在重大新闻和舆情传播中,传统媒体代表的是主流的声音、政府的声音、官方的声音。由这些传统媒体创办的新媒体平台实际上也受到了较为严格的管理。相较于此,以微博、微信、抖音等为代表的商业新媒体平台,它们以用户生产内容(user generouted content,简称UGC)的方式让社会组织和个人都可以成为信息的发布者。就管理的复杂性和技术难度而言,我们目前尚无有效的手段管理新媒体平台"众声喧哗"的局面,虽然党和政府不断制定新规对其加以约束和制约,但多为事后应对和规范,在一定程度上无法与新兴媒体的发展速度匹配、适应。这就在事实上造成了传统媒体在掌握舆论引导权方面有所欠缺的局面。由于理念落后和机制建设不足,各级管理部门在进行有关重大舆情事件的信息发布时,因观念保守、反应滞后和处理流程烦琐,导致传统媒体在很多时候做不到应对的时效性和主动性,如果在真实性上仍有不足,就更会影响公信力。

对传统媒体的"易管"正给在竞争中本已处于弱势位置的传统媒体压上最后一根稻草,持续的"失声""失语""缺位"让传统媒体的处境更加艰难,流失了更多的受众,它们的主流影响力也日益弱化。同

时,对新媒体的"难控"则让各种非主流、非权威的声音填补了主流媒体失语造成的信息真空地带。在新闻发布的实际工作中,我们要给权威主流媒体"松绑",传统媒体特别是主流媒体作为平稳舆论的压舱石,在有关重大事件的发生时,要及时、准确、快速地发声,抢占信息发布和舆论引导的主动权,重新树立权威性。要做到这一点,就需要管理部门进一步更新观念、解放思想,从党和政府工作的全局出发,尊重新闻舆论工作的基本规律,发挥传统媒体的积极性,以平衡的方式来处理传统媒体和新媒体的管理策略,为传统媒体创造更多的空间,恢复和重塑主流媒体的公信力。当然,要不断强化传统媒体正在实施的媒介融合战略,拼抢甚至是争夺话语空间。

第五节　新闻发布制度的话语建设

我国新闻发布的主要工作就是做好对党和政府重要政策的传达与解读工作,尤其是对重大关切、重大政策、重要民生工程等信息的解读,回应国内外媒体和公众的关切,阐述党和政府的主张,及时、准确、客观、全面地发布突发公共事件信息,避免媒体和公众的误读。在新时代的新闻发布工作中,如何讲好新闻发布工作中涉及的主要内容,如何打造易于被国内外舆论界理解和接受的新理念、新范畴、新表述,探索适应新时代和新形势的话语发布方式,考验着党和政府的执政能力和适应能力,也是今后新闻发布制度建设的核心问题。这就要求新闻发布工作者要在具体实践中注重文风、话风建设,融通政府、媒体和公众话语。政府工作话语往往与新闻话语、公众话语有所不同,在新闻发布工作中要根据不同发布平台、不同发布形式采取不同的话语文风表达,要避免以居高临下的姿态向媒体和公众进行宣传说教,应以信息介绍和互动交流的方式将政府话语、媒体话语和公众话语进行合理转化,让媒体和公众更容易接受政府发布的信息内容,做到话语平等、坦诚相待。

一、遵循新闻传播规律,注重新闻发布的时度效

我国新闻发布制度的话语建设"关键是要提高质量和水平,把握好时、度、效"①,这既是习近平新时代中国特色社会主义思想的理论创新,也是遵循新闻传播规律的本质要求。所谓"时",即时机和时效;所谓"度",即力度和分寸;所谓"效",即实效和效果。三者辩证统一,缺一不可。在新闻发布工作中,遵循新闻传播规律,将新闻传播规律与议程设置有机结合,以真实性、客观性为前提进行议程设置,重视议程设置的筛选环节,将信息量、时效性、关注度和典型个案等要素充分体现其中。尤其是突发性事件的新闻发布工作,政府必须履行好自己的职能,最大限度地抢占话语的主导权和传播的先机权,正确地设置议程,积极主动地宣传和倡导正面的声音,引导和正确转换负面的声音,并且尽可能地与现实事件同步,与真实生活相对应,形成健康向上的主流舆论。

在具体操作中,新闻工作者要把握发布的传播节奏,选择发布的最佳时机。有些发布会中的内容过多,媒体在报道时只能进行取舍,选择的内容多了不易讲透,选择的内容少了则丢掉其他亮点。建议相关人员每次选择一两个亮点,以缓释的方法逐步进行发布,从而有利于媒体传播和受众吸收;建议评估和选择有利于产生最佳传播效果的发布时机。值得注意的是,在具体实践中,新闻发布工作不可能

---

① 《习近平谈治国理政》,外文出版社2014年版,第155页。

也做不到百分之百的纯透明,但要做到透明有"度"。以军队新闻发布为例,除信息公开原则以外,"保密性"也是必须注意的一点。

二、创新发布话语方式,提升同频共振效应

一切工作以最广大人民群众根本利益为检验标准。新闻发布的过程也要着眼人民群众的现实需要解疑释惑、阐明道理,采用"信息+情怀"的发布思路,议题越专业,在确保措辞准确性的前提下就越要使发言稿口语化、通俗化。同时,发言要有人文关怀,尤其是在突发公共事件发生后,除了信息发布要及时、准确,还应该让人民群众感受到党和政府的温度。

首先,注重"宏大叙事"向"微叙事"的转变,将新闻发布工作进行下沉与落地。新闻发布的重要职能就是宣介党和政府的政策与主张,在新闻发布尤其是基层新闻发布工作中,受到地域、媒体资源等因素的限制,存在新闻发布工作能力较弱,信息发布频率有限,无法满足群众对政务信息的需求的问题。同时,有些基层新闻发布的效果也不佳,很多时候被人们视作一项"政绩工程",讲"大话、官话、套话",如同一项任务,是为了发布而发布,并未发挥新闻发布的真正作用。这些都严重影响了我国新闻发布工作的传播力、引导力、影响力和公信力。在具体实践中,如果新闻发布过程中以"宏大叙事"为话风,则可能不利于使公众听懂、读懂。因此,相关发布工作应当转换话语方式,注重文风、话风的建设,探索更适合基层受众的话语风格,将发布工作真正下沉与落地。新闻发言人不能一味地看稿、念稿,而应结合实际情况,结合媒体、公众关注的热点加以解读,用生动、鲜活的故事和例子与公众交流,"将概念具体化、数据实例化,提高议题的穿透力,适宜大众分享与传播,解决'有理说不出,说了也传不开'的

问题"①。

其次,要适应技术变革,注重"单一话语"向"多模态话语"(multimodal discourse)的转变。随着媒介技术的发展,单一模态的传递方式已经无法满足人们对信息的需求,人们开始寻求多模态的话语表达方式。模态是物质媒体经过社会长时间塑造而形成的意义潜势,是用于表征和交流意义的社会文化资源②。而多模态话语是一种融合声音、文字、图片等多种交流模态进行信息传递的语篇,较之语言文字,图像符号具有不可比拟的社会动员力量和话语建构能力③。新闻发布亦如此。在新闻发布的话语体系中,单一的文字符号已经不能满足信息传递和交流的需要,新闻发布内容也不再局限于纯文字的表述,而是应被复合话语取代,采用配图、视频、音频等表达方式,成为一种多模态话语表达方式。同时,相关工作人员要注意以"方向统一,平台有别"为原则进行内容的发布。"方向统一",指新闻发布的主旨和口径要统一;"平台有别",指在新闻发布工作中根据不同发布平台、不同发布形式采用不同的文风、话语文风表达。

---

① 夏凡:《基层新闻发言人实践》,五洲传播出版社2017年版,第82页。
② 转引自李战子、陆丹云:《多模态符号学:理论基础、研究途径与发展前景》,《外语研究》2012年第2期,第1—8页。
③ 刘涛:《图像政治:环境议题再现的公共修辞视角》,《当代传播》2012年第2期,第23—26页。

/ 第六章 /

我国新闻发布制度建设的效果评估[①]

新闻发布活动是一个复杂的政治传播活动,不仅指媒体上呈现出来的信息发布,还包含采集(舆情搜集与研判、材料准备与答问参考)、策划(确定发布主题、确定发布形式、确定发布人选、确定发布对象、选择发布时机、确定发布平台、选择发布地点等)、发布(发布活动的主持、发布效果的现场管理)、评估(发布活动效果评估与反馈)等,是一个立体的流程。回顾我国新闻发布制度建设的发展历程,离不开舆情研判、发布实施、效果监测、发布改进等各个环节的完善[②]。新闻发布的传播效果是检验新闻发布的标准,新闻发布工作不能停留在"只要发布就可以"的阶段,而是要注重实效,加强效果评估。新闻发布效果评估的目的在于考察新闻信息发布是否做到了信息的上传下达与良好沟通,是否达成了政府议程、媒体议程与公众议程的大致统一,是否使社会舆论和社会秩序趋于和谐[③]。

[①] 笔者近年来多次参与地市级、省级、国家级新闻发布的评估工作,本章结合实际的评估情况对效果评估进行了介绍。
[②] 张志安、李春风:《新闻发布评估机制变迁与构建研究》,《新闻与写作》2017年第10期,第64—68页。
[③] 侯迎忠:《突发事件中政府新闻发布效果评估体系建构》,人民出版社2017年版,第150页。

第一节　新闻发布制度建设效果评估的目的和原则

我国新闻发布制度建设已经形成"国务院新闻办公室—中央和国家机关有关部门—省（市、区）级政府"三个层级的新闻发布体系，新闻发布评估工作也在三个层级逐步展开。目前，每个层级的新闻发布工作又分为横向、纵向两个维度。以国务院新闻办公室为例，新闻发布评估主要包括对国务院新闻办公室整年度开展的新闻发布工作进行评估（包括新闻发布数量、发布主题、发布主体、媒体提问、舆论关切等，还包括年度重大主题新闻发布评估，以及年度舆情工作分析等），以及对各省（自治区、直辖市）和新疆生产建设兵团进行新闻发布工作情况评估。此外，许多职能部门内部也建立了评估机制，定期开展新闻发布效果评估。

一、对新闻发布工作进行效果评估的目的

新闻发布工作不能停留在"只要发布就可以"的阶段，而是要注重实效，进一步完善相关措施和管理办法，加强对新闻发布工作的督查和指导，加大工作考核和问责力度。效果评估有助于新闻发布工作人员清楚地认知和测量新闻发布的实际效果，最终目的是"以评促建"，检验我国新闻发布建设是否完善，了解在新闻发布实践环节中还存在哪些问题。在此基础上，可以对今后我国的新闻发布工作提出意见或建议。

本着通过考核推进、鼓励发布实体工作的原则，效果评估应结合

具体工作的实际情况,围绕新闻发布工作制度建设制定考核指标体系。在考核实施指标方面,要制定科学、完善的指标体系,进行深入讨论,确保考核工作的客观公正、科学合理、便于操作、注重实效;注重考核新闻发布的时效和实效,重点考核新闻发布与舆论引导的效果,并根据专家组的评估效果、公众调查结果,对舆论引导效果好的发布主体进行表彰。以对新闻发言人的评估为例,在新闻发言人考核方面,考虑到新闻发言人工作的特殊性,评估考核应有利于提高新闻发言人工作的情绪和积极性;要通过评估考核督促、提高新闻发言人的工作积极性,不断提高他们的工作能力和专业素质,提高新闻发言人的职业认同感。

二、新闻发布制度建设效果评估原则

(一)系统性原则

我国新闻发布制度效果评估不仅需要进行整体性的设计和具体的实施战略,还要在实践中不断进行科学的效果监测和评估,以实现"实践—反馈—调整—实践"的动态传播过程。效果评估并非新闻发布工作的结束,这一评估过程应该是综合立体、可持续开展的,要对新闻发布进行全过程的动态评估,并适时反馈,以把握和提升新闻发布的效果。发布机构要安排专门的力量从新闻发布活动的主题选择、时机安排、策划准备、发言人现场表现、广播电视网络直播、翻译质量、境内外媒体报道、社会媒体的反应情况等方面进行综合性的评估。与此同时,相关部门也应根据当下舆情作出研判,提出下一步的策划建议。这些评估和建议要形成具有现实意义和理论深度的书面报告,供发布活动的组织者、发布方和新闻宣传有关部门研究和参考,不断改进和提升新闻发布的质量,提升发布议题的传播力。

(二)分类实施原则

在考核实施推进方面,需要考虑到各评估主体业务情况、公众信息需求等差异较大,同一单位在不同的时间阶段也存在着不平衡性,不能简单地以一套指标体系、一个评估模型和框架对新闻发布工作实施考核,而应采取分类实施的具体运作手段。因此,相关部门应该逐步探索考核和评估工作的开展,先分门别类地挑选一些典型单位作为试点,在试点经验逐步完善的基础上,再进行全面的推广和实施。同时,要考虑到新闻发布和政务公开工作两者之间的区别。政务公开是一种常态,而新闻发布更侧重于发布具有一定新闻价值的信息,如对重大事件、重大突发事件、重要政策的解读等。特别需要考虑到一些部门的实体工作与新闻发布之间存在一定的关系(正比例或反比例关系),如安全生产监管部门、信访部门等,它们的实体工作越到位,需要新闻发布的机会与事件越少。

第二节 新闻发布制度建设效果评估的指标确立

一、指标的遴选原则

新闻发布效果评估指标是测量新闻发布制度效果好坏的重要标准。对于相同的评估对象,指标不同,得出的评估结果可能有所差异。因此,合理遴选评估指标是影响评估工作成败的关键。整体而言,在对指标进行遴选时,应当遵循"有效传播"的新闻发布规律。

(一)科学性原则

以事实为准绳。真实是新闻的生命,是新闻发布工作的必然要求。因此,以事实为准绳应当贯穿评估的始终。指标体系的构建还要有科学依据,各个子指标的设计都应当科学、准确,做到有章可循、有章可依。同时,指标体系最终应形成较为完整的方法(兼流程)。

(二)有效性原则

有效的评估体系要求所建构的评估指标体系必须与所评估的对象的内涵与结构相符合,能够真正地反映评估对象的实际情况[①]。新闻发布评估体系中的所有指标必须遵循有效性原则,这样才能确保最终的评估结果是有效的。

(三)客观公正原则

客观,主要是指评估考核工作要全面、真实地反映我国新闻发布工作的基本面貌和基本状况;公正,主要是指评估考核指标的设定要无倾向性。遵循客观公正原则有助于新闻发布评估工作的顺利开展,确保评估结果的权威性和有效性。

(四)可测性原则

首先,要确保评估数据和资料的可获得性。评估数据和资料是进行评估的第一手资料,如果在评估中没有获取相关一手资料,则会使该评估体系缺乏科学性。其次,要做到定量与定性相结合。有些

---

① 范柏乃:《政府绩效评估理论与实务》,人民出版社2005年版,第219页。

指标可以是量化的,有些指标则是基于评估者的经验和主观感受的。当然,为避免主观倾向,应尽可能少地采用定性指标。最后,新闻发布的指标体系要做到删繁就简,在具体的评估工作中可以降低时间成本,避免造成人力、物力的浪费,提高评估的效率,真正做到"评估考核有依据,评定等级可操作"。

(五)动态性原则

新闻发布制度建设效果评估是在相对固定的环境下设立的,但整体性的联系是动态变化的。新闻发布制度建设应与时俱进,不断完善,评估指标也应该根据实际发展的情况进行适当的调整。

二、评估指标的确立[①]

正如笔者前文对评估原则进行的分析和论述,新闻发布评估实际上是一个复杂的、系统的过程,是对新闻发布前、发布中、发布后一系列因素的综合考量和对应分析。因此,在确立具体指标时,要以新闻发布的各个环节为考量基准,通过指标来大致还原发布过程,最大限度地确保评估的准确性。

我国新闻发布效果评估指标体系主要包括 4 个一级指标,15 个二级指标,51 个三级指标。

(一)队伍建设与能力提升

"队伍建设与能力提升"指标用以测量新闻发布的主体建设,我

---

① 各级指标及其权重分配是根据笔者前期所做的文献资料研究,以及笔者从事新闻发布评估工作的具体实践进行的预设,可根据实际情况进行调整。

国新闻发布主体主要是由新闻发言人团队组成。该一级指标所占权重为15％，包含"机构设置与人员配备""新闻发言人的选任""新闻发言人的发声情况""相关培训工作"四个二级指标。

1. 机构设置与人员配备

机构设置与人员配备是新闻发布顺利开展的组织保障，所占权重为3％，具体分为"新闻发言人工作由主要负责同志直接领导"，"新闻发言人配备专门团队，工作职责清晰"，"有新闻发布工作专项经费"三个三级指标。

第一，新闻发言人的工作由主要负责同志直接领导。测量主要负责同志是否直接领导新闻发布工作，以确保发布工作的权威性。

第二，新闻发言人配备专门团队，工作职责清晰。新闻发言人不是一个人，而是一个完整、专业的团队。该指标主要是测量新闻发言人的团队建设问题，同时测量团队的权责是否明确，以确保新闻发言工作的顺利开展。

第三，有新闻发布工作专项经费。该指标主要是测量新闻发言人团队是否有专项经费支撑，主要考察发言人团队能否确保经费的专项专用。

2. 新闻发言人的选任

新闻发言人是新闻发布团队的核心和标志，指标所占权重为3％，具体分为"设立新闻发言人"和"对外公布新闻发言人名单及新闻发布机构联系方式"两个三级指标。

第一，设立新闻发言人。该指标用以测量是否有专职的新闻发言人。

第二，对外公布新闻发言人名单及新闻发布机构联系方式。该指标用以确保信息公开的透明度，方便媒体和公众查找新闻发言人名单。

3. 新闻发言人的发声情况

该指标主要是测量新闻发言人是否开展了具体工作,所占权重为5%,具体为"以新闻发言人名义对外发布信息""策划组织本地(本部门)新闻发布活动"两个三级指标。

第一,以新闻发言人名义对外发布信息。该指标用以测量新闻发言人参与实际新闻发布工作的情况。

第二,策划组织本地(本部门)新闻发布活动。该指标用以测量相关部门是否开展了新闻发布活动。

4. 相关培训工作

该指标的设立是为确保新闻发言人团队更具专业化和职业化,所占权重为4%,具体分为"自主组织开展新闻发布业务培训""主要负责同志参加过业务培训""负责同志参加过相关业务培训"和"制定新闻办牵头对直属部门、各级政府分管负责人和新闻发言人的轮训计划"四个三级指标。

第一,自主组织开展新闻发布业务培训。该指标用以测量新闻发布主体是否开展新闻发布业务培训。

第二,主要负责同志参加过业务培训。该指标用以测量主要负责同志是否参加了相关业务培训。

第三,负责同志参加过相关业务培训。该指标用以测量除主要负责同志以外的负责同志是否参加相关业务培训。

第四,制定新闻办牵头对直属部门、各级政府分管负责人和新闻发言人的轮训计划。该指标用以测量相关部门和相关人员是否开展轮训计划。

(二) 新闻发布制度建设与完善

"新闻发布制度建设与完善"的确立是为了衡量新闻发布过程中

是否有制度保障,以及制度确立的合理性等问题。合理的新闻发布制度是新闻发布顺利开展的保障。这一级指标所占权重为15%,可分为两个二级指标——规范性要求和工作机制。

1. 规范性要求

"规范性要求"是用以测量相关部门是否有相关制度文件,包括"制定新闻发布制度文件""制定突发事件和热点问题新闻发布预案或相关文件""落实'4·2·1+N'新闻发布模式""其他配套保障制度"四个三级指标,所占权重为7%。

第一,制定新闻发布制度文件。该指标用以测量相关部门是否制定了与新闻发布制度相关的文件。

第二,制定突发事件和热点问题新闻发布预案或相关文件。该指标用以测量相关部门是否制定了突发事件和热点问题新闻发布预案或相关文件。

第三,落实"4·2·1+N"新闻发布模式。该指标是国务院新闻办公室提出的刚性要求:相关部门每季度至少举行1次新闻发布会,每年4次;这些部门的负责同志每半年至少出席国务院新闻办公室新闻发布会1次,每年2次;这些部门的主要负责同志每年至少出席国务院新闻办公室新闻发布会1次[1]。

第四,其他配套保障制度。该指标用以测量除上述文件之外相关部门是否还制定了其他相关文件,保障制度建设的系统性与完整性。

2. 工作机制

"工作机制"的制定主要参考新闻发布制度的机制建设。包括

---

[1] 《2015年新闻发布工作取得新进展》,2016年4月11日,国务院新闻办公室网站,http://www.scio.gov.cn/m/xwfbh/zdjs/Document/1473954/1473954.htm,最后浏览日期:2022年10月10日。

"建立舆情收集研判机制"(测量是否建立舆情收集研判机制)、"建立依法发布保障机制"(测量是否建立依法发布保障机制)、"建立信息通报核实机制"(测量是否建立信息通报核实机制)、"建立问题预设准备机制"(测量是否建立问题预设准备机制)、"建立多方主体联动机制"(测量是否建立多方主体联动机制)、"建立突发应急响应机制"(测量是否建立突发应急响应机制)、"建立发布评估反馈机制"(测量是否建立发布评估反馈机制)、"建立媒体咨询服务机制"(测量是否建立媒体咨询服务机制)八个三级指标,所占权重为8%。

(三) 新闻发布实践与活动

"新闻发布实践与活动"是新闻发布评估的主体部分,所占权重为50%,主要包括五个二级指标,分别是"主要负责同志的发声情况""媒体沟通情况""新媒体及网络发布""政策解读情况""舆情处置情况"。

1. 主要负责同志的发声情况

从"主要负责同志出席新闻发布活动数量""主要负责同志接受媒体采访次数(含境内和境外)""主要负责同志运用新媒体开展发布、解读、互动等活动次数""回应社会关切的积极性与效果"四个指标考察主要负责同志的发声情况,所占权重为4%。

第一,主要负责同志出席新闻发布活动数量。通过统计主要负责同志参与、出席新闻发布会的次数来判断他们是否重视新闻发布活动。

第二,主要负责同志接受媒体采访次数(含境内和境外)。接受媒体采访的次数表现了主要负责同志参与发布活动的积极性与参与度。

第三,主要负责同志运用新媒体开展发布、解读、互动等活动次数。新媒体传播途径已经成为当前社会传播的重要手段，相关人员运用新媒体的次数是检验新闻发布效果的有效方式。

第四，回应社会关切的积极性与效果。该指标用以考量主要负责同志能否针对社会关切问题进行有效的回应，是衡量新闻发布会的效果与社会舆论反应的重要手段。

2. 媒体沟通情况

以"针对日常工作及突发事件主动与媒体互动""专人接收、处理记者问询""一个工作日内回复记者问询""为境内外媒体提供信息服务及采访便利"四个指标考察媒体沟通效果，所占权重为6%。

第一，针对日常工作及突发事件主动与媒体互动。该指标用以考察针对社会突发事件相关人员能否主动、及时、有效地与媒体进行沟通，做好突发事件情况通报工作，避免社会不稳定因素产生，是衡量媒体沟通的重要手段。

第二，专人接收、处理记者问询。该指标用以考察组织机构中是否设有专人进行与记者沟通，是考核媒体沟通情况的基础。

第三，一个工作日内回复记者问询。该指标用以考察面对记者的问询，相关人员能否在一个工作日给予答复，是判断媒体沟通效果的主要指数。

第四，为境内外媒体提供信息服务及采访便利。该指标用以考察相关人员能否为媒体提供信息服务和采访便利，是进行高效的媒体沟通的前提。

3. 新媒体及网络发布

从"通过官方微博、政务微信公众号、移动客户端等发布信息并保持更新""官方网站设立新闻发布专栏并定期更新""新媒体及网络发布效果（多样化、可视化、互动性、传播力）"三个指标考察新媒体及网络发布情况。本部分作为评估的重要内容，在构建指标时考虑加大其权重，为10%。

第一，通过官方微博、政务微信公众号、移动客户端等发布信息并保持更新。网络互联手段已经成为当今社会大众获取信息的主要方式，相关人员能否做到在官方微博、政务微信公众号、移动客户端等发布信息并保持更新是评估新媒体和网络发布情况的基础。

第二，官方网站设立新闻发布专栏并定期更新。官方网站是一个组织机构的网络宣传门面，设立新闻发布专栏并定期更新是进行新媒体和网络发布的重要举措。

第三，新媒体网络发布效果（多样化、可视化、互动性、传播力）。丰富的新媒体网络发布和传播方式能更好地把内容准确而生动地传递给民众。

4. 政策解读情况

从"出台重大政策时是否通过新闻发布会、发表解读文章、接受媒体采访等多种方式及时开展解读"、"是否通过图表、动画、视频等方式进行生动解读"、"根据舆情发展变化分段、多次、持续开展解读"三个指标来评价政策解读情况，所占权重为15%。

第一，出台重大政策时是否通过新闻发布会、发表解读文章、接受媒体采访等多种方式及时开展解读。在重大政策出台之际，相关部门要及时通过各种手段讲解政策的内涵、目的等与老百姓生活息息相关的内容。

第二，通过图表、动画、视频等方式进行生动解读。这个指标用以考察相关人员能否通过图表、动画、视频等民众喜闻乐见而又通俗易懂的方式把政策内容传递出去。

第三，根据舆情发展变化分段、多次、持续开展解读。政策发布的影响通常会持续很长时间，能否在各个时间段多方位、全视角地解读政策是判断政策解读效果的重要标志。

5. 舆情处置情况

从"日常开展舆情监测、研判工作""针对突发事件等情况及时发声、主动回应媒体和公众质疑""采取多种形式的新闻发布"三个指标来评估舆情处置情况,所占权重为15%。

第一,日常开展舆情监测、研判工作。用以考察相关部门是否能定时、定期地做好舆情监测与分析研判工作,对重大、热点、敏感舆情做到早发现、早研判、早处置。

第二,针对突发事件等情况及时发声、主动回应媒体和公众质疑。该指标用以考察相关人员是否能针对突发事件及时、主动地公布相关情况,有效地防止谣言等不良信息的产生。

第三,采取多种形式的新闻发布。新闻发布的形式不能拘泥于某一种固定的模式,要进行多途径、多手段的新闻发布。

(四) 新闻发布工作实施效果

"新闻发布工作实施效果"主要用来衡量新闻发布的信息是否被媒体和公众接收和接受的程度。作为对效果的测量,为确保其科学性、可研究性,还要引入主管部门和专业机构对新闻发布活动的评价。本部分作为评估的重要内容在构建指标时考虑加大其权重,为20%,分为"主管部门评价""媒体效果""社会效果""专业机构评价"四个二级指标。

1. 主管部门评价

该指标所占权重为2%。从现实角度来看,新闻发布团队是新闻发布工作的归口负责部门,但发布决策、口径制定、业务处置等关键决策和信息的发布都归口上级部门。因此,在新闻发布工作实施效果中加入此评价指标,有利于对新闻发布主体的工作落实情况作出切实评价。

2. 媒体效果

从"报道媒体类型、报道规模、报道形式""发布会前后相关主题的报道数量对比""发布会话题关注度、讨论度""报道立场与倾向"四个指标考察发布会的媒体效果,所占权重为8%。

第一,报道媒体类型、报道规模、报道形式。通过该指标衡量新闻发布的信息是否受到媒体关注及主要受哪些媒体关注等的效果。

第二,发布会前后相关主题的报道数量对比。发布活动引发舆论关注度的强与弱是评估新闻发布效果的最重要指标。因此,以发布活动举行时间为参照,对比发布活动前一周和后一周媒体给予相关主题的报道数量,可以从第一个层面评估发布活动的媒体效果。

第三,发布会话题关注度、讨论度。通过该指标测量新闻发布信息的关注程度和讨论程度如何等。

第四,报道立场与倾向。主要测量媒体对新闻发布信息的态度,是赞成、反对还是保持中立。

3. 社会效果

新闻发布工作最终要看实际效果,也就是社会共识强、群众口碑好。我国的新闻发布工作要自觉地以群众意见这把"最好的尺子"来衡量新闻发布效果,把群众满意不满意作为新闻发布评估体系的重要标准。在具体的评估指标的设定中,由于该部分较难测量或测量成本较大(需要较多的时间、人力、物力和财力等),往往被忽略,具体可分为"公众信息知晓度""公众信息认知度""公众信息满意度""公众信息回应度"四个三级指标,所占权重为8%。

第一,公众信息知晓度。指公众知晓新闻发布的信息和媒体对其报道的情况。

第二,公众信息认知度。范围涉及传播内容的清晰度(包括传播内容的思路、传播内容的观点、传播内容的依据、传播内容的逻辑度);对传播内容的主旨、本意、特色的把握度;对传播内容及其包含的系列概念与相似内容的区别度。

第六章
我国新闻发布制度建设的效果评估

第三,公众信息满意度。指公众对新闻发布信息的评价倾向,可以采用五分法(很不满意、不满意、一般、满意、非常满意)进行测量。

第四,公众信息回应度。指公众借助媒体平台对新闻发布进行评价,比如转发、评价信息或在政务新媒体上留言等。

4. 专业机构评价

近年来,为确保评估的可行性和科学性,新闻发布的评估开始引入第三方评价机制——专业机构评价。该指标结合独立开展网络监测和调研进行评价,所占权重为2%。

以上四大指标在我国新闻发布效果评估的总体评价中各有侧重,综合来看,可以根据上述分析初步构建新闻发布评估体系的框架模型(见表6-1)。

表6-1 中国特色新闻发布评估指标体系的框架模型

一级指标	二级指标	三级指标	权重
队伍建设与能力提升(15%)	机构设置与人员配备(3%)	新闻发言人工作由主要负责同志直接领导	1%
		新闻发言人配备专门团队,工作职责清晰	1%
		有新闻发布工作专项经费	1%
	新闻发言人的选任(3%)	设立新闻发言人	2%
		对外公布新闻发言人名单及新闻发布机构联系方式	1%
	新闻发言人的发声情况(5%)	以新闻发言人名义对外发布信息	2%
		策划组织本地(本部门)新闻发布活动	3%
	相关培训工作(4%)	自主组织开展新闻发布业务培训	1%
		主要负责同志参加过业务培训	1%
		负责同志参加过相关业务培训	1%
		制定新闻办牵头对直属部门、各级政府分管负责人和新闻发言人的轮训计划	1%

(续表)

一级指标	二级指标	三级指标	权重
新闻发布制度建设与完善(15%)	规范性要求(7%)	制定新闻发布制度文件	2%
		制定突发事件和热点问题新闻发布预案或相关文件	2%
		落实"4·2·1+N"新闻发布模式	2%
		其他配套保障制度	1%
	工作机制(8%)	建立舆情收集研判机制	1%
		建立依法发布保障机制	1%
		建立信息通报核实机制	1%
		建立问题预设准备机制	1%
		建立多方主体联动机制	1%
		建立突发应急响应机制	1%
		信息发布评估反馈机制	1%
		建立媒体咨询服务机制	1%
新闻发布实践与活动(50%)	主要负责同志的发声情况(4%)	主要负责同志出席新闻发布活动数量	1%
		主要负责同志接受媒体采访次数(含境内和境外)	1%
		主要负责同志运用新媒体开展发布、解读、互动等活动的次数	1%
		回应社会关切的积极性与效果	1%
	媒体沟通情况(6%)	针对日常工作及突发事件主动与媒体互动	2%
		专人接收、处理记者问询	1%
		一个工作日内回复记者问询	1%
		为境内外媒体提供信息服务及采访便利	2%
	新媒体及网络发布(10%)	通过官方微博、政务微信公众号、移动客户端等发布信息并保持更新	3%

(续表)

一级指标	二级指标	三级指标	权重
新闻发布工作实施效果（20%）		官方网站设立新闻发布专栏并定期更新	2%
		新媒体及网络发布效果（多样化、可视化、互动性、传播力）	5%
	政策解读情况（15%）	出台重大政策时是否通过新闻发布会、发表解读文章、接受媒体采访等多种方式及时开展解读	5%
		是否通过图表、动画、视频等方式进行生动解读	5%
		根据舆情发展变化分段、多次、持续开展解读	5%
	舆情处置情况（15%）	日常开展舆情监测、研判工作	5%
		针对突发事件等情况及时发声，主动回应媒体和公众质疑	5%
		采取多种形式的新闻发布	5%
	主管部门评价（2%）	对新闻发布主管部门的工作落实情况进行评价	2%
	媒介呈现效果（8%）	媒体类型、报道规模、报道形式	2%
		发布会前后相关主题的报道数量对比	2%
		发布会话题的关注度、讨论度	2%
		报道立场与倾向	2%
	社会效果（8%）	公众信息知晓度	2%
		公众信息认知度	2%
		公众信息满意度	2%
		公众信息回应度	2%
	专业机构评价（2%）	结合独立开展的网络监测和调研进行评价	2%
总体评估	—	—	100%

第三节　新闻发布制度建设效果评估的方法路径

一、新闻发布制度建设效果评估的实施方法

政府新闻发布效果评估工作严格意义上属于传播效果研究的范畴①。评估方法主要包括定量评估和定性评估。就新闻发布评估体系的评估方法具体而言，定性研究主要用来测量和描述较难转化为量化指标的内容，如通过资料分析的方式对新闻发布制度建设与完善进行评估，对新闻发言人团队进行机构调研，针对媒体沟通情况开展媒体调研等。定量研究主要是用来测量新闻发布工作的实施效果。例如，测量媒体效果时，可采用内容分析的方法测量媒体类型、报道规模、报道形式和报道的立场与倾向；测量社会效果时，可采用问卷调查的方式了解公众信息知晓度、公众信息认知度、公众信息满意度、公众信息回应度。

在具体评估过程中，所有评估方法可交叉灵活使用（见表6-2）。

表6-2　中国特色新闻发布评估体系实施的评估方法

一级指标	二级指标	评估方法
新闻发言人队伍建设与能力提升	机构设置与人员配备	机构调研、资料分析
	新闻发言人的选任	资料分析（查阅名册、网站）
	新闻发言人的发声情况	查阅工作记录、汇总材料、网站监测
	相关培训工作	资料分析（查阅工作记录）

---

① 侯迎忠：《突发事件中政府新闻发布效果评估体系建构》，人民出版社2017年版，第154页。

第六章
我国新闻发布制度建设的效果评估

(续表)

一级指标	二级指标	评估方法
新闻发布制度建设与完善	规范性要求	文本分析、资料分析
	工作机制	文本分析、资料分析
新闻发布实践与活动	主要负责同志的发声情况	根据提交数据进行层级划分
	媒体沟通情况	开展媒体调研、查阅工作记录
	新媒体及网络发布	查阅新媒体平台
	政策解读情况	以单位名称+发布会、吹风会为关键词,分别在中国搜索、新浪微博、百度等进行搜索,根据实际情况进行层级划分
	舆情处置情况	开展调研(发布主体和新闻媒体)、网络舆情监测
新闻发布工作实施效果	主管部门评价	查阅文件
	媒介呈现效果	网络搜索、内容分析
	社会效果	问卷调查、焦点小组、深度访谈
	专业机构评价	查阅评估报告

二、新闻发布制度建设效果评估的实施过程

新闻发布评估的实施过程具体包括评估方案的制定,评估材料的收集、获取,评估流程,评估结果的整理、分析和发布等。本部分主要介绍评估流程。目前,有不少新闻发布工作的评估依托高校评估组或研究所开展,如国务院新闻办公室委托复旦大学、清华大学开展年度国家新闻发布评估工作,国务院办公厅政府信息与政务公开办公室委托中国社会科学院开展政府信息公开第三方评估工作等。

以国务院新闻办公室为例,经过多年评估工作的实践和检验,已经初步形成一套相对成熟且科学合理的方法流程。最初采用"自评为起始、他评为中间、专评(专家委员会)为终端"的评估方法,现已经转变为不再区分"自评"和"他评",主要分为"材料报送""综合评定""专家审核"和"结果通报"四个环节。

(一)材料报送

评估单位可根据制定的评估指标说明,将本单位的新闻发布工作材料在评估系统中进行报送。评估单位在评估表的自我评价栏选择"是"或"否",并提供支撑材料。

(二)综合评定

综合评定由主管部门指定的第三方评估组主持进行。

在收到评估单位报送的材料后,评估组对报送材料进行汇总、分类、分析。若各部门报送的材料中有填报问题(如材料不齐全、材料有出入等),评估组可进行追补、询问和核查,必要时还将进一步调阅报送部门的相关材料。在审核后,评估组会按照评分标准分梯度打分。

评估组针对评估单位新闻发布实践活动的数量和质量评定等级,并进行打分,同时参考人民网提供的数据,对评估单位新闻发布活动的社会关注度、群众满意度进行评估分级打分。

评估组综合以上分数,作出最终的分值判定和等级评定。在指标体系的基础上,设置"否决项"和"加分项"。否决项是指某一项或几项指标出现不得分的情况,则视为不达标;加分项是指某一项或几项指标特别突出,则给予相应加分。

（三）专家审核

评估组将评估结果撰写成评估报告，并呈报至评估工作专家委员会。在专家委员会审读报告后，依据评估基本原则并结合综合评定的结果，进行最后的分值判定和等次评定。

（四）结果通报

对于评估结果，主管部门以文件通报等方式予以公布。同时，主管部门可以将部分内容通过权威媒体向公众公开，结合新媒体传播规律同步做好专家解读和推介工作。

第四节　地方政府新闻发布绩效评估的实证研究——以J省为例[①]

近年来，J省连续出台文件，对健全完善新闻发布制度等提出了明确要求。2018年，J省省政府新闻办公室共举办115场新闻发布会。其中，13位（次）省部领导出席新闻发布会，63位厅局一把手出席新闻发布会，239位其他厅级领导干部出席新闻发布会，5位（次）市、县负责人出席新闻发布会。除省新闻办平台外，J省省直单位全年自主举办了50场新闻发布会，6位（次）省部领导，8位厅局一把手，28位其他厅级领导干部出席新闻发布会。2019年，J省省政府新闻办公室共举办新闻发布会127场，省直单位自主举办新闻发布会43场，先后有71名负责同志出席。2020年，J省省政府新闻办公室

[①] 考虑到参与评估的单位信息的保密性，本节内容涉及的地名和单位名称均用字母代称。

共举办新闻发布会124场,省直单位自主举办新闻发布会52场,先后有65名负责同志出席。系列新闻发布活动的连续开展对J省各项新政策、新举措、新进展,以及民众关切的多个事项进行了权威的发布、解释和回应,充分增强了信息发布的密度和效果,有效提高了新闻发布工作的影响力。

2020年11月至2021年5月,评估组就J省新闻发布工作现状、发布效果、问题与对策开展调查评估,具体采用"以自评为起始、他评为中间、专评(专家委员会)为终端"的评估方法,对39个省直职能部门(首次评估采用自愿参评的原则)、11个地级市进行新闻发布效果评估,并赴J省有关职能部门、地市进行实地调研与深入访谈,对J省新闻发布工作现状进行分析。

一、评估原则

(一)客观公正

本次评估工作要对J省新闻发布工作的基本面貌和基本状况予以全面、真实的反映。同时,对涉及J省新闻发布工作的各地方、各部门的工作业绩和工作表现予以年度的等次评定。

(二)科学有效

本次评估的指标体系构建有科学依据,各个子指标的设计应当科学、准确,评估有较为完整的方法(兼流程)予以保证。同时,本次评估所用的指标体系力求与评估对象的内涵和结构相符,尽量反映出评估对象的实际情况。

（三）分类对待

考虑到J省新闻发布工作涉及省直职能部门、各地市的实际情况和工作特点，本次评估依照"分类对待"的原则进行，将评估对象分为J省省直职能部门和各地市两类，分别独立出具评估方案，提供评估意见。

（四）可操作性

在本次评估工作中，首先，确保评估数据和资料的可获得性；其次，做到定量与定性研究相结合。（为避免主观倾向，尽可能少地采用定性指标）；最后，在评估过程中删繁就简，避免人力、物力的浪费，提高评估效率，真正做到"评估考核有依据，评定等级可操作"。

二、评估流程

（一）材料报送

各评估主体根据评估考核指标体系的要求，进行"自我评价（是、否）""报送材料（文件、附表、说明等）"等。

（二）报表核查

在收到各部门、各地市的"自我评估"表格（含报送材料）后，主管部门组织评估组对"自我评估"表格（含报送材料）进行汇总、分类、分析。根据此次评估考核的指导思想和具体要求，评估组对各部门、各地方呈报的评估表（含报送材料）中填报有问题的（如材料不齐全、材料有出入、自评不恰当等）进行追补、询问和核查，必要时进一步调阅有关报送单位的相关材料。

（三）专业分析

评估组对纳入评估考核相关单位的新闻发布传播效果进行全面的搜集、分析、研判，并结合一些其他的辅助方法（如借助舆情系统、搜索引擎等搜索相关信息，并适当结合访谈法），提出专业分析后的评估考核意见。

（四）审核评定

专业团队形成初步的评估考核报告呈报评估考核工作专家委员会。在专家委员会审看、听取汇报、讨论的基础上，依据本次评估考核的基本原则，并结合"自评""他评"的结果，进行评估考核最后的分值判定和等次评定。评估结果以推优的方式进行评定，并提交专家委员会讨论审议。

（五）结果通报

对于已完成的评定工作，由主管部门以文件通报的方式（或其他合适的方式）予以内部公布。

三、评估指标

本次评估的指标体系由三个方面组成。一是新闻发布制度建设与完善，主要考察各部门、各地方是否形成了一套完善的新闻发布制度，是否在本年度按照相关文件和要求制定了落实方案。二是新闻发言人队伍建设与能力提升，侧重考察各单位新闻发言人的设立、运行、支持力度及培训情况。三是对新闻发布活动的考察，主要涉及新闻发布活动、媒体沟通、新媒体及网络发布、政策解读,以及突发事件的舆论引导和新闻发布工作,并针对2020年新闻发布工作的重点安排,加入脱贫攻坚新闻发布会,各地市指标还加入新冠肺炎疫情防控新闻发布的情况。同时,评估组要求各部门、各地方提供具体的数据和案例,便于完成专业团队的评估工作。

在具体指标方面,评估组根据新闻发布制度建设与完善、新闻发言人队伍建设与能力提升、新闻发布实践与活动三个大项来进行。其中,根据省直职能部门、各地市的不同情况将两套指标体系分别细化。其中,省直职能部门为13个类别、49个小项;地市为14个类别、60个小项。

四、评估结果

评估组从新闻发布制度建设与完善、新闻发言人队伍建设与能力提升、新闻发布实践与活动三个方面对具体情况进行考评。

(一)省直职能部门新闻发布效果评估

根据综合评定工作的基本安排,评估组对报送材料内容进行了逐一核对,现就各项指标特点进行总结。

1."新闻发布制度建设与完善"指标完成情况

基于新时期新闻发布工作的新要求,按照检验性评估的结果,制度建设与完善环节的得分率见图6-1。

在新闻发布制度建设与完善方面,各部门整体完成情况较好。其中,"规范性文件"一项的平均得分为3.60分(满分4分);"刚性约束"一项的平均得分为5.18分(满分7分);"工作机制"一项的平均得分为7.55分(满分11分)。可以认为,各部门已经基本建成并完

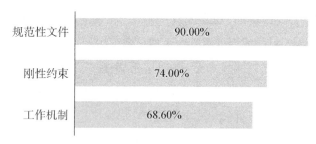

图 6-1 "新闻发布制度建设与完善"指标完成情况

善了新闻发布制度。

从具体材料的评估情况来看,各部门的扣分情况有两方面:一是部分参评单位确实没有完成评估指标;二是在评估材料检验方面,一些参评单位在制度时效性、制度细化和可操作性等方面有所不足,从而被评估组扣分。

(1) 规范性文件

根据考评表和随附材料,绝大部分单位均已制定并提供了新闻发布制度文件、突发事件和热点问题新闻发布预案或相关文件。从规范性文件评估情况来看(见图 6-2),绝大部分均已制定新闻发布文件及相关预案,但仍有部分单位仅提供了政务信息公开条例等。相对而言,在制定突发事件和热点问题新闻发布预案或相关文件方面,有些单位的工作尚有所不足,未制定有关文件;有些部门虽然有相关预案,但并未制定专门的文件,仅作为新闻发布制度文件中的一部分(或一小部分)提出。

(2) 刚性约束

从评估情况来看,39 个省直单位中,有 22 个单位已建立了完善的新闻发布制度,大部分单位均在制度文件中提出建立"4·2·1+N"新闻发布模式(见图 6-3)。例如,R 省省直部门先后制定《R 省直部门新闻发布制度》《R 省直部门"S 同步"工作实施办法》《2020 年

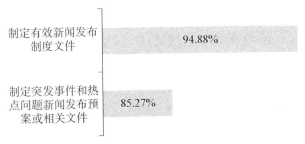

图 6-2 "规范性文件"指标完成情况

省直部门宣传思想工作要点》等制度文件,明确提出 R 省直部门每季度举办不少于 1 次例行新闻发布会,地点为 R 省直部门。每次发布会均提前公布时间及主题,邀请中外媒体参加,并安排现场答问及采访,但在文件检验中,从各单位提交的材料来看,一些单位相关制度建设的具体情况尚不能令人满意。许多单位虽已建立相关的新闻发布制度,但落实例行发布的力度仍有待加强,一些单位在新闻发布模式中的舆情口径、安排问答与对中外媒体开放等细节问题方面仍有提升空间,这也是相关参评单位在该项扣分的主要原因。

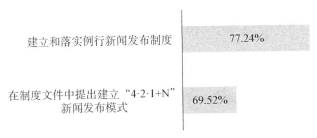

图 6-3 "刚性约束"指标完成情况

(3) 工作机制

从新闻发布各项工作机制的考评情况来看,各省直部门的舆情搜集、研判机制,口径更新与拟定通报机制,各业务处室联动协调参与新闻发布工作机制的建设已较为完善(见图6-4)。例如,Y省省直部门依托相关系统,对该行业领域的热点词汇进行舆情监测,发现舆情的第一时间便在本单位"舆情分析"微信群里进行研判,并第一时间调度业务处室或指挥中心了解相关情况。在重点时期、重大节点形成每日一份当日舆情简报。2020年3月27日,M省省直部门回应重大关切,召开专题新闻发布会,对新冠肺炎疫情期间清明祭扫工作安排和需要注意的事项进行了讲解,同步开展了舆论引导工作,通过编制舆情摘要日报,与省委宣传部、网信办等部门保持沟通,密切关注网上舆情情况,通过在主流媒体、官方网站、微信公众号等发布渠道及时地回应网民关切问题。清明小长假期间,M省省直部门未发生大的舆情事件,总体上平稳有序。不过,也有部分部门的工作机制建设有所欠缺。

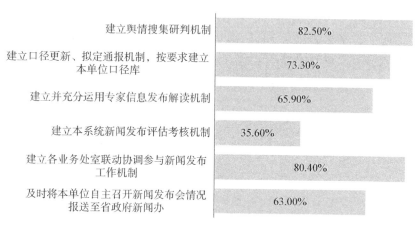

图6-4 "工作机制"指标完成情况

"建立本系统新闻发布评估考核机制"这项指标的得分率很低,仅为35.60%,说明目前绝大多数省直职能部门并未开展本系统的新闻发布评估考核,但也有部分部门建设得较为完善。例如,R省省直职能部门委托专业公司研发了全省R机关新闻宣传信息填录系统,

| 第六章 /
我国新闻发布制度建设的效果评估

实时掌握各地 R 机关的新闻发布工作情况,定期通报工作情况。依托专业机构开展工作透明度指数评估,通过调查各平台刊发稿件数量、新闻发布工作等指标,对全省 R 机关新闻发布工作情况进行第三方评估,评估结果形成透明度指数报告,并进行内部通报。

2. "新闻发言人队伍建设与能力提升"指标完成情况

经过多年的工作推进,各省直职能部门新闻发言人队伍建设成效显著。新闻发言人队伍建设与能力提升环节的得分率见图 6-5。

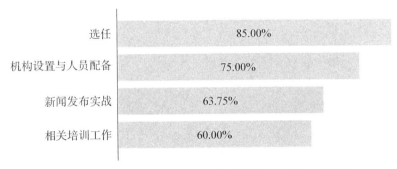

图 6-5 "新闻发言人队伍建设与能力提升"指标完成情况

其中,"选任"一项的平均得分为 5.10(满分 6 分),"机构设置与人员配备"一项的平均得分为 4.50(满分 6 分),"新闻发布实战"一项的平均得分为 5.10(满分 8 分),"相关培训工作"一项的平均得分为 4.20(满分 7 分)。可见,各项指标得分均保持在较高水平。相对而言,在新闻发布实战和新闻发言人相关培训工作方面,各省省直职能部门的得分率偏低。

(1)选任

在选任方面(见图 6-6),各省省直职能部门均设立专职新闻发言人,且都保持新闻发言人的数量大于等于 1,但部分参评单位在新闻发言人选任的指标评估上有不足。例如,一些部门尚未提供发言人的级别、任职时间、在岗情况等相关信息。新闻发言人的任命程序扣分较多,得分率仅为36.00%,主要是因为多数部门未能提供包括请示、签报等在内的相关材料,一些职能部门尚未对新闻发布机构的具体联系方式进行公示。从本次评估情况来看,各省省直职能部门在推动本地各级新闻发言人名单和新闻发布机构的具体信息方面还应加以完善。

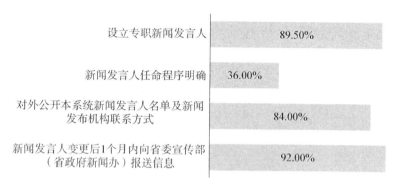

图6-6 "选任"指标完成情况

（2）机构设置与人员配备

在新闻发布条件保障方面（见图6-7）,各省省直职能部门均能较好地实现对新闻发布工作的有效支撑。"新闻发言人工作由主要负责同志直接领导,能参加重要会议、阅读重要文件等"指标的得分率为73.50%,省直职能部门的主要负责同志参与新闻发布工作已经在我国各级平台的新闻发布制度文件中有所提及,但在省直职能部门中,有一部分单位的得分为0分。

例如,S省省直职能部门的新闻发布实行统一领导、归口管理。新闻发言人由部门党委根据工作需要指定,代表S省省直职能部门通过新闻媒体向社会发布相关信息。新闻发言人工作由主要负责同志直接领导,能参加重要会议、阅读重要文件等。省直职能部门办公室是新闻发布的组织承办部门,负责组织、协调新闻发布会的相关工

第六章
我国新闻发布制度建设的效果评估

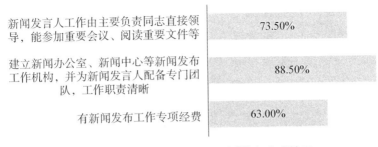

图6-7 "机构设置与人员配备"指标完成情况

作,配合相关处室做好突发事件的舆论引导工作,具体发布内容根据职责分工由相关处室提供。

大部分省直职能部门均提供了专项经费保障材料,但提供的介绍经费使用情况的材料均不详细,所以有不同程度的扣分,致使得分率低于其他两项指标,为63.00%。

(3) 新闻发布实战

在新闻发布实战方面(见图6-8),尚有多个省直职能部门的新闻发言人未出席过新闻发布会,在这一项中,得分比例仅为57.70%。

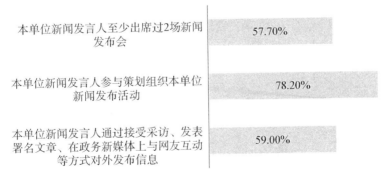

图6-8 "新闻发布实战"指标完成情况

新闻发言人应该对本部门的日常工作、运作机制、政策法规、发展方向等各方面的情况了如指掌,对自身专业领域的现状和未来趋势有深入洞悉。"本单位新闻发言人参与策划组织本单位新闻发布活动"这一指标的得分为78.20%,说明有些职能部门的新闻发言人并未参加新闻发布的其他环节,但也有部门获得满分。

此外,仍有多个省直职能部门的发言人未通过接受采访、发表署名文章、在政务新媒体上与网友互动等方式对外发布信息。在这一项中,得分比例仅为59.00%。

(4) 相关培训工作

"针对本部门或本系统自主组织开展新闻发布业务培训"部分的得分率仅有61.26%(见图6-9),说明各省直职能部门对新闻发布团队的培训工作仍有进一步的提高空间。在参评的省直职能部门中,有30个针对本部门或本系统自主组织召开了新闻发布业务培训,32个现任发言人在任职一年内参加过省级及以上组织的相关培训。值得关注的是,"主要负责同志参加过相关业务培训"指标的得分率仅为47.27%。

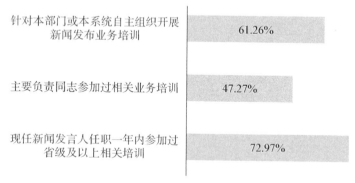

图6-9 "相关培训工作"指标完成情况

3. "新闻发布实践与活动"指标完成情况

在新闻发布实践与活动方面,各部门的整体完成情况有待提高,但

/ 第六章 /
我国新闻发布制度建设的效果评估

在新冠肺炎疫情防控新闻发布工作方面的完成度较高(见图 6-10)。

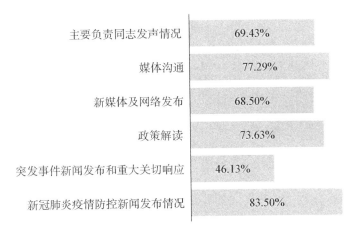

图 6-10 "新闻发布实践与活动"指标完成情况

其中,"主要负责同志发声情况"一项的平均得分为 4.86 分(满分 7 分),"媒体沟通"一项的平均得分为 5.41 分(满分 7 分),"新媒体及网络发布"一项的平均得分为 5.48 分(满分 8 分),"政策解读"一项的平均得分为 5.89 分(满分 8 分),"突发事件新闻发布和重大关切响应"一项的平均得分为 6.92 分(满分 15 分),"新冠肺炎疫情防控新闻发布情况"一项的平均得分为 5.01 分(满分 6 分)。可以明显看出,各省直职能部门的表现存在比较明显的差异。

(1)主要负责同志发声情况

从整体来看,大部分省直职能部门(74.36%)的主要负责同志能够通过各种渠道对外发声,但在接受境外媒体采访方面还有待提高(见图 6-11)。在全部 39 个省直职能部门中,有 29 个出席过省政府新闻办公室或与"两会"相关的新闻发布活动(包括出席新闻发布会、吹风会、见面会等),但只有 21 个部门接受了境外媒体采访。

针对各省直职能部门主要负责同志回应社会关切的情况,评估

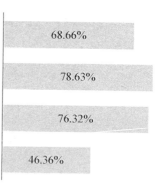

图 6-11 "主要负责同志发声情况"指标完成情况

组也根据各参评单位提交的补充数据与材料进行了评估打分,34 个省直职能部门通过其他形式及时、主动地回应社会关切,主要包括接受采访、发表署名文章、在政务新媒体上与网友互动方式等几个方面,评估组要求相关部门列明时间、采访媒体、发表文章内容、网友互动截图等具体情况。

(2) 媒体沟通

整体来看,各省直职能部门媒体沟通工作完成得较好,绝大部分项目能够达到评估要求(图 6-12)。具体来看,也有一些部门在主动向境外记者开放方面有所不足。针对各省直职能部门媒体的沟通情况,评估组根据各参评单位提交的补充数据与材料进行了评估打分,主要包括列出设置自由提问环节的发布会场次占总场次的大致比例,并提供相关的互动记录(包括文字、图片等),接收、处理记者问询的工作人员名单、职务或相关文件规范;列明具体情况,包括提供问答口径、采访记录等,提供发布活动的具体时间、场次和境外媒体单位,以及 2020 年度官方网站新闻发布专栏发布的条目数。

(3) 新媒体及网络发布

针对各省直职能部门新媒体使用及网络发布情况,评估组也根

第六章
我国新闻发布制度建设的效果评估

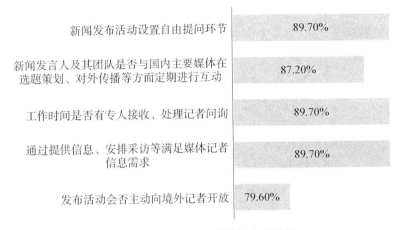

图6-12 "媒体沟通"指标完成情况

据各参评单位提交的补充数据与材料进行了评估打分,主要包括2020年度官方网站新闻发布专栏发布条目数、各新媒体平台设立时间、粉丝量(提供截图),以及2020年度官方微博、微信公众号、移动客户端、抖音等的发布条目数,与公众互动的典型案例(提供截图),省政府新闻办记录等几个方面。从报送情况来看,各省直职能部门新媒体运作的情况良好,各部门的官方微博、政务微信公众号、移动客户端等均能做到持续发布信息,在落实报稿联络机制、按时报送选题信息、临时突发信息及时向省政府新闻办新媒体平台报送等方面不够完备(见图6-13)。其中,有9个部门的新媒体发布工作完成率较高,也有个别省直单位为0分。

(4)政策解读

"出台重大政策时是否通过新闻发布会、发表解读文章、接受媒体采访等多种方式及时开展解读"一项的得分率89.74%,"是否通过图表、动画、视频等方式生动解读"一项的得分率84.62%,"政策执行过程中是否根据舆情发展变化、分段、多次、持续开展解读"一项的得

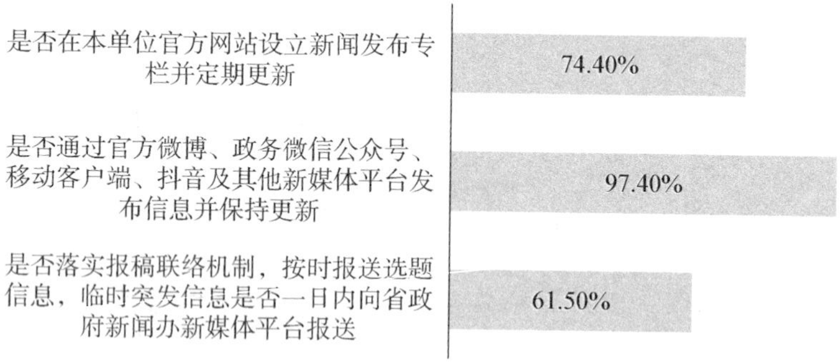

```
是否在本单位官方网站设立新闻发布专
栏并定期更新                              74.40%

是否通过官方微博、政务微信公众号、
移动客户端、抖音及其他新媒体平台发          97.40%
布信息并保持更新

是否落实报稿联络机制，按时报送选题
信息，临时突发信息是否一日内向省政    61.50%
府新闻办新媒体平台报送
```

图 6-13 "新媒体及网络发布"指标完成情况

分率 79.49%（见图 6-14）。政策解读已经成为各省直职能部门新闻发布工作的重要组成部分，并被普遍使用。从报送情况来看，各部门能够使用多种可视化工具开展工作，并取得了较好的沟通成效。但是，针对一些重大政策，有些部门在根据舆情发展变化的不同阶段持续开展工作方面，还有一定的提升空间。

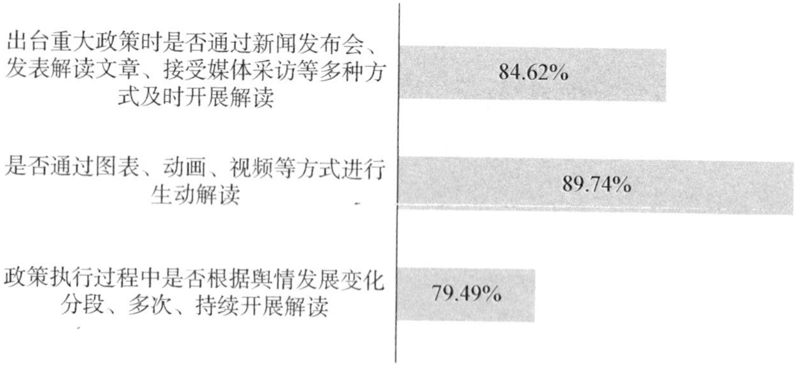

```
出台重大政策时是否通过新闻发布会、
发表解读文章、接受媒体采访等多种方        84.62%
式及时开展解读

是否通过图表、动画、视频等方式进行         89.74%
生动解读

政策执行过程中是否根据舆情发展变化
分段、多次、持续开展解读              79.49%
```

图 6-14 "政策解读"指标完成情况

（5）突发事件新闻发布和重大关切响应

在突发事件和热点问题回应方面，近一半省直职能部门形成了完整的应对机制。在重大突发事件(热点问题)发生后发布权威信息方面,负责同志参与突发事件热点问题舆论引导工作方面尚显不足。在突发事件新闻发布和重大关切响应方面,仅有2个部门得到满分,仅占全部39个参评省直职能部门的5.13%。各省直职能部门在与实际处置工作同步开展新闻发布和舆论引导工作方面的得分率为61.50%;各省直职能部门在重大突发事件(热点问题)发生后,5小时内发布权威信息,24小时内召开新闻发布会方面的得分率为43.60%;各省直职能部门在通过设立新闻中心、新闻办公室等发布机构,主动提供信息、开展记者服务管理工作方面的得分率为59.00%;各省直职能部门在本单位宣传部门是否参与应急处置、在应急新闻舆论工作中发挥组织协调作用方面的得分率为56.40%;各省直职能部门在是否与省委宣传部(省政府新闻办)在重大突发事件、重要热点敏感问题的口径工作、舆论引导等方面保持密切沟通,及时报送方面的得分率为59.00%;各省直职能部门在负责同志参与突发事件热点问题舆论引导工作,主动进行发布方面的得分率为48.70%;各省直职能部门在是否根据工作进展持续发布相关信息方面的得分率为51.30%;各省直职能部门在突发事件热点问题舆论引导中,及时、有效地回应舆论关切方面的得分率为56.40%(见图6-15)。

评估组根据各省直职能部门上报的数据材料及评估组全年日常评估情况,要求它们提供具体案例(不含新冠肺炎疫情防控案例),案例提供时列明权威发布的时间、内容等具体情况,以及各三级佐证相关材料(可用同一案例不同侧面予以说明,也可通过多个不同案例进行佐证),对突发事件和热点问题的舆情处置效果进行主观打分(满分15分)。

(6)新冠肺炎疫情防控新闻发布情况

在新冠肺炎疫情防控新闻发布方面,大部分省直部门已形成了

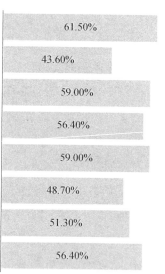

图 6-15 "突发事件新闻发布和重大关切响应"指标完成情况

完整的应对机制,绝大部分项目能够达到评估要求。"主要负责同志、负责同志参与疫情防控新闻发布活动"一项的得分率为 89.70%;"利用其他多种方式(包括接受媒体采访、发布署名文章、政务新媒体发等),根据疫情发展持续发布信息"一项的得分率为 84.60%;"及时、有效地回应疫情防控中的热点敏感问题"一项的得分率为 94.90%(见图 6-16)。

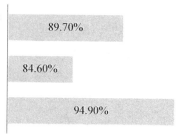

图 6-16 "新冠肺炎疫情防控新闻发布情况"指标完成情况

/ 第六章 /
我国新闻发布制度建设的效果评估

针对各省直职能部门新冠肺炎疫情防控新闻发布的情况,评估组也根据各参评单位提交的补充数据与材料进行了评估打分,主要包括列明发布时间、形式、主题内容、发布人等具体信息,提供带有网址链接的报道截图,列明具体情况,提供相关案例,列明回应热点敏感问题的情况等。在39个省直职能部门中,有17个部门得到满分6分,占比56.40%,2个部门得分为0。

4. 创新项加分

针对各省直机关新闻发布活动情况,评估组也根据各参评单位提交的补充数据与材料进行了评估打分,主要包括及时回应重大关切、利用新媒体组织开展系列访谈、创新新闻发布形式等几个方面。其中,6个省直机关得到创新项加分,占全部参评单位的15.38%。

(二)各地市新闻发布效果评估

根据综合评定工作的基本安排,评估组对11个地市报送的材料内容进行了逐一核对,现就各项指标特点的总结如下。

1. "新闻发布制度建设与完善"指标完成情况

这一指标的分值共计16分。评估组基于新时期新闻发布工作的新要求,按照检验性评估的结果,制度建设与完善环节的得分率见图6-17。

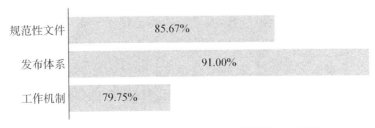

图6-17 "新闻发布制度建设与完善"指标完成情况

其中,"规范性文件"一项的平均得分为5.14分(满分6分),"发布体系"一项平均的得分为1.82分(满分2分),"工作机制"一项的平均得分为6.38分(满分8分)。在各项二级指标的得分上,有部分地市得到了满分,但有部分地市的得分较低,整体分差相对较大,个别参评单位的工作有所差异。例如,"规范性文件"一项,R市为满分、D市为1分;"发布体系"一项有7个地市得满分;"工作机制"一项,未有满分城市,其中最高分为X市(7.93分),最低分为D市(2.17分)。可以看出,地市层面的新闻发布工作已经逐渐推进,但在制度建设与完善建设上发展不均。从具体的材料评估情况来看,各地市的扣分情况有两种:一是部分参评地市确实没有完成评估指标;二是在评估材料检验方面,一些参评单位在制度时效性、制度细化和可操作性等方面有不足而被扣分。

(1) 规范性文件

根据自评表和随附材料,11个地市均制定并提供了新闻发布制度文件,10个地市已经制定突发事件和热点问题新闻发布预案或相关文件、建立例行新闻发布制度、制定服务境外媒体采访相关工作机制、在制度文件中提出建立"4·2·1+N"新闻发布模式,D市未提供四项三级指标。同时,10个地市的各项三级指标的得分相差较大(见图6-18)。

(2) 发布体系

根据自评表和随附材料,11个地市均已建立发布体系。11个地市已经完成了指导、协调市直单位和下级(县、区)新闻发布工作,并建立了县区级层面党委、政府全面建立新闻发布制度(见图6-19)。但是,在文件检验中,11个地市的各项三级指标得分相差较大。从各地方提交的材料来看,N市和P市建设的具体情况尚不能完全令人满意。一些文件内容细化不足,可操作性也有提高空间,这也是相关参评单位在该项扣分的主要原因。此外,有 7 个地市全面完成了三级指标的任务,制度建设可操作性强、完善度高,故取得了满分。

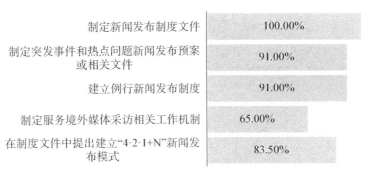

图 6-18 "规范性文件"指标完成情况

图 6-19 "发布体系"指标完成情况

(3) 工作机制

从各项工作机制的考评情况来看(见图 6-20),11 个地市建立了舆情搜集、研判机制和及时将本地自主召开新闻发布会的情况报送省政府新闻办。有 10 个地市建立口径更新、拟定通报机制,按要求建立本地区口径库、建立并充分运用专家信息发布解读机制和建立新闻发布评估考核机制,D 市未提供三项三级指标。其中,完备提供三级指标的 10 个地市的各项指标得分差距较大。X 市舆情搜集、研判机制,以及口径更新与拟定通报机制、专家信息发布解读机制的建立已较为完善,但也有部分省(区、市)的工作机制建设有所欠缺。

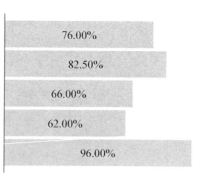

图 6-20 "工作机制"指标完成情况

2. "新闻发言人队伍建设与能力提升"指标的完成情况

这一指标的分值共计 22 分。评估组基于新时期新闻发言人工作的新要求,按照检验性评估的结果,新闻发言人队伍建设与能力提升的得分率(见图 6-21)。

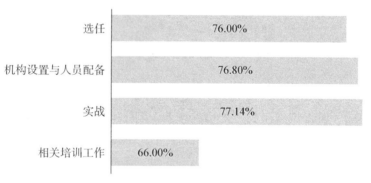

图 6-21 "新闻发言人队伍建设与能力提升"指标完成情况

其中,"选任"一项的平均得分为 4.56 分(满分 6 分),"机构设置与人员配置"一项的平均得分为 3.84 分(满分 5 分),"实战"一项的平均得分为 5.40 分(满分 7 分),"相关培训工作"一项的平均得分为 3.30 分(满分 5 分)。在各项二级指标的得分上,有部分地市得到满分,但有部分地市的得分较低,整体分差相对较大,个别参评单位的工作有所差异。例如,在"选任"一项中,有3个地市得到满分;在"机构设置与人员配置"一项中,1个地市得到满分;在"实战"一项中,有2个地市得到满分;在"相关培训工作"一项中,没有城市得到满分,最高分为4.77分,最低分为0分。地市层面的新闻发言人队伍建设工作已经逐渐推进,但在队伍完善与发展建设上的发展不均。

从具体材料评估情况来看,各地市的扣分情况有两个方面:一是部分参评地市确实没有完成评估指标;二是在评估材料检验方面,一些参评单位因在发言人队伍培训工作、实战工作等方面有所不足而被扣分。

(1) 选任

在选任方面(见图6-22),11个地市做到了设立党委、政府新闻发言人,且都保持新闻发言人的数量大于等于1;11个地市均公开本地方各级新闻发言人名单及新闻发布机构的联系方式,并在本地方党委、政府新闻发言人变更后及时上报;10个地市明确了党委、政府新闻发言人的任命程序,R市未明确该指标。

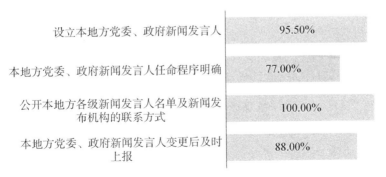

图6-22 "选任"指标完成情况

(2) 机构设置与人员配备

在机构设置与人员配置方面(见图6-23),11个地市完成了本地方党委、政府新闻发言人参加重要会议、阅读重要文件等的指标和本地方党委、政府新闻发言人配备专门团队,工作职责清晰的指标;10个地市实现了本地方党委、政府新闻发言人工作由主要负责同志直接领导和设立新闻发布工作专项经费的指标;Y市未提供本地方党委、政府新闻发言人工作由主要负责同志直接领导的指标说明,R市未提供新闻发布工作专项经费。

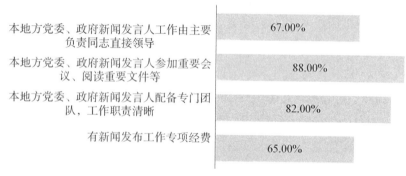

图6-23 "机构设置与人员配备"指标完成情况

(3) 实战

实战方面(见图6-24),11个地市的党委、政府新闻发言人都至少出席过4场新闻发布会和党委,政府新闻发言人都参与策划、组织本地新闻发布活动,以及本地方党委、政府新闻发言人都通过接受采访、发表署名文章、在政务新媒体上与网友互动等方式对外发布信息。但是,11个地市各项三级指标的得分差距较大。

(4) 相关培训工作

在相关培训工作方面(见图6-25),6个地市的新闻办牵头组织

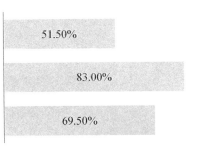

图6-24 "实战"指标完成情况

开展新闻发布业务培训,主要负责同志参加过相关业务培训,并且现任新闻发言人任职一年内参加过省级及以上相关培训;A市未提供相关培训工作下的各项三级指标材料与说明,R市和J市未提供主要负责同志参加过相关业务培训的指标说明,G市的新闻办未牵头组织开展新闻发布业务培训;11个地市各项三级指标的得分差距较大。

图6-25 "相关培训工作"指标完成情况

3. "新闻发布实践与活动"指标的完成情况

该指标的分值共计62分。评估组基于新时期新闻发布工作的新要求,按照检验性评估的结果,新闻发布实践与活动的得分率见图6-26。

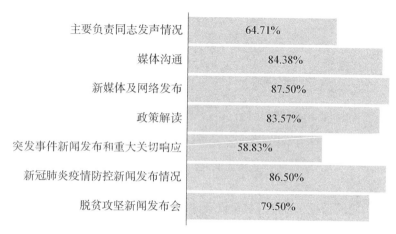

图6-26 "新闻发布实践与活动"指标完成情况

其中,"主要负责同志发声情况"一项的平均得分为4.53分(满分7分),"媒体沟通"一项的平均得分为6.75分(满分8分),"新媒体及网络发布"一项的平均得分为7.00分(满分8分),"政策解读"一项的平均得分为5.85分(满分7分),"突发事件新闻发布和重大关切影响"一项的平均得分为7.06分(满分12分),"新冠肺炎疫情防控新闻发布情况"一项的平均得分为8.65分(满分10分),"脱贫攻坚新闻发布会"一项的平均得分为7.95分(满分10分)。在各项二级指标的得分上,有部分地市得到满分,但有部分地市的得分较低,整体分差相对较大,个别参评单位的工作存在差异。例如,"主要负责同志发声情况"一项无地市获得满分,Y市为6.83分(最高分)、A市为0分(最低分);在"媒体沟通"一项上,R市为满分,D市为2分;在"新媒体及网络发布"一项上,F市为满分,N市为4.5分。地市层面的新闻发布工作已经逐渐推进,但新闻实践活动方面发展不均。从具体材料评估情况来看,各地市的扣分情况有两方面:一是部分参评地市确实没有完成评估指标;二是在评估材料检验方面,一些参评单位在活动

/ 第六章 /
我国新闻发布制度建设的效果评估

时效性、细节化等方面有所不足而被扣分。

(1) 主要负责同志发声情况

根据自评表和随附材料,10个地市提供了主要负责同志是否出席过新闻发布活动(包括出席各级别新闻发布会、吹风会、见面会等)的相关文件,负责同志是否出席过新闻发布活动(包括出席各级别新闻发布会、吹风会、见面会等)的相关文件,主要负责同志是否通过其他形式及时、主动地回应社会关切(包括接受采访、发表署名文章、在政务新媒体上与网友互动等方式)的相关文件,以及主要负责同志接受境外媒体采访(包括外国媒体和我国港澳台地区的媒体)的相关文件(见图6-27)。A地市未提供四项三级指标,10个地市的各项三级指标的得分也相差较大。

图6-27 "主要负责同志发声情况"指标完成情况

(2) 媒体沟通

根据自评表和随附材料,11个地市提供了新闻发布活动设置自由提问环节的相关文件,新闻发言人及其团队是否与国内主要媒体在选题策划、对外传播等方面定期进行互动的相关文件,工作时间是否有专人接收、处理记者问题的相关文件,通过提供信息、安排采访等满足媒体记者信息需求的相关文件,以及发布活动会否主动向境外记者开放的相关文件(见图6-28)。D市未提供三项三级指标,10个地市的各项三级指标的得分也相差较大。

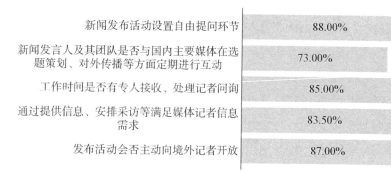

图6-28 "媒体沟通"指标完成情况

(3)新媒体及网络分布

根据自评表和随附材料,11个地市提供了是否在本地官方网站设立新闻发布专栏并定期更新的相关文件,是否通过官方微博、政务微信公众号、移动客户端、抖音及其他新媒体平台发布信息并保持更新的相关文件,以及是否落实报稿联络机制,按时报送选题信息,临时突发信息是否一日内向省政府新闻办新媒体平台报送的相关文件(见图6-29)。新媒体及网络分布工作均在各地市得到落实,但发展

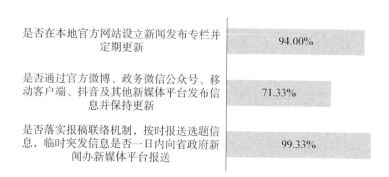

图6-29 "新媒体及网络分布"指标完成情况

情况仍差别较大。

(4) 政策解读

根据自评表和随附材料,11个地市提供了是否通过图表、动画、视频等方式进行生动解读的相关文件,以及政策执行过程中是否根据舆情发展变化分段、多次、持续地开展解读的相关文件(见图6-30)。

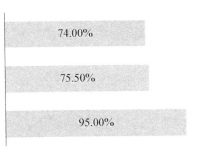

图6-30 "政策解读"指标完成情况

(5) 突发事件新闻发布和重大关切响应

根据自评表和随附材料,11个地市提供了是否与实际处置工作同步开展新闻发布和舆论引导工作的相关文件;重大突发事件(热点问题)发生后,5小时内发布权威信息,24小时内召开新闻发布会的相关文件,本地方宣传部门是否参与应急处置、在应急新闻舆论工作中发挥组织协调作用的相关文件,是否与省委宣传部(省政府新闻办)在重大突发事件、重要热点敏感问题的口径工作、舆论引导等方面保持密切沟通,及时报送情况的相关文件,负责同志参与突发事件热点问题舆论引导工作,主动进行发布的相关文件,是否根据工作进展持续发布相关信息的相关文件,以及在突发事件热点问题舆论引导中,及时、有效地回应舆论关切的相关文件(见图6-31)。Y市提供的五项三级指标不符,且11个地市各项三级指标的得分也相差较大。

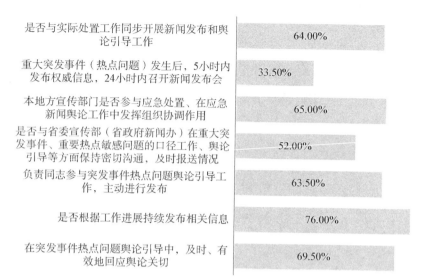

图6-31 "突发事件新闻发布和重大关切响应"指标完成情况

(6) 新冠肺炎疫情防控新闻发布情况

根据自评表和随附材料,11个地市提供了围绕疫情防控相关工作举行发布会、吹风会、见面会等的相关文件,疫情防控发布活动向媒体开放的相关文件,疫情防控发布活动设置自由提问环节的相关文件,主要负责同志、负责同志参与疫情防控新闻发布活动的相关文件,利用其他多种方式(包括接受媒体采访、发布署名文章、政务新媒体发等)根据疫情发展持续发布信息的相关文件,以及及时、有效地回应疫情防控中的热点敏感问题的相关文件(见图6-32)。

(7) 脱贫攻坚新闻发布会

据自评表和随附材料,11个地市提供了围绕脱贫攻坚举行或出席发布会、吹风会、见面会的相关文件,脱贫攻坚发布活动向媒体开放的相关文件,脱贫攻坚发布活动设置自由提问环节的相关文件,主要负责同志、负责同志参与脱贫攻坚主题的新闻发布活动的相关文

/ 第六章 /
我国新闻发布制度建设的效果评估

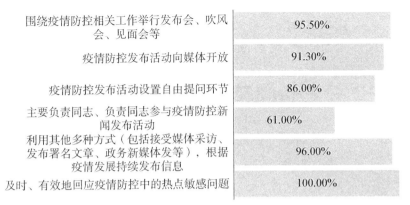

图6-32 "新冠肺炎疫情防控新闻发布情况"指标完成情况

件,利用其他多种方式(包括接受媒体采访、发布署名文章、政务新媒体发布等)开展脱贫攻坚新闻发布的相关文件,以及及时、有效地回应脱贫攻坚工作中的热点敏感问题的相关文件(见图6-33)。D市提供的五项三级指标不符,11个地市各项三级指标的得分也相差较大。

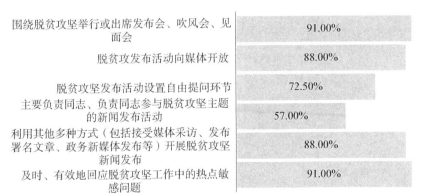

图6-33 "脱贫攻坚新闻发布会"指标完成情况

/ 附录 /

中国特色新闻发布理论体系的全面构建[①]

孟 建 邢 祥

"新时代提出新课题,新课题催生新理论,新理论引领新实践。"[②]作为党的新闻舆论工作的重要组成部分,中国的新闻发布是伴随着改革开放发展起来的。20世纪80年代初,我国正式建立新闻发言人制度,新闻发布工作取得长足发展,经过多年的探索与实践,中国新闻发布工作的各项制度和机制已经日趋成熟,用较短的时间走过了西方100多年的历史。党的十八大以来,尤其是党的十八届三中全会提出"推进新闻发布制度建设"的重大决策以来,我国的新闻发布制度建设又上了一个大台阶,已经进入大力推进、全面发展的新阶段。从党的十八大到党的十九大,我国的新闻发布制度建设更是具备了建构中国特色新闻发布理论体系的成熟条件,践行着"推进国家治理体系和治理能力现代化"这一全面深化改革的总目标。2019年是新中国成立70周年,站在这重大的历史节点,全面构建中国特

[①] 本文发表于《新闻与写作》2019年第3期,为2017年上海市哲学社会科学规划研究项目"中国特色社会主义新闻发布理论体系研究"(编号:2017BHB023)的阶段性研究成果。
[②] 李捷:《理论创新与实践创新的良性互动和新时代新思想的创立》,《红旗文稿》2017年第23期,第4—8页。

色新闻发布理论体系更是新时代对我们提出的新要求。

一、中国特色新闻发布理论体系构建的历史图景

改革开放四十年多来，我国的社会生产力得到快速发展，综合国力得到增强，国际地位显著提高。党的十九大报告作出"中国特色社会主义进入新时代"的重大政治决断，蕴含着以习近平同志为核心的党中央理论创新、制度创新、实践创新方面取得重大成就。习近平总书记指出，"中国特色社会主义进入新时代，意味着近代以来久经磨难的中华民族迎来了从站起来、富起来到强起来的伟大飞跃，迎来了实现中华民族伟大复兴的光明前景；意味着科学社会主义在 21 世纪的中国焕发出强大生机活力，在世界上高高举起了中国特色社会主义伟大旗帜；意味着中国特色社会主义道路、理论、制度、文化不断发展，拓展了发展中国家走向现代化的途径，给世界上那些既希望加快发展又希望保持自身独立性的国家和民族提供了全新选择，为解决人类问题贡献了中国智慧和中国方案"[1]。新时代带来新机遇，新时代迎来新挑战。中国特色社会主义进入新时代，为中国特色社会主义发展提供了广阔的发展空间，为中国的新闻发布工作提供了新的历史舞台。新时代中国仍然处于改革攻坚的关键阶段。中国改革"已进入深水区，可以说，容易的、皆大欢喜的改革已经完成了，好吃的肉都吃掉了，剩下的都是难啃的硬骨头……改革再难也要向前推进"[2]。这就要

---

[1]《习近平指出，中国特色社会主义进入新时代是我国发展新的历史方位》，2017 年 10 月 18 日，新华网，http://www.xinhuanet.com//politics/2017-10/18/c_1121819978.htm，最后浏览日期：2022 年 10 月 10 日。

[2] 郭俊奎：《习近平说"改革该啃硬骨头了"，如何啃？》，2014 年 2 月 12 日，人民网，http://cpc.people.com.cn/pinglun/n/2014/0212/c241220-24335444.html，最后浏览日期：2022 年 10 月 10 日。

求党和政府不忘初心、牢记使命,稳步推进全面深化改革,加快民主法治建设,加强思想文化阵地建设,改善人民生活水平,深入开展新时代外交布局,深刻领会新时代中国特色社会主义思想的精神实质和丰富内涵,在各项工作中全面、准确地贯彻落实。中国日益走近世界舞台中央,世界需要听到中国声音。习近平总书记在十九大报告中指出,这个新时代,"是我国日益走近世界舞台中央、不断为人类作出更大贡献的时代"[①]。经过新中国70年的奋起直追,改革开放40年的跨越发展,中国作为全球第二大经济体,在与世界深度融合、相互激荡的过程中,如何向世界展现真实、立体、全面的中国,是我国新闻发布工作面临的重要问题。中国与世界的需要互相增加,中国需要了解世界,世界也需要了解中国。"当今世界是开放的世界,当今中国是开放的中国。中国和世界的关系正在发生历史性变化,中国需要更好地了解世界,世界需要更好地了解中国"[②]。党的十八大以来,以习近平同志为核心的党中央高度重视对外传播工作,作出了一系列重要工作部署和理论阐述。习近平同志多次强调,要加强国际传播能力建设,精心构建对外话语体系,增强对外话语的创造力、感召力、公信力,讲好中国故事,传播好中国声音,阐释好中国特色,有助于增强国际社会对中国崛起的认同,从而为中华民族的伟大复兴创造更为稳定、友好、合作的国际环境。当前,"西强我弱"的传播格局仍未改变,"有理说不出、说了传不开"的被动局面有待扭转。近年来,我国在对外传播过程中取得了一定成就,中国领导人

---

① 习近平:《决胜全面建成小康社会 夺取新时代中国特色社会主义伟大胜利——在中国共产党第十九次全国代表大会上的报告》,人民出版社2017年版,第11页。
② 《习近平致中国国际电视台(中国环球电视网)开播的贺信》,2016年12月31日,央视网,http://news.cctv.com/2016/12/31/ARTId8rq9KkiBhYVoKw6RDX161231.shtml,最后浏览日期:2022年10月10日。

的执政风范和中国社会在发展中取得的成绩得到了国际社会的极大认同。但是,"西强我弱"的舆论格局还没有根本改变,"中国威胁论"等噪音、杂音依然存在,我国的国际形象很大程度都是"他塑"而非"自塑"的,在国际话语权的争夺中仍处于较为弱势地位。此外,我国对外传播的整体水平与世界第二大经济体的地位还不相称,在传播规模、话语体系、渠道范围、沟通方法的构建方面还有很大提升空间。当今的世界,矛盾冲突的激荡、思维方式的差异、价值观念的对立依然存在,在这种情况下,中国的立场如何表达,中国的价值如何传递,中国的形象如何塑造,对于中国来说更加至关重要。"中国特色社会主义进入了新时代"重要论断的提出,把中国特色社会主义事业推到了新的历史起点,为我国的对外传播工作提供了新的发展机遇。

二、中国特色新闻发布理论体系构建的理论依据

重视理论的作用是党的优良传统,在实践基础上进行理论构建与理论创新,是党和国家顺利发展的重要保证,是发扬马克思主义政党与时俱进理论品格的重要途径。2017 年 7 月 26 日,习近平总书记在省部级主要领导干部专题研讨班开班式上强调,"我们党是高度重视理论建设和理论指导的党,强调理论必须同实践相统一。我们坚持和发展中国特色社会主义,必须高度重视理论的作用,增强理论自信和战略定力"[1]。我国的新闻发布制度推进主要是实践探索的过程,理论体系的构建和完善并不能很好地跟上现有的新闻发布实践

---

[1] 《习近平:为决胜全面小康社会实现中国梦而奋斗》,2017 年 7 月 27 日,新华网,http://www.xinhuanet.com//politics/2017-07/27/c_1121391548.htm,最后浏览日期:2022 年 10 月 10 日。

工作。理论的缺失必然会导致实践的滞后。我国社会主义事业的发展,我国执政理念与水平的现代化,比任何时候都更加迫切地需要构建完善的新闻发布理论体系。中国特色新闻发布理论体系是通过马克思主义中国化取得的理论成果,尤其是以习近平新时代中国特色社会主义思想作为理论来源,以社会主义核心价值体系为核心全面构建中国特色的新闻发布理论体系。

"习近平新时代中国特色社会主义思想是从改革开放和社会主义现代化建设实践中产生而又服务于实践的伟大理论"①,"八个明确"的基本内容和"十四条坚持"的基本方略构成了系统完整的科学理论体系。作为马克思主义中国化的最新成果,既是对马克思列宁主义、毛泽东思想、邓小平理论、"三个代表"重要思想、科学发展观的继承和发展,也是十八大以来党的理论创新和伟大实践的产物,又是我党面向新时代作出的深刻回答。我国的新闻发布工作既是党务、政务信息公开工作,又是新闻舆论工作的重要组成部分,习近平新时代中国特色社会主义思想为中国特色新闻发布理论体系提供了理论依据。习近平新时代中国特色社会主义思想开辟了当代中国马克思主义发展新境界。高度重视理论创新,以马克思主义为指导,坚持把马克思主义基本原理同中国实际相结合,不断推进马克思主义中国化、时代化、大众化,是中国特色社会主义的重要特征,也是我党永葆先进性的重要原因。党的十八大以来,以习近平同志为核心的党中央着眼新形势、新问题、新常态,开辟马克思主义新境界,"明确了新时代坚持和发展中国特色社会主义的总目标、总任务、总体布局、战略布局和发展方向、发展方式、发展动力、战略步骤、外部条件、政治

---

① 《习近平新时代中国特色社会主义思想的本质特征》,2017年11月24日,人民网, http://theory.people.com.cn/n1/2017/1124/c40531-29665409.html,最后浏览日期: 2022年10月10日。

保证等基本问题"①,形成了习近平新时代中国特色社会主义思想。习近平中国特色社会主义思想以问题为导向,具有很强的实践指导性。习近平中国特色社会主义思想在形成过程中,以问题为导向,"将坚定信仰信念、鲜明人民立场、强烈历史担当、求真务实作风、勇于创新精神和科学方法论贯穿于发现问题、解决问题、指导实践的全过程之中"②,是全党全国人民为实现中华民族伟大复兴而奋斗的行动指南,为解决全人类共同面对的问题提供了中国方案、贡献了中国智慧。

具体而言,作为新闻舆论工作的重要组成部分,中国特色新闻发布理论体系的构建主要以中国特色社会主义新闻舆论体系为依据。舆论是影响社会发展和政治稳定的重要力量,马克思主义者高度重视新闻舆论工作。在马克思、恩格斯的著作中,"舆论"的概念出现达300多次。我党历来重视舆论工作,从江泽民同志提出"福祸论"到胡锦涛同志提出"舆论引导正确,利党利国利民;舆论引导错误,误党误国误民",一再强调了新闻舆论工作的重要性。十八大以来,以习近平同志为核心的党中央高度重视新闻舆论工作,发表了一系列讲话,多次作出重要指示,提出了一系列加强和改进新闻舆论工作的新论断、新观点和新要求,是习近平新时代中国特色社会主义思想在新闻舆论领域的生动体现,"形成了体系完整、科学系统的新闻思想,与我们党长期形成的新闻思想一脉相承又与时俱进,丰富和发展了马克思主义新闻理论,是做好新时代党的新闻舆论工作的科学指南,为

---

① 周正刚:《习近平新时代中国特色社会主义思想的本质特征》,2017年11月24日,人民网,http://theory.people.com.cn/n1/2017/1124/c40531-29665409.html,最后浏览日期:2022年10月10日。
② 李捷:《理论创新与实践创新的良性互动和新时代新思想的创立》,《红旗文稿》2017年第23期,第4—8页。

新时代新闻舆论工作指明了前进方向、提供了根本遵循"①。

习近平总书记将党的新闻舆论工作提升到了"全局"的新高度,对党的新闻舆论工作性质作为新定位。他提出党的新闻舆论工作"是治国理政、立国安邦的大事"②,他强调,"做好党的新闻舆论工作,事关旗帜和道路,事关贯彻落实党的理论和路线方针政策,事关顺利推进党和国家各项事业,事关全党全国各族人民凝聚力和向心力,事关党和国家前途命运。必须从党的工作全局出发把握党的新闻舆论工作,做到思想上高度重视、工作上精准有力"③。这言明了新时代党的新闻舆论工作的精准定位,可谓在新的历史条件和时代背景下对新闻舆论传播理念不断深化的创新之举,体现了我国新闻舆论思想体系的进一步成熟。

中国特色社会主义新闻舆论体系对党的新闻舆论工作的职责使命作出表述。党的新闻舆论工作要围绕"高举旗帜、引领导向,围绕中心、服务大局,团结人民、鼓舞士气,成风化人、凝心聚力,澄清谬误、明辨是非,联接中外、沟通世界"④48 字方针展开,必须自觉承担起"举旗帜、聚民心、育新人、兴文化、展形象"⑤的使命任务,为新时代做好新闻舆论工作指明努力方向。

中国特色社会主义新闻舆论体系对党的新闻舆论工作的方针原则作出论断。党的新闻舆论工作必须坚持党性原则,坚持党性和人

---

① 《习近平新闻思想讲义(2018 版)》,人民出版社、学习出版社 2018 年版,第 1 页。
② 《习近平总书记党的新闻舆论工作座谈会重要讲话精神学习辅助材料》,学习出版社 2016 年版,第 1—2 页。
③ 同上。
④ 《习近平谈治国理政》(第二卷),外文出版社 2017 年版,第 332 页。
⑤ 《习近平出席全国宣传思想工作会议并发表重要讲话》,2018 年 8 月 22 日,中国政府网,http://www.gov.cn/xinwen/2018-08/22/content_5315723.htm,最后浏览日期:2022 年 10 月 10 日。

民性的统一,坚持党对意识形态工作的领导权,将马克思主义新闻观作为"定盘星",坚持正确的舆论导向,巩固壮大主流思想舆论,坚持正面宣传为主,把团结稳定鼓劲作为基本方针和原则,坚持改革创新。

中国特色社会主义新闻舆论体系对党的新闻舆论工作的能力建设方面作出规划。"做好宣传思想工作,比以往任何时候都更加需要创新。"[1]新闻舆论工作要牢固树立创新意识,"必须创新理念、内容、体裁、形式、方法、手段、业态、体制、机制"[2],加强传播手段和话语方式创新,提高新闻舆论工作的传播力、引导力、影响力、公信力。

中国特色社会主义新闻舆论体系对党的新闻舆论工作的工作重点作出部署。中国特色社会主义进入新时代,必须把统一思想、凝聚力量作为工作中心环节,要将网上舆论工作作为重中之重来抓。随着移动互联网技术的兴起与广泛应用,我国舆论的主阵地已经发生偏移,互联网已经成为舆论斗争的主战场。因此,要牢牢把握网上舆论工作的领导权和主动权,加强网络内容建设,把握网上舆论引导的时度效,做大做强网上主流舆论,要"提高网络综合治理能力,形成党委领导、政府管理、企业履责、社会监督、网络自律等多主体参与,经济、法律、技术等多种手段相结合的综合治网格局"[3]。

中国特色社会主义新闻舆论体系对党的新闻舆论工作的国际传播能力建设方面作出阐述。中国日益走近世界舞台中央,"争取国际话语权是我们当前必须解决好的一个重大问题"[4]。党的新闻舆论

---

[1] 《习近平关于全面深化改革论述摘编》,中央文件出版社2014年版,第84页。
[2] 《习近平总书记党的新闻舆论工作座谈会重要讲话精神学习辅助材料》,学习出版社2016年版,第7页。
[3] 《习近平新闻思想讲义(2018版)》,人民出版社、学习出版社2018年版,第29页。
[4] 习近平:《在全国党校工作会议上的讲话》,《求是》2016年第9期。

工作要提升国际传播能力,主动设置议题,增强国际话语权;要让中国声音真正走出去,加强创新力度,拓展渠道平台;要优化战略布局,加强顶层设计;要加强话语体系建设,构建融通中外的话语体系。

中国特色社会主义新闻舆论体系对党的新闻舆论工作的队伍建设方面提出新要求。党的新闻舆论工作队伍要"坚持正确政治方向,坚持正确舆论导向,坚持正确新闻志向,坚持正确工作取向"[1],要"不断掌握新知识、熟悉新领域、开拓新视野,增强本领能力,加强调查研究,不断增强脚力、眼力、脑力、笔力,努力打造一支政治过硬、本领高强、求实创新、能打胜仗的宣传思想工作队伍"[2],要深入开展马克思主义新闻观教育,造就全媒型、专家型人才。

三、中国特色新闻发布理论体系构建的实现目标

在 2013 年的全国宣传思想工作会议上,习近平总书记就强调,"宣传思想部门承担着十分重要的职责,必须守土有责、守土负责、守土尽责"[3]。时隔五年,在 2018 年的全国宣传思想工作会议上,习近平总书记对此问题作了进一步的阐述和强调。新闻发布工作作为党的宣传思想工作的重要组成部分,必须时刻坚守自己的职责与使命,

---

[1] 《习近平对新闻记者提出 4 点希望 做党和人民信赖的新闻工作者》,2016 年 11 月 7 日,新华网,http://www.xinhuanet.com/zgjx/2016-11/07/c_135811858.htm,最后浏览日期:2022 年 10 月 10 日。

[2] 《习近平出席全国宣传思想工作会议并发表重要讲话》,2018 年 8 月 22 日,中国政府网,http://www.gov.cn/xinwen/2018-08/22/content_5315723.htm,最后浏览日期:2022 年 10 月 10 日。

[3] 《做好宣传思想工作,习近平提出要因势而谋应势而动顺势而为》,2018 年 8 月 22 日,新华网,http://www.xinhuanet.com/politics/2018-08/22/c_1123307452.htm,最后浏览日期:2022 年 10 月 10 日。

适应时代变化，不断完善整体性的体系建设和具体的实施战略，使新闻发布制度更加科学、更加完善，从而实现党、国家、社会各项事务治理制度化、规范化、程序化，在实践中不断推进"国家治理体系和治理能力现代化"这一全面深化改革的总目标，在"强信心、聚民心、暖人心、筑同心"①方面显现着越来越重要的作用。

中国特色新闻发布理论体系的构建是我党执政理念系统不可或缺的重要方面。执政理念是执政党在自身建设和执政活动中用以贯彻的指导思想、价值判断和执政宗旨的总和②。长期以来，我党的执政理念围绕"为谁执政、靠谁执政、怎样执政"的重要议题不断得到创新发展，党的执政理念的内容体系也不断丰富与完善。这既是党不断提升自身先进建设的重要体现，也是党执政能力构成的首要因素。我国的新闻发布工作，尤其是重大政治活动的新闻发布工作的顺利开展能够充分发挥信息发布、信息汇聚和舆论引导等功能，有效保障人民群众用直接明了的方式了解和把握党的执政理念、执政方式和执政行为。首先，中国特色新闻理论体系的构建，必须坚持党性原则。党的新闻舆论工作，要坚持党对意识形态工作的领导权，"要加强党对宣传思想工作的全面领导，旗帜鲜明坚持党管宣传、党管意识形态"③，"要体现党的意志、反映党的主张，维护党中央权威、维护党的团结，做到爱党、护党、为党"④，必须做到"与党同向、与人民同心、

---

① 《习近平出席全国宣传思想工作会议并发表重要讲话》，2018年8月22日，中国政府网，http://www.gov.cn/xinwen/2018-08/22/content_5315723.htm，最后浏览日期：2022年10月10日。
② 梁巨龙、吴晓晴：《改革开放三十年来中国共产党执政理念的演进》，《中共云南省委党校学报》2008年第9期，第73—76页。
③ 《习近平出席全国宣传思想工作会议并发表讲话》，2018年8月23日，新华网，http://www.xinhuanet.com/2018-08/23/c_129938245.htm，最后浏览日期：2022年10月10日。
④ 同上。

与时代同步"。我国的新闻发布工作肩负重要使命,肩负党和国家的重任,肩负媒体和公众的期盼,因此必须把统一思想、凝聚力量作为工作的中心环节,要坚持正确舆论导向,围绕中心服务大局,唱响时代主旋律,做大做强主流思想。这就要求新闻发布工作必须坚持党性原则,增强政治意识、大局意识、核心意识、看齐意识。其次,中国特色新闻理论体系的构建,是以"人民为中心"理念的具体体现。我们党一直以来都强调"全心全意为人民服务"的宗旨。党的十八大以来,以习近平同志为核心的党中央将"以人民为中心"置于治国理政思想的最核心,明确提出把"有利于提高人民的生活水平,作为总的出发点和检验标准"。这就要求我们在实际工作中坚持人民主体地位,把党的群众路线贯彻到治国理政的全部活动中。我国的新闻发布工作具有社会沟通职能和服务公众生活的重要功能。政府新闻发布制度理念层面的理论来源首先是公民知情权和政府信息公开理论。坚持党务、政务信息及时有效公开,是建立党、政府与民众之间信任,营造良性环境的重要前提。新闻发布工作既能宣介党和政府的政策、方针,又能有效服务公众,实现了党和政府信息的有效公开和精准传播,有力激发全党全国各族人民为实现中华民族伟大复兴的中国梦而团结奋斗的强大力量。因此,以"人民为中心"是中国特色新闻理论体系构建时必须遵循的基本原则和根本方法,这样才能结合民情民意,将民众关心的政策和问题讲清楚,在立场、情感上获得民众认可,增强民众对党和政府的信任感。

中国特色新闻发布理论体系的构建,是融入国家整体治理体系的重要部分,凸显国家治理能力现代化的重要途径。党的十八届三中全会明确指出,"全面深化改革的总目标是完善和发展中国特色社会主义制度,推进国家治理体系和治理能力现代化"①。其中,"国家治理体系和治理能力现代化"的提出是"一个国家的制度和制度执行能力的集中体现"②,是适应社会发展和满足人民群众需要的必然选择。作为一项系统而庞大的工程,党的新闻舆论工作在其中起到不可或缺的作用。习近平总书记指出,"一个国家和社会要稳定,首先要保持舆论的稳定;一个政党要引导好人民的思想,首先要引导好社会舆论"。党和政府通过及时、有效的新闻发布工作,充分发挥舆论引导职能,以思想共识凝聚行动力量,用正确舆论引领前进方向,不断提升舆论引导力和舆论掌控力,营造有利于推动当前社会改革发展和有利于全社会和谐稳定的舆论环境。尤其是随着移动互联网技术的迅速发展,新兴媒体的大量使用和普及,中国特色新闻发布理论体系的建立是融入国家整体治理体系的重要部分,是凸显国家治理能力现代化的重要途径。首先,制度化建设是核心问题。中国新闻发布理论体系的构建必须以制度建设为抓手,致力于推进新闻发布制度更加成熟、更加定型。建设成熟完善的新闻发布制度,发挥新闻发布工作在推进国家治理体系和治理能力现代化建设过程中的作用,将新闻发布工作贯彻落实到治党治国治军、内政外交国防、改革发展稳定等各个方面,彰显新闻发布工作在信息公开、政策解读、回应关切等方面的核心地位,提高科学执政、民主执政、依法执政的能力与水平,不断提升党和政府的公信力。其次,平台建设和话语建设是关键问题。习近平总书记在

---

① 《中国共产党第十八届中央委员会第三次全体会议公报》,2013 年 11 月 12 日,新华网,http://www.xinhuanet.com/politics/2013-11/12/c_118113455.htm,最后浏览日期:2022 年 10 月 10 日。
② 《习近平:推进国家治理体系和治理能力现代化》,2014 年 2 月 17 日,人民网,http://politics.people.com.cn/n/2014/0217/c1024-24384975.html,最后浏览日期:2022 年 10 月 10 日。

全国宣传思想工作会议上指出,"要加强传播手段和话语方式创新,让党的创新理论'飞入寻常百姓家'"①。中国特色新闻理论发布体系要注重平台建设,不断提升我国新闻发布工作的传播力、引导力、影响力、感染力,应用新媒体技术、整合媒体资源,提升运用大数据的能力,采用集约发展方式,拓展新闻发布平台,增强新媒体用户群的参与度和体验度,建设综合信息服务平台,强化信息服务功能和能力。同时,注重话语建设,讲究新闻发布工作的艺术性,将政策话语、新闻话语和公众话语三者互相打通并合理转化,使新时代中国特色新闻发布理论体系真正助力党和政府工作,高效筑起党和政府与公众信息沟通的平台。

中国特色新闻发布理论体系的构建,是宣介中国主张,自觉践行中国特色社会主义道路自信、理论自信、制度自信、文化自信的重要体现。习近平总书记在全国宣传思想工作会议上强调,"宣传思想部门承担着十分重要的职责,必须守土有责、守土负责、守土尽责"。我国新闻发布工作承担的一个重要责任就是宣介政府主张,传播引领政治决策的方向。一方面,国内外媒体和公众可以通过新闻发布工作了解党和政府的执政主张和政策内容;另一方面,党和政府需要通过信号释放了解国内外媒体和公众的意见或建议,从而实现双向的有效沟通。首先,有助于在国际国内舆论格局中争夺话语权。尤其是党的十八大以来,面对错综复杂的国内外形势,以习近平同志为核心的党中央主动认识新常态、适应新常态、引领新常态,不断提出"一带一路""人类命运共同体"等一系列全球治理的新思想、新观念、新主张,完整形成了"四个全面"战略布局,并提出"进入中国特色社会

---

① 《习近平出席全国宣传思想工作会议并发表重要讲话》,2018年8月22日,中国政府网站,http://www.gov.cn/xinwen/2018-08/22/content_5315723.htm,最后浏览日期:2022年10月10日。

主义新时代"等重要论断。这些新思想、新观念、新主张的提出,在国际国内舆论格局中,不仅关注经济利益的发展,更主要是追求政治上的互信,争取国际规则制定权和话语权,争取占据国内舆论场的主阵地,追求共同利益、国家利益、民族利益的共通性和一致性。中国特色新闻发布理论体系的构建有助于在国内外宣介中国主张,阐述中国共产党和中国政府的历史使命,阐述中国特色社会主义发展的美好前景,改变过去"自话自说"的局面,追求沟通的有效性,营造有利于推动社会发展、和谐稳定的舆论环境,鼓舞士气、以精神力量形成感召力与凝聚力,激发全党全国各族人民为实现中华民族伟大复兴的中国梦而团结奋斗的强大力量。其次,是展现"四个自信"的具体要求。习近平总书记在庆祝中国共产党成立 95 周年大会上指出,"坚持不忘初心、继续前进,就要坚持中国特色社会主义道路自信、理论自信、制度自信、文化自信"。"四个自信"的提出解答了我们举什么旗、走什么路、怎么办、如何走的问题。我国的新闻发布工作通过信息发布将国家政策进行解读,将国家、媒体、社会和公众紧密地结合在一起,发布什么样的信息和内容、如何发布信息和内容都体现了党和政府治国理政的目标指向和价值导向。中国特色社会主义新闻理论体系的构建是顺应时代潮流和发展、尊重公民知情权、服务改革发展大局的重要举措,有助于展现一个道路自信、理论自信、制度自信、文化自信的当代中国。

新时代我国新闻发布工作中值得关注的五大关系①

邢 祥　胡学峰

自我国建立和推进新闻发布制度以来,新闻发布工作已经成为国家治理的常态工作和自觉行为。作为推进民主政治进程、增加政治透明度的重要举措和党的新闻舆论工作的重要组成部分,新闻发布工作践行着"推进国家治理体系和治理能力现代化"这一全面深化改革的总目标。党的十九大作出中国特色社会主义进入新时代的重大政治判断。新时代催生新理论,新理论指导新实践。当前,如何探索新闻发布工作的新思路与新方法,是我国新闻发布工作面临的重要课题。在具体实践工作中,我们首先要明确新闻发布工作中值得关注的几大关系,并加以妥善处理,才能明确新时代我国新闻发布工作的实质,确保新闻发布工作在"强信心、聚民心、暖人心、筑同心"②方面能继续发挥不可替代的作用。

---

① 本文发表于《青年记者》2019 年第 25 期,为中国博士后科学基金第 63 批面上资助项目(编号:2018M630392)的阶段性成果。
② 《习近平出席全国宣传思想工作会议并发表重要讲话》,2018 年 8 月 22 日,中国政府网,http://www.gov.cn/xinwen/2018-08/22/content_5315723.htm,最后浏览日期:2022 年 10 月 10 日。

一、依法治国与依法发布的关系

作为党领导人民治理国家的基本方略,依法治国为法治国家建设所面临的问题提供了制度化解决方案。公开透明是法治政府的基本特征。在新闻发布工作中,坚持依法发布是依法治国、依法行政在政府信息发布工作中的具体表现。一切信息公开行为都要以法律为依据,牢固树立法治观念,要秉承合法、合规、公开的原则。

在发布信息之前,一定要充分了解信息公开的法律法规,使新闻发布工作符合国家的法律法规,严格遵守各项法律及规章制度。近年来,关于新闻发布和信息公开方面不断有新的管理规范出台,如2016年发布的《关于在政务公开工作中进一步做好政务舆情回应的通知》《〈关于全面推进政务公开工作的意见〉实施细则的通知》、2017年发布的《中国共产党党务公开条例(试行)》、2019年修订的《中华人民共和国政府信息公开条例》等文件,为我国的党务和政务公开工作提出了整体性的指导意见。一系列管理规范的印发使我国新闻发布的机制建设在高位推动下更加有法可依。虽然关于信息发布等方面的上位法仍有缺失,但相关制度的提出不断完善着以新闻发布为核心的信息公开法律体系,对新闻发布的工作原则、程序和运行机制都作出了明确规定,为新闻发布工作的有效开展奠定了坚实的法律基础。

新闻发布工作的每个环节都要考虑是否合法,尤其是面对社会转型过程中出现的各种问题,为应对、防范可能出现的矛盾、风险、挑战,必须充分发挥法治的引领和规范作用,用法治思维谋划工作、处理问题。"普遍设立法律顾问制度"是党的十八届三中全会确立的改革任务①。党的十八届四中全会对推行法律顾问制度作出进一步明确要求,提出要"积极推行政府法律顾问制度,保证法律顾问在制定重大行政决策、推进依法行政中发挥积极作用"②。在具体发布工作的每个环节中都要请法律专家或顾问帮忙把关,在新闻发布制度建设中建立法律顾问制度,一切以依法发布为首要要求和任务。

二、主管部门与相关部门之间的联动关系

在具体实践中,不论是日常新闻发布工作还是突发事件的新闻发布工作,发布主体往往并非仅涉及单一部门,而是包括新闻发布主管部门、涉事责任相关部门等。综观近年来发生的一些舆情热点事件的新闻发布工作,新闻发布效果不佳,甚至衍生出次生舆情,部分原因在于涉事相关部门没有做好沟通与协调工作,在回应环节出现了"脱节"的状况,严重影响了政府主管部门的公信力。

因此,要妥善处理主管部门与相关部门之间的联动关系,建立健全部门协调机制。首先,涉事相关部门需要提前为新闻发布主管部门提供充分的信息支持,建立行政事务与新闻发布工作的协调沟通机制;新闻发布主管部门为涉事相关部门提供专业支持,协助涉事部门确定发布主题、发布内容、发布渠道等具体事宜。其次,对于涉及多个涉事部门的新闻发布,应明确政务公开新闻发布、政策解读、政务舆情回应责任主体,明确"第一责任人、第一解读人、第一发言人",涉及多涉事主体部门的一定要有总体统筹,由权威行政官员"坐镇",

---

① 李明征:《推行法律顾问制度和公职律师公司律师制度的重大意义》,《人民日报》2016年6月17日,第11版。
② 习近平:《关于〈中共中央关于全面推进依法治国若干重大问题的决定〉的说明》,《实践》(思想理论版)2014年第11期,第15—19页。

围绕主题确定信息发布的程度、发布的基调和发布的措辞,形成以政府为核心的各涉事部门权力与责任的分配问题。同时,涉事各部门要权责清晰,提前通气,由每个部门的一把手审核好发布内容之后,通过联席会议等形式最大限度地进行信息沟通和资源共享,做到事前沟通、共同确认,"说什么、怎么说"都要步调一致。尤其是针对同一事件进行多场新闻发布,对事件定性和处理措施要保障信源固定、参与人员结构稳定、官方回应层级统一,切不可各自为政、说法不一。

三、线下发布与线上发布的关系

新闻发布工作的主要目的是让媒体和公众及时、充分地了解政府的决策、措施和对有关问题的态度与意见。传统的新闻发布会是新闻发布工作的主要形式,但不是唯一的形式。目前,充分利用新媒体以线上发布的形式开展新闻发布工作已经成为常态。任何一种媒介发布形式都既有优点也有不足。线上发布时效快,但信息容量相对也小,线上发布往往需要短小精悍的信息,这在一定程度上对信息发布的完整性形成了挑战。线上发布基本以文字为主,图片和视频内容在实践中还有待完善,它的现场感、真实性、互动性显然不如新闻发布会。虽然通过留言评论等方式可以实现发布者和接收者之间的互动,但由于发布的人员和精力有限,不可能实现充分的互动和引导,加之网民的意见参差不齐,线上互动往往质量不高。

因此,在新闻发布工作中,要强调线下新闻发布的主体地位。新闻发布会在形式、内容和传播效果等方面具备线上发布会不具备的优势。在新媒体时代,最佳的新闻发布原则是线上与线下有机结合,但绝不能在新媒体的浪潮中忽视新闻发布会的作用。重视新闻发布会就要充分发挥它的优势,改善它的不足,具体措施包括在考核评价体系中重视,给予线上线下合理的评判比例,或者在重大舆情事情的回应中突出线下新闻发布的地位和作用。

四、既有规制的落实与再出台新规制的关系

一方面,经过多年的推进,我国新闻发布制度的建设与机制渐趋完善。政府新闻发布制度的规则是以法律、法规、文件等文本形式固定下来的。自2003年"非典"之后,新闻议程的设置和公共突发事件的危机管理引起党和政府的高度重视。政府出台了若干与政府新闻发布制度有关的法规和文件。特别是近五年来,密集出台了一系列极具针对性和操作性的实施意见和具体要求。

但另一方面,受制于政治宏观环境、政治管理制度、行政决策机制、团队变动、素质差异等诸多因素的影响,在遭遇重大舆情,特别是敏感舆情时,我国新闻发布工作面临的挑战依然较大。有些机构和新闻发布主体部门没有在理念上认识到新闻发布工作的重要性,新闻发布流于形式,在人员选配、发布流程和规范等方面不够重视,在发布时效上滞后,甚至还有以新闻发布为名发布不实消息的情况。应该说,多数问题还是出在对既有规制的落实不力方面。因此,一定要强化既有规定和对政策的贯彻落实,在政策解读、回应舆情和社会关切等方面的规定,要进一步强化贯彻和落实,不必一味制定新的规制。当然,有些问题在既有的规定中无法得到很好的解决,在这种情况下,可以采用一些新的规定、办法和机制。

五、传统媒体"易管"与新媒体"难控"的关系

舆论场域中的意见竞争通常表现为公信力、真实性和时效性三

者的复杂互动。受到我国媒介管理体制的影响,目前在国内仍然存在传统媒体和新兴媒体之间不同传播形态的对比。这种对比不是以技术形式来划分的,而是以管理体制来划分的。人们通常理解的传统媒体包括报纸、杂志、广播、电视,它们作为媒介机构受到党和政府的严格管理,在重大新闻和舆情传播中,传统媒体代表的就是主流的声音、政府的声音、官方的声音。由这些传统媒体创办的新媒体平台实际上也受到了较为严格的管理。相较于此,以如微博、微信、抖音等为代表的商业新媒体平台,其"用户生产内容"的方式让社会组织和个人都可以成为信息的发布者。就管理的复杂性和技术难度而言,目前尚无有效的管理手段解决新媒体平台的"众声喧哗"局面,虽然党和政府不断制定新规制对其加以约束和制约,但多为事后应对和规范,在一定程度上无法与新兴媒体的发展速度相匹配与适应。这就在事实上造成了传统媒体在掌握舆论引导权方面有所欠缺的局面。由于理念落后和机制建设不足,各级管理部门在进行重大舆情事件的信息发布时,因观念保守、反应滞后和处置流程烦琐,加之传统媒体自身的诸多顾忌,导致传统媒体很多时候做不到应对的时效性和主动性,如果在真实性上仍有所不足,就更会影响公信力。

传统媒体的"易管"正给在竞争中本已处于弱势位置的传统媒体压上最后一根稻草,持续的"失声""失语""缺位"让传统媒体的处境更加艰难,流失了更多的受众,它们的主流影响力也日益弱化。同时,对新媒体的"难控"则让各种非主流、非权威的声音填补了主流媒体失语造成的信息真空。传统媒体特别是主流媒体是舆论平稳的压舱石,在新闻发布的实际工作中,我们要给权威主流媒体"松绑",要让传统主流媒体及时、准确、快速地发声,抢占信息发布和舆论引导的主动权,重新树立其权威性。要做到这一点,就需要管理部门进一步更新观念、解放思想,从党和政府工作的全局出发,尊重新闻舆论工作的基本规律，发挥传统媒体的积极性，以平衡的方式来处理传统媒体和新媒体的管理策略，为传统媒体创造更多的空间，恢复和重塑主流媒体的公信力。当然，要不断强化传统媒体正在实施的媒介融合战略，拼抢甚至是争夺话语空间。

县域媒体融合语境下基层新闻发布工作的思考[①]

邢 祥

随着社会发展和民主进程的推进,公众的政治主体意识和参与意识逐步增强,互联网技术的兴起与发展为基层民众提供了新的政治社会化平台和政治参与平台。党的十八大以来,习近平总书记高度重视传统媒体和新兴媒体的融合发展,多次强调要利用新技术、新应用创新媒体传播方式。2018年8月21日至22日,习近平总书记在全国宣传思想工作会议上指出,要扎实抓好县级融媒体中心建设,更好引导群众、服务群众[②]。9月20日,在县级融媒体中心建设现场推进会上,中宣部对全国范围推进县级融媒体中心建设作出部署安排,要求2020年年底基本实现在全国的全覆盖,2018年先行启动600个县级融媒体中心建设[③]。这一系列重要举措

[①] 本文发表于《现代视听》2018年第9期,为上海市哲学社会科学规划项目"中国特色社会主义新闻发布理论体系研究"(编号:2017BHB023)的阶段性成果。
[②]《扎实抓好县级融媒体中心建设》,2021年11月24日,党建网,http://www.dangjian.cn/shouye/dangjiangongzuo/xianjirongmeitzhongxin/202111/t20211124_6246641.shtml,最后浏览日期:2022年10月10日。
[③]《县级融媒体中心建设全面启动 2018年先行启动600个县级融媒体中心建设 2020年底基本实现全覆盖》,2018年9月25日,新华网,http://www.xinhuanet.com//zgjx/2018-09/25/c_137491367.htm,最后浏览日期:2022年10月10日。

标志着聚焦基层宣传工作已经成为未来的发展趋势。依托地方媒体尤其是县域媒体融合进行新闻发布工作，让新闻发布准确地传达党和政府的权威声音，回应社会关切、引导社会舆论，具有十分重要的现实意义。

一、我国基层新闻发布工作的现状

自党的十八届三中全会提出"推进新闻发布制度建设"的重大决策以来，我国的新闻发布制度建设又上了一个大台阶，践行着"推进国家治理体系和治理能力现代化"这一全面深化改革的总目标，经过多年的砥砺前行，已经基本形成横向到边、纵向到底的新闻发布格局。"横向到边"是指新闻发布的主体和内容已经涉及党、政、军、民、学等各个领域；"纵向到底"是指我国的新闻发布形成了"国务院新闻办公室—中央和国家机关有关部门—省（市区）级政府"三个层次的新闻发布体系。同时，三个层次的新闻发布体系还不断延伸下沉，许多地市、区县甚至街道社区等基层政府部门也建立了新闻发布制度，形成了相应的新闻发布平台。

近年来，各地基层政府结合政府实际工作，探索基层新闻发布工作的新做法，并在这个过程中逐步建立起新闻发布工作机制。例如，1998年，深圳设立了市、区和政府各部门三级新闻发言人制度；2006年，北京石景山区八角街道举办首次"社情发布会"；2017年7月起，深圳市罗湖区建立"双周发布"机制，每次发布会前邀请各界代表召开策划会，策划百姓关注的政府话题，公众可进行现场提问，会后通过融媒体传播；2018年7月，陕西省富县党委政府集中宣传平台正式启动，该平台在改革过程中将县委通讯组（外宣办）、县委网信办、县广播电视台、县广电办、县电子政务办五个单位的职能整合组建成立富县融媒体中心等。一系列实践工作的探索都推进了我国基层新闻发布工作逐渐走向成熟。

但是,相较于较为成熟的三个层次的新闻发布主体,基层新闻发布工作仍然较为薄弱,存在如政策信息发布效果不佳、舆情引导能力有待提升、新闻发布内容和形式单一、新闻发布队伍业务能力不足等问题,这都影响和制约了我国基层新闻发布工作的长效发展。

(一) 政策信息发布效果不佳

新闻发布的主要工作之一就是做好党和政府的重要政策传达与解读,尤其是对重大关切、重大政策、重要民生工程等信息,政府和相关部门一定要及时发布信息,做好解读工作,避免媒体和公众的误读。但是,在基层新闻发布工作中,囿于地域、媒体资源等因素,基层的新闻发布工作能力较弱,信息发布频率有限,无法满足基层群众对政务信息的需求。同时,新闻发布的效果也不佳,很多时候被认为是一项"政绩工程",讲"大话、官话、套话",为了完成而完成,为了发布而发布,并未发挥新闻发布的真正作用。这些都严重影响了基层新闻发布工作的传播力、引导力、影响力和公信力。

(二) 舆情引导能力有待提升

近年来发生的舆情热点事件,在行政层级上主要集中于地市级与区县层面,如果基层政府在回应过程中的新闻发布工作有所欠缺,错失舆论引导先机,地方性事件就容易演变成全国性的舆情热点事件,就会扩大事态,从而造成基层政府形象受损。在舆情热点事件的新闻发布工作中,基层政府常常存在认识不足或舆情研判不足的情况,回应不及时,认知不准确,面对公众质疑不是积极应对,而是消极抵触；在舆情事件发生后的关键节点不表态或错误发声,甚至采用"围、堵、删"的方式避免舆情态势的扩大。这些行为都无疑扩大了事件的影响力。

（三）新闻发布内容和形式单一

目前,新闻发布方式主要集中在常规新闻发布会、背景吹风会、组织记者集体或单独采访、以政府新闻发言人的名义发布、利用电话传真和电子邮件答复、通过政府网站发布新闻信息六种。随着媒介技术的发展,传播渠道不断拓宽,信息发布的形式和手段也越来越丰富,但基层新闻发布工作的方式较为传统和单一,主要采取传统的新闻发布会或记者招待会的方式,对于新媒体平台则置之不理或用之较少。同时,在新闻发布时,存在照本宣科的问题,念通告、不脱稿,记者提问环节也都事先安排好,不能将基层党委、政府的中心工作与媒体、公众关注的热点、难点问题有机结合,使得新闻发布的中心不突出,主旨不鲜明,内容枯燥无味。

（四）新闻发布队伍业务能力不足

新闻发布队伍建设是新闻发布工作的组织保障,一个组织有序、业务过硬的新闻发布队伍有助于新闻发布工作的顺利、高效开展。目前,基层新闻发布工作队伍主要由党政部门领导官员、宣传部门人员等组成。这些在基层从事新闻发布的人员多是"半路出家",本身的媒介素养有限,新媒体应用能力不足,加之新闻发布工作队伍缺乏专业培训或培训效果不佳,尤其是新闻发言人的培训,导致新闻发布观念相对滞后,专业知识储备不足,缺乏与媒体和公众打交道的能力和水平。

二、县域媒体融合发展对基层新闻发布工作推进的现实意义

基层工作是一切工作的落脚点。近年来,地方媒体融合尤其是县级媒体融合至关重要,一方面关系着地方媒体的未来发展,另一方面也关系着新时期基层意识形态阵地的建设等。根据北京大学新媒体研究院的相关调查显示,全国县域融媒体平台的普及率极高,已形成较完整的新媒体传播矩阵,93.9%的区县至少拥有一种融媒体平台,60%的区县已经拥有多样化的融媒体平台①。县级融媒体平台的全面建设为新时代基层新闻发布工作带来了新机遇、新挑战和新要求。

(一)增强舆论引导能力,提升新闻发布工作的时度效

舆论引导是我国新闻发布工作的重要目标。随着信息时代的发展,舆论引导演绎出越来越多的含义,它考验着政府的适应能力和执政能力。新时代中国特色社会主义新闻舆论工作"关键是要提高质量和水平,把握好时、度、效"②,这既是习近平新时代中国特色社会主义思想的理论创新,也是遵循新闻传播规律的本质要求。媒体融合的快速发展有助于增强党政部门的舆论引导能力,有利于提升新闻发布的时、效、度。所谓"时",即时机和时效;所谓"度",即力度和分寸;所谓"效",即实效和效果。三者辩证统一,缺一不可。新闻发布

---

① 《习近平总书记说的"抓好县级融媒体中心建设"怎么做?》,2018年8月21日,人民网,http://media.people.com.cn/GB/143237/421031/index.html,最后浏览日期:2022年10月10日。
② 《习近平谈治国理政》,外文出版社2014年版,第155页。

的主要目的是让媒体和公众及时、充分地了解政府的政策、决议、措施和对相关问题的态度和意见,因此十分讲究时机、力度和效果。移动互联网时代改变了过去自上而下的信息传播路径与模式,公众了解政策信息除部分来自传统媒体外,大部分是来自移动互联网,舆论第一阵地已经悄然发生转移。媒介技术的发展还影响和推动了我国舆论格局的转变,由于公众对一些热点事件的表达在传统舆论场中不畅通,公众开始寻求在互联网上发声,形成了"官方舆论场""民间舆论场"等多种舆论场域。由于不同舆论场采用不同的话语体系,导致这些舆论场之间存在割裂与断层,甚至可能产生尖锐的矛盾和对立。这些都增加了新闻发布的难度。因此,基层党政部门要想占据舆论第一阵地,弥合不同舆论场之间的断层和割裂,把握舆论引导的主动权,就要借助融媒体平台,推进党务政务信息公开的工作,把握融媒体语境下的信息传播特点,及时回应民众关切,建立健全自身信息发布和政策解读能力。

(二)发展"在地政治",助力基层改革发展和社会治理

新闻发布工作作为一种政治传播活动,目的是增强政府、媒体、社会之间的对话,服务改革发展的中心大局,服务新时代社会治理工作,引导社会舆论,凝聚社会共识,增强公众的政治信任感。基层工作是一切工作的落脚点。习近平总书记指出,"推进改革发展稳定的大量任务在基层,推动党和国家各项政策落地的责任主体在基层,推进国家治理体系和治理能力现代化的基础性工作也在基层";"社会治理的重点在基层,难点也在基层,必须把社会治理的重心落到城乡基层"[1]。

---

[1] 青连斌:《习近平总书记创新社会治理的新理念新思想》,2017年8月17日,人民网,http://theory.people.com.cn/n1/2017/0817/c83859-29476974.html,最后浏览日期:2022年10月10日。

社会治理要实现向基层下移、实现基层治理现代化,这是推进国家治理体系和治理能力现代化的重要内容。基层政府作为中央政府与公众之间的桥梁,既是中央政策的传达者和执行者,也是地方政策的制定者和决策者,更贴近公众,更易于了解公众所思、所想,有更多的机会与公众直接对话。但是,有调查数据显示,"随着政府层级的降低,受访者的政治信任在逐层递减,但不信任却在逐层递增"[①]。只有基层政府的政府传播活动越贴近民众,越接地气,才能更容易地将党的路线、方针和政策传递给公众,同时也能及时了解公众需求,及时做好信息反馈工作。县域级媒体融合的发展有助于开启政府、媒体、公众的对话,有助于向基层民众传达和执行顶层决议,增进基层政府与民众之间的沟通,凝聚社会共识,缓解政治信任随政府层级的降低而逐层流失的现象。

三、县域媒体融合语境下基层新闻发布工作的几点建议

基层党政部门在建设融媒体中心的同时,应立足新闻发布工作的实际需求,应时而动、顺势而为,依托融媒体中心,加强基层新闻发布工作建设,不断强化自身的新闻发布能力,主动掌握话语权,履行好信息发布、议程设置和舆论引导的功能,推动基层新闻发布工作高效、有序发展。

(一)解决"本领恐慌",正确处理与媒体的关系

在全媒体时代,如何与媒体进行有效沟通,如何正确引导热点事

---

① 刘小燕:《政治传播中的政府与公众间距离研究》,中国社会科学出版社 2016 年版,第 229—230 页。

件舆论走向,建立权威、准确、快捷的新闻传播和沟通渠道,是新时代新闻发布工作者必须具备的素质。在新闻发布工作中,不论是日常政策性信息发布,还是热点舆情事件的舆论引导工作,新闻媒体在信息传递、澄清谬误、凝聚共识等方面发挥着不可替代的作用。因此,新闻发布工作者尤其是新闻发言人要正确认知和处理与媒体的关系,"增强领导干部同媒体打交道的能力,重视媒体的作用,正确对待媒体,善于运用媒体推动实际工作"①。尤其是在移动互联网时代,要增强新闻发布主体的互联网思维认知水平和新媒体素养,加强基层新闻发布工作者的队伍建设。首先,将基层领导干部纳入队伍建设,克服他们面对新闻媒体时的"不敢说""不愿说""不会说"问题,增强新闻发布的权威性。其次,要明确新闻发言人不仅仅指某个人,而是需要整个团队共同发力,加强培训综合提升团队整体素养,尤其要加强网络新闻发布工作队伍的建设,结合县域媒体融合的发展的趋势,把握新闻传播规律和新兴媒体发展规律,保障政务新媒体的正常运营和互联网舆情信息的搜集、研判等。如此一来,在提升舆论引导能力,强化工作意识、责任意识和担当意识的同时,也不断提高了新闻发布工作者的形势判断能力、基层工作驾驭能力和复杂局势应对能力。

(二)注重话语建设,探索基层新闻发布话语风格

基层工作决定了其新闻发布不能像其他层级主体的新闻发布,更要求发布工作的下沉与落地,更侧重对政策的实践与体会。在具体实践中,如果在新闻发布过程中以"宏大叙事"为话风,则可能不易于使公众听懂和读懂。因此,基层的新闻发布工作应当转换话语方

---

① 新华通讯社课题组:《习近平新闻舆论思想要论》,新华出版社 2017 年版,第 14 页。

式,探索更适合基层受众的话语风格。首先,转变新闻发布的话风,不能一味地看稿、念稿,而应结合本地实际情况,结合媒体、公众关注的热点加以解读,用生动、鲜活的故事和例子与公众交流,"将概念具体化、数据实例化,提高议题的穿透力,适宜大众分享与传播,解决'有理说不出,说了也传不开'的问题"[①]。同时,发展多模态话语进行发布信息。随着技术的发展,单一模态的传递方式已经不能满足人们对信息传递的需求,人们开始寻求多模态话语表达方式。模态是物质媒体经过社会长时间塑造而形成的意义潜势,是用于表征和交流意义的社会文化资源[②]。而多模态话语是一种融合文字、图片、声音等多种交流模态来传递信息的语篇。基层新闻发布工作应当依托融媒体中心,发布复合话语语篇,采用配图、视频、音频等多模态话语表达方式,提升新闻发布的传播力和影响力。

(三) 拓展发布平台,加强基层主流舆论阵地建设

目前,新闻发布方式多管齐下,新闻发布平台也基本能做到线上与线下相结合。这些发布方式的选择和发布平台的建设看起来是相辅相成的,但在运用过程中却缺乏一定的科学性和有效性。新闻发布工作的推动和开展要求既有整体性,又有针对性,采用不同的发布方式和发布平台有时会产生不同的发布效果。因此,在实践工作中,对发布方式和发布平台的选择要慎重。近年来,随着媒介技术的发展,使用新媒体发布平台成为发展趋势,但在实际工作中,新媒体平台的用户群体往往是政策宣传的盲点人群,因此要提升新闻发布的传播力、影响力、感染力,拓展新闻发布平台,应用新媒体技术,增强

---

① 夏凡:《基层新闻发言人实践》,五洲传播出版社 2017 年版,第 82 页。
② 李战子、陆丹云:《多模态符号学:理论基础、研究途径与发展前景》,《外语研究》2012 年第 2 期,第 1—8 页。

与新媒体用户群的互动体验。综上，基层新闻发布工作要充分利用新媒体平台，尤其是依托县域全媒体中心的建设，整合媒体资源，推动"方向统一，平台有别"的基层信息发布平台的集约发展，建设综合信息服务平台，立足基层工作，强化信息服务功能，加强基层主流舆论阵地建设，真正助力党和政府工作，高效筑起党和政府与人民群众信息沟通的"最后一公里"。

（四）加强评估考核，完善新闻发布制度建设

新闻发布工作不能停留在"只要发布就可以"的阶段，而是要注重实效，进一步完善相关措施和管理办法，加强对基层新闻发布工作的督查和指导，加大工作考核和问责力度。首先，本着通过考核推进、鼓励发布实体工作的原则，结合具体工作实际情况，制定科学、完善、可行的基层新闻发布工作考核指标体系。在此过程中，要加重新媒体的权重，突出新媒体技术在新闻发布中扮演的重要角色。其次，加大问责力度，尤其是将基层领导干部参与新闻发布的绩效纳入领导干部评价指标，对实际工作中出现"重要信息不发布""重大事件有失语""重要社会关切不回应且造成严重社会影响"等问题的相关人员予以问责。最后，还要注重反馈机制的建设。县级融媒体中心的建立不仅拓宽了信息收集渠道，还加快了信息反馈的速度。新闻发布要充分利用媒体融合的这一优势，运用大数据技术，加强主要目标人群的认同度测量，不能只看媒体的新闻报道，从公众的角度及时做好评估和反馈工作，了解政府新闻发布的舆论关注度与回应民众关切的重合率是多少。

完善突发自然灾害事件的政府新闻发布机制[①]

王灿发　王晓雨

党的十九届四中全会提出要"把制度优势转化为国家治理效能",党的十九届五中全会明确提出"十四五"时期,"国家治理效能得到新提升"[②],"政府作用更好发挥……防范化解重大风险体制机制不断健全,突发公共事件应急能力显著增强"[③]。作为"推进国家治理体系和治理能力现代化"的特殊方式,我国各级政府围绕日常工作开展的新闻发布活动,在常态治理效能的提升上较为成熟。但是,在应对突发事件时,政府应急治理领域尤其是在舆情应对和舆论引导方面,积累的经验还远远不够。完善突发自然灾害事件中政府的新闻发布工作,是政府发挥舆论引导作用,确保灾后救援重建工作顺利开展的重要保障。本文从突发自然灾害事件中政府新闻发布主体、发布内

[①] 本文发表于《新闻爱好者》2022 年第 7 期,笔者参与了写作,为国家社会科学基金重大项目"健全重大突发事件舆论引导机制与提升中国国际话语权研究"(编号:20&ZD320)的阶段性研究成果。
[②] 《把制度优势更好转化为国家治理效能——二论学习贯彻党的十九届四中全会精神》,2019 年 11 月 2 日,新民晚报百家号,https://baijiahao. baidu. com/s? id = 1649094801136963190&wfr = spider&for = pc,最后浏览日期:2022 年 10 月 10 日。
[③] 靳诺:《把我国制度优势更好转化为国家治理效能》,2021 年 1 月 13 日,人民网,http://sd. people. com. cn/n2/2021/0113/c386784-34526334. html,最后浏览日期:2022 年 10 月 10 日。

容与发布形式等层面对当前的发布现状进行分析,并基于"事实-价值-情感"模型探析政府新闻发布工作的完善策略。

一、突发自然灾害事件中我国政府新闻发布工作存在的问题

(一)发布主体实现多级联动,全员皆媒削弱官方话语权

我国政府新闻发布工作业已形成"国务院新闻办公室—中央和国家机关有关部门—省(市、区)级政府"三个层级的新闻发布体系,同时三个层级的新闻发布主体还不断延伸下沉[1]。突发自然灾害事件的区域性和范围性要求各级政府不断完善相应的新闻发布制度,层层落实"纵向到底"的新闻发布体系。突发自然灾害事件中,政府新闻发布主体基本实现多层级联动,在新闻发布会方面多以省一级政府为发布主体,采用"搭台发布"的方式,邀请市级相关负责人进行信息发布,介绍地方具体情况。在 2021 年河南特大暴雨事件中,河南省政府新闻办根据防汛救灾的进程召开不同专题的新闻发布会,同时结合地方特殊情况召开地方专题发布会,共举办 10 场"河南省防汛救灾"新闻发布会、7 场"河南省加快灾后重建"系列发布会,发布人既有省长,也有郑州市、安阳市等省辖市的负责同志。市级与县级政府的新闻发布工作依托政务新媒体展开,与省级政府新闻发布会相呼应。

值得关注的是,突发自然灾害事件中往往存在多种舆论话语的

---

[1] 孟建、邢祥:《中国特色新闻发布理论体系的构建》,《新闻与写作》2019 年第 3 期,第 32—37 页。

互动与碰撞。党政发布话语、媒体传播话语和公众反馈话语等多元主体声音在"大舆论场"中互动博弈,共同参与了突发事件。虽然新闻发布主体以政府为主导,但在全员皆媒的时代,多种话语的碰撞势必会削弱官方的话语权。在2021年郑州"7·20"特大暴雨事件中,来自不同信息源的多种声音拨动着公众的神经,不乏"暴雨后自来水不能喝","郑州地铁5号线车厢被拖出"等谣言混淆视听,即便政府及时辟谣,也难以完全消解谣言的破坏力。

(二)新闻发布会设置议程易形成信息不对称,对话意识欠缺引发次生舆情

主动进行议程设置是突发自然灾害事件舆情应急处理的一个重要手段。在该类事件的舆情中,政府新闻发布工作应当在信息旋涡中辨别并有效地响应核心议题,及时回应公众关切。在议题内容上,突发自然灾害事件的新闻发布主要聚焦在受灾情况、救援情况、重建情况、补偿措施等方面。在河南特大暴雨事件中,政府新闻发布内容不局限于对暴雨事件概况的描述,而是大量使用精确数字传达具体情况。多地新闻发布会中也均设有记者问答环节,部分问题涉及不实信息与公众疑虑。对此,相关发布人给予了应答与纠正,并对新闻媒体有关报道进行回应和澄清。同时,政务新媒体账号也及时发布了辟谣内容。例如,2021年7月20日,有网络传言称"郑州进入特大自然灾害一级战备状态"。对此,"郑州发布"紧急辟谣,证明该消息为不实信息,缓解了公众紧张、敏感的情绪,推动真相占据了舆论高地。

当前政府新闻发布内容形态由"单一话语"向"多模态话语"转变,内容由"政策信息"向"公共资讯"转变,修辞由"宏大叙事"向"中微观化叙事"转变。但是,通过对具体实践的分析,可以看到在突发自然灾害事件中,政府新闻发布并未建立最佳的耦合机制,这就在一定程度上影响了新闻发布效果。在具体应对中,政府新闻发布仍主要采取"危机管理"范式。危机管理范式往往是在政府与民众信息不平衡或者说不对称的情况下进行的,政府在信息层面处于绝对主导地位①。尽管绝大多数的新闻发布会设置了媒体提问环节,但存在"象征性在场"现象②,部分提问缺乏主动权,且问题容易陷入同质化,造成对话效果不佳。在政府与民众的对话中,虽然政务新媒体提供了民众发声渠道,但相关评论较少,更无官方回复,政民对话不足。

(三)矩阵化传播实现信息全覆盖,多元平台面临"渠道失灵"

传播形式的创新对于扩大传播范围、提高传播效果具有重要意义。在突发自然灾害事件中,治理主体应充分发挥媒体融合作用,打造传播矩阵,实现多样媒介形态全面布局。在"党管媒体"的指导方针下,我国政府新闻发布已经形成了高效、多维的立体传播矩阵,打响了发布合力战。具体而言,在媒体平台上,政府新闻发布工作已经实现了传统媒体与新媒体的全覆盖。例如,在2019年贵州水城"7·23"特大山体滑坡事件中,新闻发布会信息传播至《人民日报》、央广网、新华网、《中国青年报》等众多主流媒体,同时覆盖各类媒体的微博账号、抖音平台账号、微信公众号等新媒体平台。在媒介形态上,移动互联网、5G、大数据和各种云技术的发展为直播、短视频、H5等多种新闻发布媒介形式提供了技术支持。

但是,多元媒介终端一方面提高了信息覆盖率,另一方面也引发

---

① 孟建、裴增雨、邢祥:《我国新闻发布制度建设中的传播学思考》,《传媒观察》2021年第10期,第22—28页。
② 彭广林:《潜舆论·舆情主体·综合治理:网络舆情研究的情感社会学转向》,《湖南师范大学社会科学学报》2020年第5期,第142—149页。

了多平台下"渠道失灵"的困境。虽然信息传播到多重媒介,却难以真正"嵌入"社会关系①。尤其在新媒体时代,分众传播的特性明显,受众对于媒介的选择性接触日渐增强,不同的平台聚集了不同的受众,不同的受众群体又呈现出不同的接受特点。但是,政府信息发布内容在不同的媒介平台上往往具有同质性,难以兼顾多平台底层逻辑与受众特性,从而影响了传播效果。

二、完善突发自然灾害事件政府新闻发布机制的策略

(一)坚持以事实为依据,把握发布时机,完善对话机制

突发自然灾害事件中,政府新闻发布工作要做到把握时机,完善对话机制。在时机把握上,一是要做到快,"迅速告知"是组织向公众发布信息的重要原则,突发自然灾害事件的新闻发布更要把握事件的"突发性"。权威声音的迟到会导致民间舆论场的猜测与怀疑,滋生网络谣言甚至引发舆情危机。2016年,国务院在《国务院办公厅关于在政务公开工作中进一步做好政务舆情回应的通知》中强调,对涉及特别重大、重大事件的政务舆情,最迟在24小时内举行新闻发布会。这就要求政府针对突发自然灾害新闻发布做好预警机制,建立完善的发布机制。二是发布时机要做到精准。政府部门要通过舆情监测及时捕捉潜在的舆情危机点,在合适的时机向公众公开灾害的具体情况、调查结果等核心议题,为公众释疑解惑,把握话语主导权。三是新闻发布要有连续性。特别是针对伴随次生灾害的突发自

---

① 郭致杰、王灿发:《重大突发公共卫生事件中我国新闻发布会的传播效力提升策略——以新冠肺炎疫情事件为例》,《新闻爱好者》2020第8期,第30—33页。

然灾害事件,政府要对新情况、新行动持续进行公布,把握新闻发布节奏,保障公众知情权。

此外,各级政府还要不断完善对话机制。第一,对话方式要注重平衡。政府表达要坚持真实性原则,不避重就轻、含糊其词,纠缠边缘议题。与此同时,还要善于倾听,对公众舆情进行搜集、分析与研判,听取民意。第二,要利用多元对话平台,提高对话效率。政府除在新闻发布会上与媒体开展互动对话外,还要采取圈层化传播策略,充分利用政务新媒体,在微博、微信公众账号、抖音、B站等社交平台上积极回应民众关切,实现不同圈层受众的多元共识。第三,在话语使用上,政府要摒弃官话、套话,保持真诚与感染力。突发自然灾害事件往往会触碰公众的敏感神经,此时的官方话语不仅要做到权威,更要发挥稳定人心、抚慰公众的作用,真诚的话语风格能够提高受众的接受程度,增强信息发布力。

(二)坚持以价值为标准,强化"共同体"意识,完善提升政府公信力机制

突发自然灾害事件的新闻发布工作在价值层面要注重引导和重建两个维度。引导指唤醒大众的共同体意识与公共精神,共同应对突发自然灾害事件。从引导维度看,首先要提振公众家国情怀,呼吁公众共同参与家园重建。因此,政府在新闻发布工作中要加强公众对家国一体的认知,引导公众作出正确的价值判断与价值选择。其次,要强化公众的责任意识,推动公众自觉承担起重建家园的责任。政府在对外发布中要明确公众的应担之责,使公民能够正确感知自身的责任范围,从而成为突发自然灾害事件的治理参与者。最后,要提高公民政治认同,有序参与突发自然灾害事件的治理工作。公民的政治认同离不开政府长期的自身建设与政治教育。要想充分调动

起公众在突发自然灾害事件中的理解与治理参与,就要在日常加强党的政治建设与政治教育,同时建立起常态化的沟通机制,避免政府在突发事件中丧失引导力。

重建是指重新塑造政府形象,提升政府公信力。从重建维度来看,首先,要注重对内部制度的反思,并向公众表明态度。在突发自然灾害事件中,一些不可控因素易导致政府决策失误,从而引发公众不满。针对在预警、响应、救援等方面产生的决策失误,政府要积极进行反思并追责相关负责人,主动回应公众质疑,必要时可在新闻发布会上致歉,平息舆论。其次,政府要善用媒体,提高议题设置和舆论把控能力,从而重塑政府形象。最后,政府还要注重及时发布突发自然灾害事件后秩序恢复、利益补偿工作的相关信息,理顺不同政府部门在重建工作中的权责关系,提高各主体间对接协作的效率,最大程度修复公众损失,提高自身公信力。

(三) 坚持以情感为依托,加强共情传播,疏解负面情绪,完善以正面宣传为主的舆论引导

突发自然灾害事件的破坏性往往会带来公众情绪的撕裂,造成悲怆、消极的社会性情感氛围。在这种情况下,政府新闻发布工作不仅要提供信息,还应运用由共情传播形成助力社会治理的情感资源,疏解公众负面情绪。在政府新闻发布工作中,要采用"正面宣传为主"的方针,发布积极鼓劲的正面信息。在表达内容上,可在政务新媒体平台上发布突发自然灾害事件中的感人事迹,尤其是对社会中的小人物进行报道,在宏大叙事中与公众建立身份联结,实现情感共鸣[①]。例

---

① 王晓昕:《"小人物""大写意":共情视角下的融合新闻报道机制和舆论引导——以〈人民日报〉新冠疫情期间的报道为例》,《新闻传播》2022年第5期,第13—16页。

如,"郑州发布"微博账号在河南特大暴雨事件中设立了"♯致敬郑州平民英雄♯"话题,鼓励大家分享暴雨中冲在救灾一线的平凡人。该话题获得了542.2万的阅读次数,给公众带来了情感慰藉。在表达形式上,可以采用感染力强、接受度高的融媒体产品,充分运用图片、音乐、文字、动画等多种形式打造有温度、有情感的作品,在微博、微信公众号、B站、抖音等多平台开展传播。

在正向引导的同时,政府的新闻发布工作还应注重疏解公众负面情绪,尽快促进社会情感常态化。一方面,政府新闻发布工作要为公众提供情绪释放点,避免刻意回避负面情绪而引发公众不满。对于公众在网络空间中释放的心理压力,要予以重视,并通过政务服务建立高效的情绪疏导机制。另一方面,政府可以通过构建集体记忆进行情感动员①,为消极情绪提供载体,并与公众实现情感共振。例如,在河南省政府新闻办召开的第十场"河南省防汛救灾"新闻发布会上,河南省省长王凯提议全体起立,向因灾遇难的同胞和牺牲的同志默哀,默哀活动同时通过各大媒体平台进行网络直播,对于形塑灾后社会集体记忆有重要作用,可以有效地恢复灾后秩序。

(南昌大学新闻与传播学院邢祥、南昌大学际銮书院杨梓怡对本文亦有贡献)

---

① 王晓昕:《"小人物""大写意":共情视角下的融合新闻报道机制和舆论引导——以《人民日报》新冠疫情期间的报道为例》,《新闻传播》2022年第5期,第13—16页。

参 考 文 献

一、专译著

[1] [美]W. 兰斯·班尼特. 新闻:政治的幻象[M]. 杨晓红,王家全,译. 北京:当代中国出版社,2004.

[2] [美]阿里·弗莱舍. 白宫发言人:总统、媒体和我在白宫的日子[M]. 王翔宇,王蓓,译. 北京:社会科学文献出版社,2007.

[3] [美]格伦·布鲁姆,艾伦·森特,斯科特·卡特里普. 有效的公共关系[M]. 明安香,译. 北京:华夏出版社,2002.

[4] [美]皮帕·诺里斯. 新政府沟通:后工业社会的政治沟通[M]. 顾建光,译. 上海:上海交通大学出版社,2005.

[5] [美]玛格莱特·苏丽文. 政府的媒体公关与新闻发布:一个发言人的必备手册[M]. 董关鹏,译. 北京:清华大学出版社,2005.

[6] 新华通讯社课题组. 习近平新闻舆论思想要论[M]. 北京:新华出版社,2017.

[7] 习近平新闻思想讲义[M]. 北京:人民出版社,学习出版社,2018.

[8] 习近平. 习近平谈治国理政(第一卷)[M]. 北京:外文出版社,2018.

[9] 习近平. 习近平谈治国理政(第二卷)[M]. 北京:外文出版社,2017.

[10] 刘建明. 新闻发布概论[M]. 北京:清华大学出版社,2006.

[11] 郎劲松. 新闻发言实务[M]. 北京:中国传媒大学出版社,2005.

[12] 史安斌. 全媒体时代的新闻发布和媒体关系管理[M]. 北京:五洲传播出版社,2014.

[13] 曹劲松,庄传伟. 政府新闻发布[M]. 南京:江苏人民出版社,2009.

[14] 冯春海. 中国政府新闻发布变迁[M]. 北京:清华大学出版社,2015.

[15] 傅莹.我的对面是你:新闻发布会背后的故事[M].北京:中信出版集团,2018.

[16] 龚铁鹰.英国政府如何与新闻媒体打交道:中国新闻发言人赴英交流实录[M].北京:五洲传播出版社,2013.

[17] 武和平.打开天窗说亮话——新闻发言人眼中的突发事件[M].北京:人民出版社,2012.

[18] 蒋晓丽.党委新闻发言人理论与实务[M].成都:四川人民出版社,2010.

[19] 国务院新闻办公室新闻局.新闻发布工作手册[M].北京:五洲传播出版社,2015.

[20] 侯迎忠.突发事件中政府新闻发布效果评估体系建构[M].北京:人民出版社,2017.

[21] 李彪.直击人心:社交媒体时代新闻发布与媒体关系管理[M].北京:人民日报出版社,2017.

[22] 任一农.前台·后台:新闻发布与发言人之解读[M].北京:中国经济出版社,2010.

[23] 徐琴媛.中外新闻发布制度比较[M].北京:中国传媒大学出版社,2005.

[24] 翟峥.现代美国白宫政治传播体系[M].北京:世界知识出版社,2012.

[25] 邹建华.微博时代的新闻发布和舆论引导[M].北京:中共中央党校出版社,2012.

[26] 邹建华.如何面对媒体——政府和企业新闻发言人实用手册[M].上海:复旦大学出版社,2008.

[27] 刘小燕.政治传播中的政府与公众间距离研究[M].北京:中国社会科学出版社,2016.

[28] 苏颖.作为国家与社会沟通方式的政治传播:当代中国政治发展路径下的探讨[M].北京:中国社会科学出版社,2016.

[29] 付高生.社会空间问题研究[M].北京:新华出版社,2018.

[30] 风笑天.社会变迁中的青年问题[M].北京:北京大学出版社,2014.

[31] 赵鸿燕.政府记者招待会:历史、功能与问答策略[M].北京:中国传媒大学

出版社,2007.
[32] 俞可平.治理与善治[M].北京:社会科学文献出版社,2000.
[33] 陈明明,任勇.国家治理现代化:理念、制度与实践[M].北京:中央编译出版社,2016.
[34] 沈荣华,曹胜.政府治理现代化[M].杭州:浙江大学出版社,2015.

二、报纸期刊类

[1] 陈力丹.论突发性事件的信息公开和新闻发布[J].南京社会科学,2010(3).
[2] 陈力丹.新闻发言人制度的再认识[J].传媒观察,2004(6).
[3] 程曼丽.中国政府新闻发布的专业化转型[J].现代传播,2012,34(1).
[4] 段丽杰.新闻发布会的话语构建模式[J].中州学刊,2011(5).
[5] 郭淑娟.网络新闻发布的途径与传播特征探析[J].中国出版,2016(1).
[6] 侯迎忠.地方政府新闻发布绩效评估的实证研究——以广东佛山市为例[J].暨南学报(哲学社会科学版),2014(12).
[7] 胡华涛.新闻发布制度化构建中的立法问题——中西信息公开立法原则精神的对比研究[J].新闻大学,2005(1).
[8] 焦扬.新闻发言人实务讲座之三:如何做好新闻发布会的准备工作[J].新闻记者,2005(2).
[9] 郎劲松,侯月娟.现代政治传播与新闻发布制度[J].现代传播,2004(3).
[10] 孟建,李晓虎.中国政府新闻发布制度的理论探析[J].现代传播,2007(3).
[11] 孟建.国家形象建构与中国政府新闻发布制度[J].国际新闻界,2008(11).
[12] 吴锋.政府首脑新闻发布会上的记者选择机制:理论阐释、影响因素与改革策略[J].国际新闻界,2017,39(2).
[13] 吴建.西方新闻发言人制度起因探析[J].新闻界,2005(1).
[14] 张蓓,夏琼.政府新闻发言人的人际角色信任对制度信任的建构分析——基于傅莹在人大新闻发布会上发言的文本分析[J].对外传播,2017(2).
[15] 张明,靖鸣.政府新闻发布与民众知情权、话语权冲突与协调——以松花

江污染事件为例[J].新闻大学,2006(1).

[16] 张志安,李春凤.社交媒体新闻发布的类型、功效与策略[J].新闻与写作,2017(5).

[17] 张志安,李春凤.新闻发布评估机制变迁与构建研究[J].新闻与写作,2017(10).

[18] 赵振祥,王洁.论新闻发布会的仪式叙事与建构——对新闻发布会的文化人类学解释[J].海南大学学报(人文社会科学版),2014(4).

[19] 赵卓伦.论美国新闻发布制度的核心要素及其历史演进[J].现代传播,2014,36(2).

[20] 周光凡.新闻发布会的会前准备[J].当代传播(汉文版),2017(4).

[21] 周庆安,卢朵宝.新中国成立初期新闻发布活动的历史考察[J].新闻与传播研究,2009(4).

[22] 周庆安,孙小棠.新闻发布与社会认同构建——基于重大政策解读的视角[J].新闻与写作,2017(7).

[23] 周庆安,赵文才.新闻发布如何回应次生危机[J].新闻与写作,2017(4).

[24] 合作治理:国家治理体系现代化与国家责任研究[J].复旦学报(社会科学版),2019(3).

[25] 郑智航.当代中国国家治理能力现代化的提升路径[J].甘肃社会科学,2019(3).

三、学位论文类

[1] 胡建强.论当代中国政府对灾难的新闻发布[D].暨南大学,2009.

[2] 李晓虎.中国政府新闻发布制度研究[D].复旦大学,2007.

[3] 舒艳秋.新闻发布管理系统的研究与分析[D].云南大学,2015.

[4] 唐晨.小型新闻发布系统的设计与实现[D].吉林大学,2015.

[5] 王淼.从"发言"到"对话":中国政府新闻发言人制度的发展与转型[D].暨南大学,2011.

[6] 王娜.从批评话语分析角度看政府新闻发布制度——以温家宝总理招待

会为例[D].西北大学,2011.
［7］王月金.中美突发性危机事件新闻发布比较研究[D].中国传媒大学,2008.
［8］王智博.中国政府新闻发布问题研究[D].天津师范大学,2013.
［9］魏斯莹.美国国际性突发危机事件新闻发布研究[D].外交学院,2012.
［10］殷晓元.中国共产党政治传播研究[D].湖南师范大学,2011.
［11］于晶.突发事件政府新闻发布的传播效果研究[D].复旦大学,2010.
［12］朱卫东.政府新闻发布会与传媒议程的比较研究——以工信部、商务部和发改委新闻发布会为例[D].上海交通大学,2013.
［13］曹原.政府公信力视阈下的中国政府新闻发布制度研究[D].中共中央党校,2015.
［14］朱柳松.以社会主义核心价值观凝聚社会共识研究[D].重庆师范大学,2017.
［15］张燚.宣传:政党领导的合法性建构——以中国共产党为研究对象[D].复旦大学,2010.

后　　记

　　本书是在我的博士后出站报告《我国新闻发布制度建设的理念嬗变与实践探索》和上海市哲学社会科学规划"新中国成立70周年"研究系列项目"构建中国特色的新闻发布理论体系研究"的基础上修改而成的，主要着眼于我国新闻发布制度建设的过去、现在与未来，将我国的新闻发布体系嵌入社会发展变迁中进行研究。

　　2017年6月，我有幸进入复旦大学新闻传播学博士后流动站工作，并跟随合作导师孟建教授从事新闻发布制度建设的理论研究和具体新闻发布评估工作，形成了一定的学术思考和感悟，在博士后出站进入南昌大学新闻与传播学院工作后，也一直继续相关研究。

　　我国新闻发布制度建设肩负着新时代崇高的责任和神圣的使命。将新闻发布制度建设贯彻落实到治党治国治军、内政外交国防、改革发展稳定等各个方面，彰显了新闻发布工作在信息公开、政策解读、回应关切等方面的核心地位，有利于提高科学执政、民主执政、依法执政的能力与水平，不断提升党和政府的公信力。

　　本书经过论证，基本依据预期设计开展，较好地完成了研究任务，但囿于研究条件、研究资源和研究经费等因素的限制，仍有较大的提升空间。例如，研究方法还不够科学、全面，在今后的研究中需要进一步加强研究方法的科学性，如采用问卷调查法，围绕新闻发布、新闻发言人，从现状调查、行为调查、心理调查等方面着手，通过问卷调查进行成果转化。又如，在评估体系的构建方面，可以进一步论证指标的适用性，不断在实践工作中进行扩充和完善。再如，增加理论的深度和厚度,在对新闻发布制度建设由实践升华至理论的归纳和把握方面的能力还有待进一步提升。

最后,再次感谢合作导师孟建教授专门为本书作序,从在博士后流动站工作到后续研究,孟老师一直给予我悉心的指导;感谢南昌大学新闻与传播学院对本书的大力支持,使拙作有出版的机会;感谢复旦大学出版社责编刘畅老师的精心编辑,解决了本书出版过程中的各种问题。

邢　祥

2022 年 11 月

图书在版编目(CIP)数据

中国新闻发布制度建设的理念嬗变与实践探索研究/邢祥著. —上海：复旦大学出版社，2022.11
ISBN 978-7-309-16565-4

Ⅰ.①中… Ⅱ.①邢… Ⅲ.①新闻公报-研究-中国 Ⅳ.①G291.2

中国版本图书馆 CIP 数据核字(2022)第 199257 号

中国新闻发布制度建设的理念嬗变与实践探索研究
ZHONGGUO XINWEN FABU ZHIDU JIANSHE DE LINIAN SHANBIAN YU SHIJIAN TANSUO YANJIU
邢　祥　著
责任编辑/刘　畅

复旦大学出版社有限公司出版发行
上海市国权路 579 号　邮编：200433
网　址：fupnet@fudanpress.com　　http://www.fudanpress.com
门市零售：86-21-65102580　　团体订购：86-21-65104505
出版部电话：86-21-65642845
江苏凤凰数码印务有限公司

开本 890×1240　1/32　印张 9.75　字数 235 千
2022 年 11 月第 1 版
2022 年 11 月第 1 版第 1 次印刷

ISBN 978-7-309-16565-4/G·2438
定价：52.00 元

如有印装质量问题，请向复旦大学出版社有限公司出版部调换。
版权所有　　侵权必究